NUTRITIONAL ASSESSMENT

Fourth Edition

이론 및 실험

영양판정

승정자 · 홍원주 · 김순경 · 이현옥 · 조혜경 · 김애정 · 최미경 · 김미현

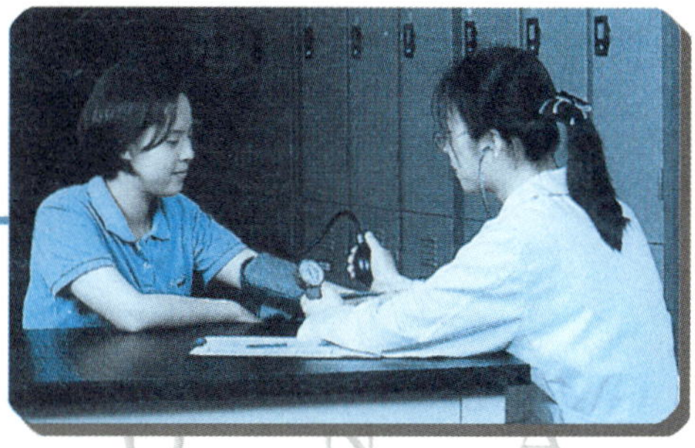

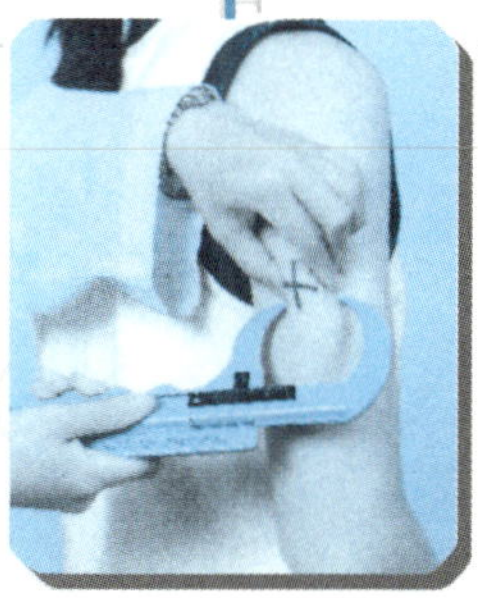

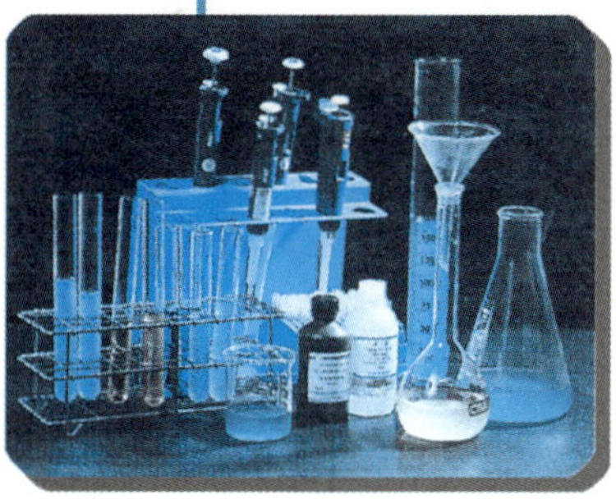

청구문화사

머리말

최근 우리나라는 급속한 경제 발전과 의료기술의 발달로 수명이 연장되면서, 이 분야의 전공자들은 물론 일반인들에서도 건강과 식생활에 대한 관심이 고조되고 있다. 따라서 식품과 영양에 관한 지식과 정보들의 정확성과 그것을 각 개인에 적용할 때의 문제점들을 바르게 파악하고 인식하는 것은 무엇보다도 중요할 것으로 생각된다.

개인이나 집단의 과거와 현재에 걸친 영양상태를 파악하고 종합적으로 판정하는 것은 올바른 식생활을 제시하기 위한 가장 핵심적인 단계이다. 그러므로 식생활에 대한 영양적 평가가 어떤 과정에 의하여 이루어지는가는 곧 영양학 지식들을 바르게 적용하는데 중요한 밑받침이 될 것이다.

그간 본 저자는 수년간 영양상태 판정에 대하여 강의해 오면서 국내 · 외의 여러 연구 자료들을 접할 수 있었으나 대부분 외국문헌들에 의존하여 우리나라 영양상태를 평가하고 강의하는데 다소 한계를 느끼게 되었다. 이에 그동안 강의에 사용하였던 자료들을 모아 영양학을 연구하는 선생님들과 함께 우리나라 실정에 맞고, 식품영양학과 전공 학부 학생들에게 영양학의 기초지식을 이해하기 쉽게 접근할 수 있는 영양평가 방법들을 정리하여 1998년 8월 초판을 출판하였다.

1999년과 2004년 개정에 이어 올해에는 새로운 자료를 보충하고, 좀더 체계적으로 본문의 구성과 내용을 수정하였으며, 영양사를 희망하는 학생들을 위해 영양사국가시험목표에 맞추어 환자의 영양판정과 생애주기별 영양판정의 새로운 장을 첨부하여 전면적인 수정과 보완을 하였다. 그러나 원고를 대할 때마다 아직도 많은 부분에서 부족함을 느낀다. 따라서 본 교재를 사용하는 가운데 잘못된 부분들에 대해 아낌없는 관심과 애정어린 조언 부탁드리며 차후 교정에 게으르지 않도록 다짐한다.

본서가 나오기까지 어려움을 나눈 공동저자들과 청구문화사 이상태 사장님, 제자 배윤정 그리고 항상 힘이 되어주는 재학생 여러분께 감사를 전한다.

2007년 8월

대표저자 승정자 드림

차 례

1장.. 영양판정의 개요

2장.. 식사섭취 조사

3장.. 신체계측조사

4장.. 생화학적 조사

6장.. 환자의 영양판정

7장.. 예방과 진단을 위한 질환별 영양판정

8장.. 생애주기별 영양판정

1 영양판정의 개요

1. 영양판정의 의의 및 목적

1) 영양판정의 의의

영양판정(nutritional assessment)은 영양상태 판정이라고도 하며, 개인이나 집단의 건강상태를 측정하기 위하여 대상자의 식생활 및 영양정보를 수집, 분석하는 과정이다. 즉 영양소의 섭취상태나 체내이용에 의하여 영향을 받는 일련의 건강과 관련된 요소를 중심으로 평가대상자의 식사섭취량 자료, 신체계측 자료, 생화학적 자료와 임상진단 자료 등 다양한 정보를 서로 연관지어 현재 평가대상자의 영양 및 건강상태에 대하여 진단을 내리고 문제점을 분석 · 해석하는 과정이다. 적용하는 대상에 따라 영양판정을 '현재의 영양상태와 영양필요량을 확인하는 과정'으로 보거나, '개인 환자의 자료를 수집하는 체계화된 방법' 또는 '영양상태의 평가를 넘어서 영양위험 상태에 있는 개인이나 집단을 확인하고 영양개선 프로그램을 계획, 시행, 평가하는 포괄적인 과정'으로 확대 해석하기도 한다.

개인의 식생활을 과거와 현재에 걸쳐 정확히 파악하고 평가하는 것은 올바른 식생활 제시의 가장 핵심적 단계로서, 식생활과 영양에 관한 정확한 평가가 영양학의 지식을 올바르게 적용하는데 가장 중요한 밑받침이 된다.

2) 영양판정의 목적

영양판정의 목적은 영양적인 위험상태, 즉 영양불량 상태에 있는 개인 또는 집단을 찾아내어 개인이나 집단의 영양 위험요인을 분석하여 영양문제를 진단하고 과거에 실시되었거나 현재 실시하고 있는 영양개선 프로그램의 효율성 및 효과를 판정하여 효율적인 영양서비스를 제공함으로써 영양 및 건강상태를 증진하는 것이다. 영양판정의 목적은 대상자가 정상인 혹은 환자일 때 다소 차이가 있으며, 그 내용은 〈표 1-1〉과 같다.

표 1-1 대상자별 영양판정의 목적

대 상	영양판정의 목적
건강인	• 개인이나 집단의 건강유지를 위하여 필요한 것이 무엇인가를 알아냄 • 개인이나 집단의 식품 및 영양소 섭취현황 및 유형을 파악하고 무엇이 가장 우선적으로 필요한가 그 순위를 알아냄 • 질병과 식사섭취 및 기타 주요 위험요인과의 연관성을 파악함 • 식생활 지침서를 만드는데 도움이 됨 • 국민영양 정책의 방침을 계획하고 예측함 • 정책적이거나 경제적인 보조가 필요한가를 알아냄
환 자	• 위험한 상태에 있는 환자를 찾아내어 분류함 • 영양보급효과를 측정함 • 질병별로 환자의 영양지침서를 만듦

2. 영양상태의 분류 및 영향요인

1) 영양상태의 분류

영양상태는 건강을 유지하고 증진시키는 적정상태와 그렇지 못한 불량상태로 구분되며, 영양판정의 목적은 영양불량 상태를 찾아내는데 있다. 영양불량 상태는 원인, 발생 기전 및 발현 정도에 따라 다양하게 분류된다.

영양불량은 여러 단계를 거쳐 발생한다. 영양소 섭취량이 과부족한 상태에서 처음에는 체내 저장량이 감소하고, 서서히 체액의 영양소 농도가 변하며, 이는 신체기능의 변화를 초래하여 임상적인 증상과 신체구성 및 발육에 영향을 미치는 극심한 영양불량 상태를 보이게 된다.

〈표 1-2〉와 같이 영양불량은 1단계에서 8단계에 걸쳐 서서히 진행되며, 각 단계별로 명확한 한계가 있는 것이 아니라 각 단계가 서서히 서로 겹치면서 나타나게 된다. 따라서 보다 정확한 영양판정을 위해서는 영양상태에 영향을 미치는 다양한 요인들을 분석해야 하며 영양불량의 종류나 정도에 따라 타당성, 정확성, 신뢰성, 예민성, 특이성을 고려한 적합한 평가방법을 이용해야 한다.

표 1-2 영양불량 단계별 적합한 판정방법

영양불량 단계	신체의 결핍현상	영양판정방법
제 1단계	식사를 통한 영양소의 공급 · 섭취가 부적절함	식사섭취 조사법
제 2단계	영양소의 저장 조직으로부터 저장영양소량이 서서히 감소하는 단계임	생화학적 분석법
제 3단계	신체 체액내의 영양소량이 감소됨	생화학적 분석법
제 4단계	각 조직 혹은 기관이 가지는 기능적 특성이 약화되는 단계임	신체 계측법 생화학적 분석법
제 5단계	영양소와 관련된 여러 효소의 활성도가 감소됨	생화학적 분석법
제 6단계	신체 특정기관의 기능성이 변화됨	행동학적 관찰법 신체기능 분석법
제 7단계	임상적인 결핍 증세가 나타남	임상 관찰법(증세관찰)
제 8단계	해부학적 증후가 나타남	임상 관찰법

2) 영양불량의 분류

(1) 영양공급의 정도와 기간에 따른 분류

영양판정의 방법을 체계적으로 수립한 Jelliffe는 영양불량 상태에 대한 정의를 영양공급의 정도와 기간에 따라 다음의 4가지로 분류하고 있다.

① 영양부족(undernutrition) : 장기간에 걸쳐 신체가 필요로 하는 영양소를 섭취하지 못했거나 신체에서 제대로 이용되지 못함으로써 발생하는 영양불량 상태이다.

② 영양과잉(overnutrition) : 장기간에 걸쳐 신체가 과잉의 영양소를 섭취하게 되면서 나타나는 영양불량 상태이다.

③ 영양결핍(specific nutrient deficiency) : 한 가지 또는 그 이상의 특정 영양소를 섭취하지 못하거나 체내에서의 이용률이 감소하면서 나타나는 영양불량 상태이다.

④ 영양불균형(imbalance) : 신체가 요구하는 영양소의 필요량과 섭취하는 영양소량이 질적 · 양적으로 균형을 이루지 못하여 나타나는 영양불량 상태이다.

(2) 직접 또는 간접 원인에 따른 분류

영양불량을 영양소의 공급부족과 생리적인 원인에 따라 일차적인 영양불량과 이차적인 영양불량으로 분류하기도 한다.

① 일차적 영양불량(primary malnutrition) : 식사를 통한 영양소 공급이 질적, 양적으로 부적절하여 신체의 요구량을 충족시키지 못함으로써 발생하는 영양불량이다.
② 이차적 영양불량(secondary malnutrition) : 질병이나 신체의 장애로 영양소의 대사 항진, 영양소의 배설량 증가, 신체 요구량이 증가하여 발생하는 영양불량으로 임신, 수유, 흡연, 알코올, 약물복용, 정신질환 등의 경우도 포함된다.

(3) 질병과 관련된 발생원인에 따른 분류

Shils는 영양불량을 질병과 관련하여 발생 원인별로 다음과 같이 분류하였다.

① 영양소의 흡수저하로 인한 영양불량
② 질병으로 인하여 발생한 식욕부진에 의한 영양불량
③ 대사항진으로 인한 영양불량
④ 특정 대사 장애로 인한 영양불량
⑤ 장기 손상으로 인한 영양불량
⑥ 치료를 위한 약물이나 다른 처치로 인하여 발생한 영양불량

이상에서 살펴본 바와 같이 각각의 기준에 따라 분류하는 방법에는 차이가 있으나 영양불량 상태는 영양소 섭취량의 과부족과 신체의 영양소 이용 효율에 의해 결정된다는 것이다. 따라서 영양판정 방법은 영양소 섭취의 과부족 상태뿐만 아니라 체내 생리상태, 질병 여부 등도 함께 조사되고 평가되어야 한다.

3) 영양상태에 영향을 주는 요인

(1) 신체적 요인

체내의 영양상태에 영향을 주는 신체적 요인은 〈표 1-3〉과 같다. 이와 같은 여러 생리적인 요인으로 인하여 영양소의 체내이용 정도는 영향을 받고, 이는 궁극적으로 건강상태를 결정짓게 된다.

〈표 1-3〉에서 제시된 바와 같은 생리적 요인이 장기간 지속되면 무력감, 피부근육의 약화와 함께 일반적으로 체중의 감소가 나타난다. 또한 상처가 있을 경우 상처

표 1-3 영양상태에 영향을 주는 신체적 요인

신체적 요인	세부 요인
불충분한 영양소의 섭취	• 열량과 단백질 섭취가 부족할 때 • 식욕 부진 또는 위장 질환이 있을 때 • 섭식 행동에 제한을 받을 때(거동장애, 치아손상) • 식품에 대한 알러지 증상이 있을 때 • 질병의 치료를 목적으로 영양소 섭취에 장애가 되는 약물을 복용하거나 특수치료를 할 때
흡수 장애	• 장내 국소 부위에 염증이 있을 때 • 약물 치료로 인한 부작용이 있을 때 • 장내 기생충 감염이나 소아지방변증이 있을 때 • 수술로 인하여 장관의 일부가 절제되었을 때 • 만성 소화기계 장애가 있을 때
체내 이용 장애	• 기관의 기능 저하와 같은 대사 장애가 있을 때 • 선천적인 대사 장애가 있을 때 • 간 기능이 약화되었을 때 • 신세뇨관 기능 이상으로 인한 산증이 발생할 때 • 특정 약물에 의해 영양소의 이용이 저하되었을 때
배설의 증가	• 구토 • 설사 • 장관 체류 시간의 감소 • 과민성 대장 증상 • 수종이나 종양으로 인한 유출
체내 필요량 증가	• 발열 • 패혈증 • 감염 • 종양 • 외상 • 수술 • 임신이나 성장기 • 화상 • 스트레스 증가 • 갑상선 기능 항진

회복력의 약화 및 회복기간이 길어지게 되며, 내분비계의 이상도 초래되고 전해질과 수분의 균형이 깨어지면서 전형적인 세포성 면역기능이 약화된다. 이와 같이 신체적 요인에 의해 궁극적으로 개인의 영양상태가 영향을 받게 되며, 개인의 영양상태에 의해서도 신체적 요인이 지배받게 된다. 따라서 영양상태의 판정에는 결과적인 판정수치에 영향을 주는 이러한 신체적인 요인을 사전에 충분히 조사하여야 하며, 조사자는 이에 대한 이해가 필요하다.

표 1-4 영양상태에 영향을 주는 사회 및 가족 요인

사회 환경요인	가족 환경 요인
• 가족과 본인의 경제 상태 / 빈곤계수 • 거주지역의 환경적 특성 • 직업, 교육 수준 • 거주지역내의 의료환경 • 거주지역내 식품 유통 환경 • 정부와 사회 단체의 식품구매 지원 및 급식 프로그램의 지원 여부 • 종교, 관습	• 거주 상태 • 본인과 가족 구성원의 병력 • 부엌의 상태, 식품 저장 시설 • 가족과 개인의 식생활 지식과 태도 • 가족의 식생활 특성 • 흡연, 운동, 음주 • 외식의 빈도 • 스트레스

(2) 사회적 요인

영양상태에 영향을 주는 사회적 요인은 〈표 1-4〉와 같다. 다양한 사회적 요인은 1차적으로 영양소의 섭취량에 직접적인 영향을 줄 수 있으며, 이들 요인이 심리적 상태 및 호르몬 분비에 영향을 미치게 되고, 그 결과 영양소 흡수 및 이용률에도 영향을 줄 수 있다.

이와 같은 요인들은 영양상태 판정수치의 해석과 판정 후의 처방 프로그램의 실시에 도움을 줄 수 있기 때문에 조사자는 신체적, 사회적 요인을 파악한 후 이를 판정결과와 연관지어 해석할 수 있어야 한다.

3. 영양판정 방법

영양상태를 판정하는 방법에는 식사섭취 조사방법, 신체계측 조사방법, 생화학적 조사방법, 임상영양 조사방법 등이 있다. 이들 방법은 각각 장·단점을 가지고 있으므로 다양한 방법을 복합적으로 이용하였을 때 보다 정확한 영양상태를 판정할 수 있다.

1) 식사섭취 조사방법

식사섭취 조사는 식생활에 관한 조사를 통하여 섭취하는 식품의 형태와 양 뿐만 아니라 식품 내에 들어있는 영양소 및 다른 성분들에 대한 섭취량과 함께 잠정적이거나 노출되고 있는 식사의 문제점을 파악하고, 그 결과를 대상자의 영양 필요량과 비교해 보는 영양판정방법이다.

2) 신체계측 조사방법

신체계측 조사방법은 신체의 체조직 구성과 발육의 상태를 측정함으로써 영양상태를 판정하는 방법으로 비교적 장기간의 영양상태 판정에 유용하게 이용된다. 또한 신체계측은 간편하고 재현성이 좋으며 비용이 적게 들고 단기간의 훈련을 통하여 수행될 수 있으므로 개인이나 집단의 영양상태 판정에 널리 사용되고 있다.

3) 생화학적 조사방법

생화학적 조사방법은 혈액, 소변, 기타 조직 중의 영양소나 대사물질의 함량 및 기능을 화학적으로 분석하여 영양상태를 판정하는 방법이다. 생화학적 조사는 다른 영양상태 판정법들과 비교하여 볼 때 가장 객관적이고 신뢰도가 높은 방법으로 장·단기간의 영양섭취 상태를 판정할 수 있다.

4) 임상영양 조사방법

임상영양 조사방법은 영양상태의 변화에 의해 나타나는 신체 징후의 유무와 정도를 조사하는 것으로, 병력과 식사력 조사 및 임상진단을 통해 조사한 영양불량 징후(sign)와 조사대상자가 호소하는 증상(symptom)에 대한 해석으로 이루어진다.

임상적 증상은 영양결핍이 상당히 진행되었을 때, 또는 복합적인 영양소의 결핍으로 나타나기 때문에 임상조사 결과는 식사섭취조사, 신체계측 및 생화학적 분석 결과와 함께 검토되어야 한다.

4. 영양판정의 활용

영양판정은 개인이나 집단의 영양위험 요인 분석에서부터 과거에 실시되었거나 현재 실시하고 있는 영양처방 프로그램의 효율성 및 효과 판정단계에 이르기까지 광범위하게 적용된다. 오늘날 점차 관심이 높아지고 있는 병원과 직장 등의 영양 및 건강관리 프로그램에서 영양판정의 결과는 프로그램의 방향설정 및 수행에 중요한 지침으로 제시될 수 있다. 그리고 영양판정의 자료는 개인이나 해당 집단에 있어서 영양서비스(nutrition service)의 관리체계가 효율적으로 이루어지기 위해서 필수적인 요소이다.

영양서비스를 담당하는 사람들은 어떤 집단이나 개인 내에 존재하는, 혹은 앞으로 발생 가능한 영양 위험요인(nutritional risk factor)을 영양판정을 통하여 파악함으로써 영양개선에 적극적으로 임하여야 한다. 영양판정이 활용되는 경우는 다음과 같이 크게 4가지로 나누어 볼 수 있다.

1) 지역사회에서의 활용

영양판정의 목적은 개인이나 집단의 영양위험요인을 파악함으로써 영양지원방법들을 계획, 조직하고 통합하기 위한 것이다. 조사목적에 따라 비용, 편리성, 개인 생활 등을 고려하여 적절한 조사방법을 선정하여 자료를 수집하고 식사, 신체계측, 임상, 생화학적 그리고 생태학적 요인들을 상호 연관시킴으로서 영양교육과 영양관리 방법을 결정한다. 지역사회의 영양사업을 수행하기 위하여 대상의 선정에서부터 교육 전반의 모든 과정에서 영양판정은 이를 평가하는 수단으로서 큰 의미를 갖는다.

2) 보호기관의 대상자들에 대한 활용

만성질환치료기관, 양로원, 전문간호시설, 정신질환자 수용기관, 아동보호기관, 재활기관 등의 시설에서 영양사는 영양치료를 위하여 일상적인 영양판정을 하여 건강상태를 모니터링한다. 이 경우에는 식사섭취 상태와 신체상태의 변화 등을 중심으로 조사, 관찰하여야 한다.

3) 환자관리를 위한 임상적 활용

환자의 영양과 건강상태는 끊임없이 변화되므로 지속적이고 체계적으로 그들의 영양상태를 측정하여야 한다. 환자에 대한 영양판정 수치를 평가함으로써 환자의 영양불량 여부와 그 정도를 파악할 수 있고 적절한 환자관리의 방법을 선택할 수 있다. 즉 영양판정을 통하여 어떠한 치료방법을 어느 정도로 어떻게 실시하는 것이 가장 적당한지 영양처방 방안을 결정할 수 있다.

4) 재택 의료사업에서의 활용

입원이 필요하지 않은 만성질환자인 경우, 가정에서 질환관리와 치료를 받는 재택의료의 일환으로 가정방문 시에 영양소 요구량을 조사하고 영양교육을 시행하거나, 또는 심도 깊은 영양상담을 실시한다. 신체계측조사, 식사에 대한 양적·질적 조사, 신체증후와 증세의 관찰이 수행되며, 필요시 생화학적 조사도 포함된다.

5. 영양판정의 체계

영양판정에 대한 체계적인 방법의 정립과 연구는 비교적 최근에 예방의학 차원과 임상에서 환자관리 차원에서 이루어지고 있다. 영양판정의 체계(nutrition assessment system)는 주로 영양조사(survey), 영양감시(surveillance), 영양선별검사(screening)의 3가지 형태로 구성된다.

1) 영양조사(Nutritional survey)

선정된 인구집단에 대한 영양판정은 횡단적 영양조사방법(cross-sectional nutrition survey)에 의해 수행될 수 있다. 횡단적 영양조사는 선정된 인구집단의 기본적인 영양자료와 전반적인 영양상태를 확인하기 위해 수행된다. 이는 인구집단 내 만성적인 영양불량에 대하여 취약한 집단을 확인하여 내재하는 영양문제를 파악하고, 필요한 자원을 할당하며 영양상태를 개선하기 위한 정책에 반영하기 위한 것이다. 그러나 횡단적 영양조사는 급성영양불량을 확인하기 어려울 뿐만 아니라 영양불량의 원인을 찾아내기도 어렵다는 단점을 가지고 있다.

2) 영양감시(Nutrition surveillance)

영양감시의 특성은 선정된 인구집단의 영양상태를 지속적으로 점검하는 것이다. 따라서 장기간에 걸쳐 자료가 수집, 분석되고 이용된다는 점에서 영양조사와는 다르다. 횡단적 영양조사와는 달리 영양불량을 유발하였으리라고 짐작되는 원인을 규명하고 인구집단 혹은 소집단별로 영양중재조치를 마련하여 실시하는데, 활용 시 영양중재(nutrition intervention) 프로그램과 접목시킬 수 있다. 또한 영양감시체계가 집단이 아닌 개인에게 적용될 경우 영양감시체계보다 영양모니터링(nutrition monitoring)이라는 용어가 사용된다.

3) 영양상태 선별검사(Nutrition screening)

영양치료(nutrition therapy)를 필요로 하는 영양불량환자들을 확인하기 위해서는 영양상태 선별검사가 필요하다. 영양상태 선별검사는 대상자의 대체적인 영양상태를 파악하는 단계이다. 따라서 개개인의 수준에 대해서 뿐만 아니라 영양적으로 취약하다고 여겨지는 소집단에 대해서도 실시할 수 있다. 구체적인 영양중재 프로그램을 실시하기 위하여 첫째, 개인 또는 해당집단의 영양문제를 가장 잘 파악할 수 있는 영양상태의 측정방법은 무엇인지를 결정한다. 둘째, 어떤 기준치를 어떻게 적용하여 대상자의 영양상태를 판정할 것인가에 대한 기준설정이 필요하다. 즉 개인에 대한 측정치를 이미 알려진 위험수준 또는 판정기준치(cut-off point)와 비교하는 것이다. 영양상태 선별검사는 개인에게 또는 위험상태가 우려되는 집단에게 사용되므로 그 과정은 영양조사나 영양감시체계보다 비교적 적용범위가 좁고 대체로 영양관리가 필요한 환자를 확인하기 위하여 초기에 수행되며, 그 이후에 더 세밀하고 포괄적인 영양판정을 진행하기 위한 전 단계 과정이다.

6. 영양판정 기준치

영양판정의 기준치는 영양판정 결과의 해석에 매우 중요한 요소이다. 영양판정의 기준치는 대체로 모집단의 표준이 될만한 평균치에 속하는 건강인의 측정치나 결핍증을 일으킬 수 있는 영양소의 체내수준 등을 참고로 설정되며, 주로 참고치 분포(reference distribution), 참고치 경계(reference limits) 그리고 한계치(cut-off points)의 형태가 이용된다.

1) 참고치 분포(Reference distribution)

참고치 분포는 표준이 될만한 건강한 사람들의 측정치를 말하며 보통 백분위값으로 표현된다. 참고치 분포는 한 개인의 측정치가 참고치 분포에서 몇 분위값에 해당한다고 평가하며, 평가 시 인종, 연령, 성, 임신 · 수유 등 생리상태의 조건이 참고치와 유사해야 신뢰성 있는 평가를 할 수 있다.

2) 참고치 경계(Reference limits)

참고치 경계는 참고치 분포에서 보통 2곳을 정한 후 3개의 참고치 간격을 만들어 판정 기준치로 사용하는 방법이다. 참고치는 통계적으로 발생하는 수치이기 때문에 참고치 경계를 기준으로 영양판정을 할 때, '매우 낮음', '보통', '매우 높음'으로 평가할 수는 있으나 '정상' 혹은 '비정상'으로 분류할 수는 없다.

3) 한계치(Cut-off points)

한계치는 영양판정 지표가 체내 저장의 고갈 및 손상된 기능의 발생을 예측해 주는 것이다. 한 영양판정 지표에 1개의 한계치나 혹은 2개의 한계치를 설정한 후 그 이상은 '양호', 그 미만은 '불량'으로 분류하는 방법이다.

표 1-5 영양조사방법 선택 시 고려해야 할 사항

영양상태를 평가하는 목적	평가할 내용의 종류와 양
• 조사대상자에게 줄 수 있는 부담 • 조사대상이 개인인지 집단인지 • 조사자의 훈련 필요성	• 비용, 인력, 시간 • 질적 평가인지 양적 평가인지 • 영양판정 도구의 타당성과 신뢰도

7. 영양조사의 실행

영양조사는 일반적으로 조사계획, 조사대상 선정, 조사내용 결정, 조사방법의 확립, 예비조사(pilot testing), 조사실시, 자료 정리와 결과 분석의 7단계로 이루어진다. 첫 번째 단계는 누구를 대상으로 무엇을 어떻게 조사할 것인가를 계획하고 목표를 설정하며, 예산과 기구·시설·설비 등을 점검하는 단계를 말한다. 두 번째 단계는 표본 크기와 표출 방법을 결정하여 조사대상을 선정하는 단계이며, 세 번째 단계에서는 조사내용을 결정한다. 네 번째 단계는 조사방법을 선택하는 단계이며, 이 때 고려해야할 사항은 〈표 1-5〉와 같다. 다섯 번째 단계에서는 예비조사를 실시하며, 여섯 번째로 예비조사를 통해 나타난 문제점을 수정·보완하여 본조사를 실시하고 마지막으로 자료를 정리하고 결과를 분석·평가한다.

참고문헌

1. 대한영양사회. 임상영양관리지침서, 2000
2. Gibson RS. Principle of nutritional assessment, 2nd ed., Oxford University Press, New York, 2005
3. Grant A, Dehoog S. Nutritional assessment and support, · 4th ed., Rev & Ex edition, 1991
4. Jelliffe DB, Jelliffe EFP. Community nutritional assessment: With special reference to less technically developed countries. Oxford University Press, New York, 1989
5. Lee RD, Nieman DC. Nutritional assessment, 4th ed., Mosby, St. Louis, 2007
6. Rolfes SR, Debruyne LK, Whitney EN. Life span nutrition: Conception Through Life, 2nd ed. Wadworth Publishing Company, 1998
7. Vellas BJ, Guigoz Y, Garry PJ, Albarede JL. The Mini nutritional assessment: MNA., Facts, Research and Intervention in Geriatrics, 1997
8. Willett W. Nutritional epidemiology, 2nd ed., Oxford University Press, New York, 1998

2 식사섭취 조사

1. 식사섭취 조사의 개요

식사섭취 조사는 영양상태 판정의 가장 기본적인 단계로, 대상자들의 식생활 관련 사항을 파악하여 섭취된 식품의 형태와 양, 함유되어 있는 영양소 및 그 외 성분들에 대한 섭취량을 알아볼 수 있는 방법이다. 또한 조사를 통하여 드러난 문제점과 잠재하고 있는 식사의 문제점 등을 분석하고 그 결과를 대상자의 영양 필요량과 비교해서 섭취된 식사가 적합한지를 평가할 수 있다.

2. 식사섭취 조사의 목적과 용도

일반적으로 식사섭취상태를 조사한 자료는 식품 및 영양소 섭취상태의 평가, 정부의 건강 및 농업정책의 수립 및 평가, 역학 연구의 수행, 상업적인 목적 등으로 사용되고 있다.

1) 식품 및 영양소 섭취상태의 평가

식품공급의 적절성, 개인 및 집단의 식사섭취 적절성, 식품 및 영양소의 섭취 경향, 식품 첨가물이나 오염물질에의 노출 정도를 평가하는데 이용된다.

2) 정부의 건강 및 농업정책의 수립 및 평가

식량 생산과 분배 계획, 식품과 영양에 관한 법규 제정, 영양교육과 질병의 위험 감소를 위한 프로그램의 계획이나 실시 및 평가 등에 식사섭취 조사자료가 이용된다.

3) 역학 연구의 수행

식사와 건강의 관련성 연구나 식사 또는 영양소 섭취에 따른 영양결핍이나 과잉증의 위험집단을 선별하는데 이용된다. 식사섭취 조사를 실시하여 위험집단을 선별하고 집중적인 영양교육을 실시하여 질병예방을 도모할 수 있다.

4) 상업적인 목적

각종 식품 회사에서는 식사섭취 조사를 통하여 영양문제를 인식함으로써 합리적인 새로운 식품 개발이나 강화 프로그램을 수행할 수 있다. 또한 식품의 선전·홍보 등에 이용하기도 한다.

3. 식사섭취 조사방법의 종류

식사섭취 조사방법은 자료 수집의 목적에 따라 여러 가지 방법이 개발되어 있으며, 각 방법은 수행과정에 있어서 각각의 장·단점을 가지고 있다. 따라서 조사하기 전에 대상자의 연령이나 교육 수준, 경제상태를 기반으로 조사 목적과 준비된 인적, 물적 자원에 근거하여 적합한 방법을 선택해야 하며, 조사대상자에게 부담을 주지 않으며 평소의 섭취 상황에 가장 가까운 결과를 얻을 수 있는 방법이어야 한다. 그러나 숙고하여 선택된 방법이라도 일정 기간 동안의 조사 자료로부터 추정된 측정치는 평소의 일상적인 섭취량과 비교해 볼 때 오차가 있을 수 있으며, 이러한 오차는 조사자의 편견이나 조사대상자의 기억력이나 섭취량 추정의 차이에 의해서도 나타날 수 있으므로 세심한 주의가 필요하다.

조사방법은 조사대상(개인, 집단)에 따라서 차이가 있으며, 주로 국가나 집단을 대상으로 하는 경우는 식품수급표나 유통시장자료 등을 이용하는 방법이 있으며, 가정이나 소집단을 대상으로 하는 경우는 식품계정조사, 식품재고조사, 식품열거조사, 식품기록법 등을 사용한다. 개인을 대상으로 하는 경우는 회상법, 식사기록법, 식품섭취빈도조사법 및 식사력조사법 등이 이용된다.

1) 국가나 집단을 대상으로 하는 조사방법

(1) 식품수급표(Food balance sheet)

식품수급표는 국가단위로 식품소비를 평가할 때 가장 많이 쓰이는 방법으로, 국민 1인당 공급된 식품의 양으로 표시되며, 국민이 소비할 수 있는 식품공급량을 추정할 수 있다. 1949년 이래로 세계식량농업기구(The Food and Agricultural Organization : FAO)에서 세계 200여 개국의 식품수급표를 작성하여 발표하고 있으며 각 나라의 식품소비실태를 비교할 수 있다. 국가 단위의 식품소비실태를 알 수 있는 가장 손쉽고 많이 사용되는 방법이지만 개인간 식품의 분배나 차이는 알 수 없는 제한점이 있다.

우리나라는 농촌경제연구원에서 식품수급표를 만들고 있으며, 조사대상 기간은 1월 1일부터 12월 31일까지 1년으로 하고, 조사대상 품목은 우리나라 국민이 일반적으로 식용하고 있는 모든 식품으로 하며 이들 식품의 분류와 배열은 FAO 방식에 의해 이루어지고 있다.

조사항목은 조사대상 품목별로 생산량, 이입량, 수입량, 사료량, 종자용, 가공용, 비식용(공업용) 그리고 감모량 등이며, 이에 대한 정의는 〈표 2-1〉과 같다. 조사기간 동안의 국민 1인 1일당 식품공급량을 조사하며, 이에 의하여 국민 1인 1일당 에너지, 단백질, 지방, 무기질, 비타민 등의 영양공급량을 산출한다.

식품수급표는 여러 단계를 거쳐 산출되는데, 국내 생산되는 총 식품의 양에 수입된 식품의 양과 저장되었던 식품 중에 사용된 식품의 양(이입량)을 합하여 총 공급량(the food supply)으로 하고, 여기에서 수출되는 양과 저장되는 양(이월량), 생산된 식품 중 동물의 먹이나 종자 등과 같이 사람이 먹지 않는 양이 감해진 것이 식용 공급량(the gross national food supply)이다. 이 중에서 폐기량을 추정하여 감해주면 국민들이 소비할 수 있는 순식용 공급량(the net food supply)이 산출된다. 이것을 인구수로 나누어 국민 1인당 식품 공급량을 계산하고 이것으로부터 국민 1인당 에너지와 영양소 공급량을 계산한다.

항목간의 관계를 요약하면 다음과 같다.

총 공급량 = 생산량 + 수입량 + 이입량
식용 공급량 = 총 공급량 − (이월량 + 수출량 + 사료량 + 종자량 +감모량 + 식용 가공용 + 비식용 가공용)
순식용 공급량 = 식용 공급량 − 폐기량
1인 1일당 순식용 공급량 = 순식용 공급량 / 연중 인구 / 365
1인 1일당 영양 공급량 = 1인 1일당 순식용 공급량 × 영양 성분가

표 2-1 식품수급표에서 사용되는 용어의 정의

용어	정의
생 산 량	조사 연도 1월 1일부터 12월 31일 사이의 국내생산량 (미곡과 고구마 등의 추곡은 전년도 생산량을 적용)
수 입 량	당해연도에 외국에서 수입한 총량 (일반수입과 원조형식의 수입은 포함하나 밀수용은 제외함)
이 입 량	전년도 재고량으로서 조사연도로 이월되어 넘어온 양
총공급량	생산량 + 수입량 + 이입량
이 월 량	조사연도 말 재고량 즉, 조사연도에서 다음해로 이월된 양
수 출 량	당해연도 외국으로 수출된 양(일반 유한수출과 무한수출을 포함함)
사 료 량	당해연도 총공급량에서 사료용으로 공급된 양
종 자 량	당해연도 총공급량에서 종자용으로 공급된 양
감 모 량	총공급량에서 생산으로부터 조리과정에 이르기까지의 운반, 가공 및 유통과정에서 손실된 양 감모량 산출에 사용한 품목별 감모량은 후기함
식용가공량	당해연도 총공급량에서 식용가공량으로 공급된 양 (주조용, 착유용(두류, 종실류) 및 분유, 연유제조용(우유) 등 만을 계산하고, 기타의 식용가공량은 식용공급량에 포함시킴)
비식용가공량	당해연도 총공급량에서 비식용인 공업용 등으로 공급된 양
식용공급량	총공급량－(이월＋수출＋사료＋종자＋감모＋식용가공량＋비식용가공량)
순식용공급량	식용공급량에서 폐기량을 제외한 양
폐 기 율	식용공급량 중 통상 비가식부분으로 폐기되는 양의 비율
1인 1년당 공급량	순식용 공급량을 조사연도의 연중인구로 나누어 산출된 양
1인 1일당 공급량	1인 1일당 총공급량을 365일로 나누어 산출된 양
1인 1일당 영양공급량	1인 1일당 총식용 공급량에 식품별 영양성분가를 적용하여 산출한 양

표 2-2 우리나라 식품수급표의 예 (인구 : 48,082천명)

식품명	생산	수입	이입	총공급량	이월	수출	사료	종자	감모	가공용		식용공급량	폐기율
										식용	비식용		
	·····1,000 M/T·····												%
1.곡류	4,723.0	12,463.0	2,714.0	19,898.0	2,770.0		7,686.0	51.0	477.0	368.0	702.8	7,843.2	
밀	12.0	3,190.0	419.0	3,621.0	463.0		977.0	1.0	46.0	20.0	21.0	2,093.0	23.0
쌀	4,451.0	205.0	1,099.0	5,755.0	1,037.0			43.0	88.0	29.0		4,258.0	
보리	177.0	157.0	276.0	610.0	283.0		16.0	7.0	8.0	224.0		72.0	
옥수수	70.0	8,660.0	877.0	9,607.0	957.0		6,532.0	0.0	35.0	95.0	681.8	1,288.2	
기타	251.0	43.0	305.0	12.0		161.0		0.0	35.0	95.0	681.8	1,288.2	
2.서류	848.2	30.0		878.2			85.8	56.1	80.8	9.7		645.8	
감자	579.5	30.0		609.5			60.0	40.0	55.0			454.5	6.0
고구마	268.7			268.7			25.8	16.1	25.8	9.7		191.3	7.0
3.서당류	1,324.8	0.0	41.0	1,365.8	36.0	302.0			10.3			1,017.5	
4.두류	129.3	1,469.0	121.5	1,719.8	122.1	0		4.3	10.0	1,059.0		524.3	
5.견과류	78.1	22.7		100.8	0	16.8			2.0			81.9	
6.종실류	40.6	101.8	7.6	150.0	13.1	0		0.4	0.9	101.4		34.3	
7.채소류	10,661.5	729.3	7.2	11,398.0	4.9	91.5		57.9	2,485.5			8,758.2	
8.과실류	2411.3	446.5		2,857.8		28.2			282.4	5.3		2,541.9	
9.육류	1,630.9	273.6	139.7	2,044.2	74.6	16.5			38.4		34.1	1,880.5	
쇠고기	144.9	132.9	99.9	377.6	49.9				6.6			321.2	1.3
돼지고기	748.6	108.8	39.6	897.2	27.7	15.8			17.1			839.5	1.0
닭고기	287.0	31.8		318.8		0.7			6.4			311.8	20.3
부산물	450.5	0.0		450.5					8.3		34.1	408.0	7.5
10.계란류	508.0	0.0		508.0					10.2			497.8	
11.우유류	2,304.2	850.6	10.5	3,165.2	6.9	51.3			26.1	493.8		2,587.0	
12.우지류	22.0	851.4	42.9	916.3	45.8	9.3			8.6	0.0	0.0	852.8	
13.어패류	1,945.4	2,014.7	742.6	4,702.8	531.2	659.9			175.6			3,336.2	41.3
14.해조류	545.8	41.6	0.2	587.6	0.1	190.3			19.9			377.3	
15.주류	3,869.3	78.0	60.7	4,008.0	60.0	164.3			61.9	322.9		3,398.9	
합계(주류포함)	27,171.1	19,294.1	3,827.3	50,292.4	3,604.7	1,365.8	7,771.8	169.8	3,627.7	2,037.1	737.0	30,978.5	

자료: 농촌경제연구원, 2004.

식품수급표는 모든 나라가 같은 방식으로 조사하기 때문에 국가별, 지역별, 시대별 식품의 유용도와 공급의 변화를 알 수 있으며, 식품소비와 질병형태 및 사망률과의 관계를 규명하기 위한 좋은 자료로 이용된다. 그러나 식품수급표는 식품공급량으로부터 산출된 값이므로 실제로 국민이 소비한 식품량, 경제, 지역, 계절에 의한 차이를 정확히 파악할 수 없는 단점을 가지고 있다.

이외에도 우리나라에서 조사되고 있는 식생활관련 통계자료로는 도시가구 가계소비 지출표(경제통계연보)나 농가 가계소비 지출표(농림부) 등이 있다.

(2) 유통시장 자료

식품산업체에서 생산되어 유통시장에서 판매되는 식품의 양을 조사한 자료로서, 국가 전체의 소비경향을 파악하는데 많은 도움이 되며, 선진 외국의 경우에는 대규모 식품점들의 연합회(예, McDonald사)를 통하여 이루어지고 있다. 이러한 자료를 얻기 위하여 세계 각국에서는 UPC(universal product code)가 일반화되어 있다. 우리나라에서도 UPC가 사용·확대되고 있으며, 식품의 소비형태 등을 쉽게 파악할 수 있는 좋은 자료가 되고 있다.

2) 가정 단위의 조사방법

(1) 식품계정조사(Food account method)

식품계정조사는 정해진 기간 동안 그 가정에서 돈을 들여 구입한 음식이나 선물로 받은 음식, 가정에서 생산된 음식을 기록하여 식품 섭취량을 추정하는 방법이다. 이 방법은 생산된 음식은 섭취로 소비된다는 가정 하에 1951년 영국에서 사용되기 시작하였으며, 섭취량의 10% 정도를 폐기율로 환산하여 사용하고 있다. 각 식품은 식품점에서 파는 단위나 일반적으로 통용되는 단위로 기록되고 식품의 가격이나 상표명 등도 함께 기입하나, 집밖에서 섭취한 음식이나 애완동물에게 먹인 음식, 상해서 버린 것 등이 고려되지 않는 제한점이 있다. 비교적 대단위의 인구를 대상으로 할 때 사용되며 계절에 따라 조사하면 1년 동안의 소비형태 변화를 알 수 있다. 조사대상자에게 부담이 적어 응답률이 좋고 비용이 별로 들지 않는 장점을 가지고 있다.

(2) 식품재고조사(Food inventory method)

식품재고조사는 조사를 시작할 때, 집안에 있는 모든 음식의 양(A)을 조사하고 조사기간 동안 구입한 식품의 양(B)을 조사하며 조사기간 최종일에 집안에 남은 식품의 양(C)을 확인하여 조사기간 동안의 식품 섭취량(A+B−C)을 계산하는 방법으로 식탁에서 버려진 식품의 양도 조사해서 계산된다.

식품계정조사의 단점을 보완한 방법으로, 실제로 소비한 식품의 양을 비교적 정확히 측정할 수 있는 장점이 있다. 우리나라에서 1995년까지 실시된 국민영양조사에서는 이 방법을 응용하여 조사가 이루어졌다.

(3) 식품목록회상조사(Food list-recall method)

식품목록회상조사는 가정의 식사를 책임지고 있는 사람을 대상으로 면접을 통해서 일정한 기간 동안에(일반적으로 1~7일) 소비된 식품의 종류와 양을 회상하여 구매단위로 열거하는 방법이다. 이 방법은 폐기된 식품이나 애완동물에게 사용된 식품은 고려되지 않으며, 한 번의 면접으로 끝나므로 비용이 적게 들고, 조리를 담당하는 사람의 협조를 얻는다면 쉽게 조사할 수 있는 장점이 있다. 조사시에 주로 많이 소비한다고 생각되는 식품목록을 만들거나 식품모형 등을 사용하면 기억력이나 양을 추정하는데 도움을 줄 수 있다.

(4) 식품기록법(Food record method)

식품기록법은 식사 책임자나 조사원이 일정기간 동안(보통 1주일) 매 식사 시간마다 소비하는 식품의 종류와 양을 조사하여 직접 기록하는 방법이다. 섭취 식품에 대한 자세한 기록과 음식에 대한 조리방법이 조사되고 먹고 남은 음식의 양도 기록한다. 조사 시에는 일일이 무게를 달면 정확한 결과를 얻을 수 있으나 목측량을 사용하기도 한다. 이 방법은 식품재고조사와 함께 우리나라에서 1995년까지 실시된 국민영양조사시에 사용되었으며, 조리를 담당하는 사람의 협조만 있으면 가정 단위 조사방법 중 가장 정확한 조사결과를 얻을 수 있는 방법이다.

3) 개인 단위의 조사방법

국가나 가정단위의 조사는 식사섭취에 있어 개인간의 차이를 반영할 수 없으므로 개인별 조사가 필요하며, 그 목적에 따라 양적인 조사와 질적인 조사로 구별할 수 있다. 양적인 조사에는 회상법, 기록법 등이 사용되고 질적인 조사에는 빈도법, 식사력 조사법 등이 이용된다.

(1) 회상법(Recall method)

회상법은 조사자가 조사대상자를 직접 만나거나 전화면담을 통해 일정 기간동안 섭취한 식품의 종류와 양을 기억하도록 하여 조사하는 방법이다. 회상하는 기간에 따라 24시간 회상법, 3일 회상법, 7일 회상법이 있으나 24시간 회상법이 가장 많이 이용되며 질문 내용에는 섭취한 음식 및 음료의 종류와 양, 섭취한 시간, 장소, 같이 식사한 사람, 조리방법, 상표 등이 포함된다.

회상법에 의하여 정확한 식사 섭취량을 추정하려면 잘 훈련된 조사자가 필요하며, 잘 훈련된 조사자를 쓸 경우 시간이나 경비를 절약할 수 있고, 신뢰성있는 자료를 얻을 수 있다. 따라서 조사 전에 조사자에게 조사대상자로 하여금 섭취한 식품이 잘 기억날 수 있도록 유도할 수 있는 방법을 사전에 지도하여야 하며, 섭취한 식품에 대한 양적인 개념도 완전히 교육이 되어 있어야 한다. 또한 섭취한 음식명뿐만 아니라 같이 섭취하게 되는 식품이나 양념, 세끼 식사 외에 간식으로 섭취하는 식품 등도 잘 기억할 수 있도록 조사자의 질문 방식이나 태도에 세심한 주의를 기울여야 한다. 따라서 가장 좋은 조사자는 영양사로, 영양사에 의해 이 과정이 진행되는 것이 가장 바람직하다.

회상법은 15~20분 정도의 면접으로 진행되므로 비교적 간단하고 비용도 적게 들며, 읽고 쓰기가 불편한 대상자의 식사섭취량도 조사할 수 있다는 장점을 가지고 있으나, 몇 가지 단점도 있어 이의 보완이 필요하다. 즉 첫째, 개인의 기억력에 의존하므로 대상자 선정시 기억력의 정도를 정확히 파악해야 한다. 예를 들어, 10세 이하의 어린이나 노인 등은 식품섭취에 대한 기억력이 매우 낮은 것으로 보고되고 있으므로 어린이나 노인을 대상자로 할 경우, 이들의 보호자를 대상으로 조사하는 것이 바람직하다. 둘째, 한 개인에 있어서도 날에 따라 섭취하는 음식이 같지 않은 개인 내 편차(intraindividual variation)가 있기 때문에 조사기간 동안 섭취한 식품의 종류와 양을 일상적으로 섭취한 식품(usual diet)으로 간주할 수 있는가 하는 문제이다. 따라서 회상하는 조사 날이 주말이나 공휴일, 생일 등 특별한 날이 되는 것을 피하고, 경우에 따라서는 면접할 날짜를 미리 통보하면 그 전날의 식사섭취 형태를 변형시키기도 하므로 조사대상자에게 면접하는 날을 미리 예고하지 않는 것이 좋다. 셋째, 식품의 섭취량을 정확히 회상하는데 한계가 있다. 따라서 좀 더 정확한 자료를 얻기 위하여 조사 시에 식품 모형이나 사진, 그릇, 숟가락 등을 도구로 사용하며, 반복된 조사가 필요하다. 넷째, 대상자가 1회분 섭취량을 회상하는데 오류를 범하기 쉽다는 문제가 있다.

조사 내용에는 모든 섭취 음식의 종류와 양, 조리방법, 가공식품의 경우 상표명, 비타민이나 기타 영양제의 복용 여부 등이 포함되어야 하며, 기억을 돕기 위하여 "아침, 점심, 저녁에 무엇을 먹었느냐?" 보다는 하루 일과를 차례로 물어가면서 음식과 관련된 행동이 나오면 자세히 질문하는 방식을 취하는 것이 좋다. 면접이 끝난 후에는 면접내용을 재검토하여 내용을 확인하는 과정이 필요하며, 이러한 재검토는 전화나 우편으로 할 수도 있다. 우리나라는 1998년부터 매 3년마다 시행되고 있는 국민건강영양조사에서 국민들의 식품섭취량 조사를 위해 회상법을 이용하고 있다.

회상법에 사용되는 조사지의 예로는 〈표 2-3〉, 〈표 2-4〉 등이 있다.

(2) 식사기록법(Food record method)

식사기록법은 조사대상자가 일정 기간동안 자신이 섭취한 음식의 종류와 양을 일기와 같이 그때그때 기록하도록 하는 방법으로 식사일기법(food diary method)이라고도 한다. 조사 기간은 1일, 3일, 7일 등 필요에 따라 정할 수 있다. 기간이 길어질수록 일상적인 식사를 반영할 수 있으나 조사대상자의 협조를 구하기 힘들고 정확도도 떨어진다. 보통 3일 정도가 적당하며, 3일을 조사할 때는 주말 중 하루를 포함하도록 하면 평상시 식사섭취를 대표하는 값을 얻을 수 있다(목요일~토요일 또는 일요일~화요일). 조사 내용은 〈표 2-5〉와 같이 회상법과 유사하며, 섭취량을 정확히 기록할 수 있도록 조사 전에 기록방법과 섭취량(serving size)에 대한 사전 교육이 필요하다. 이 방법은 이론적으로 가장 정확한 방법으로 사료되나 그간의 연구들을 종합하면 실제 섭취량보다 다소 낮게 평가되는 것으로 알려져 있다.

식사기록법은 〈표 2-6〉과 같은 내용 등을 미리 주지시켜 조사대상자가 교육이 잘 되어있는 경우에는 먹는 즉시 식품명, 섭취량, 장소 및 식사의 특징 등을 기록하므로 식사섭취 조사 방법 중에서 가장 정확한 것으로 간주된다. 또한 회상법에서 단점으로 지적되는 기억력에 대한 문제를 배제할 수 있고, 인력이 많이 필요하지 않다는 장점과 함께 정확히 조사되면 개인의 식습관을 판단하는데 매우 바람직한 방법이다. 그러나 교육수준이 낮거나 식사관리에 관심이 적은 대상자에게서는 정확한 조사가 어려우며, 실측기록법인 경우 많은 조사가 필요하므로 비용이 많이 든다. 또한 식사 섭취량에 관심이 집중되어 있으므로 의도적으로 평상시와 다르게 섭취하거나 기록할 수 있는 단점이 있다.

식사기록법은 조사대상자가 섭취한 모든 음식의 내용과 분량을 실측하여 기록하는 실측량 기록법과 눈대중량으로 추정하여 기록하는 추정량 기록법으로 나눌 수 있다.

① 실측량기록법(Weighed food records)

실측량기록법은 개인의 일상적인 식품 및 영양소 섭취량을 구하는데 있어서 가장 정밀한 방법이다. 조사 방법은 조사대상자, 부모 또는 보호자가 정해진 기간 내에 조사대상자가 섭취한 모든 식품과 음료를 칭량하여 기록하는 것으로, 식품의 조리에서부터 생식품의 가식부와 폐기량을 측정하고 완성된 음식의 무게와 개인에게 제공되는 음식량을 측정하며, 식사 후 남은 양을 측정하여 실제로 섭취한 음식의 양을 정확히 조사한다.

실측량기록법은 식사섭취 조사방법 중 가장 정확한 방법으로 알려져 있으나, 훈련된 인원과 비용이 많이 요구되므로 큰 집단의 식품 섭취량 혹은 장기간의 조사에

표 2-3 24시간 회상법 조사지의 예 I

이름 : 조사일시 :

실제 음식을 섭취한 날 :

*시간	음식명	**식품 내용 및 조리방법	섭취량	***섭취 장소	사무처리용		
					식품 code	양	사무용 code

* 아침식사
아침간식
점심식사
점심간식
저녁식사
저녁간식

** 튀김
구이, 찜, 국
통조림, 냉동
조림, 무침 등

*** 집
식당
학교
도시락
기숙사
유아원 등

추가질문 :

(1) 대답한 내용은 보통 때와 다르게 섭취한 내용입니까? 예 _____ 아니오 _____
만약 그렇다면 그 이유는?

(2) 비타민이나 그 외 영양제를 드십니까? 예 _____ 아니오 _____

(3) 1일 몇 회 어느 정도 복용하십니까? 1일 ___ 회 ___ 정(포)

(4) 영양제를 드신다면 그 종류는?(아신다면 상품을 적으십시오.)
복합 비타민제
철분제
비타민 C제
기타

(5) 평소의 식욕은? 아주 좋다 _____ 그저 그렇다 _____ 나쁘다 _____

(6) 평소의 식사와 간식 패턴은? 규칙적 _____ 불규칙적 _____

(7) 식사의 섭취 횟수?
식사 횟수 : _____ 회
간식 횟수 : _____ 회
음료의 섭취량 : _____ 병(또는 통)

표 2-4 **24시간 회상법 조사지의 예 II**

아래의 보기를 참고하신 후, 어제 식사한 모든 음식을 자세히 적어 주십시오.
만약 어제 잡수신 식사의 내용이 평소의 식사와 다르다고 생각하시면, 보통날 잡수시던 식사의 내용으로 적어 주십시오.

식사(시간)	음식명	재료명	눈대중	중량(g)
아침	토스트	식빵	2쪽	70
		잼	작은술 2	10
		마가린	작은술 2	8
	우유	우유	1컵	200
	햄계란부침	햄	1쪽	40
		계란	1개	55
	사과	사과	중 1/2개	150
간식	커피	커피	작은술 2	2
		설탕	작은술 2	6
		프림	작은술 2	4
	요구르트	요구르트	1개	65
점심	쌀밥	쌀밥	1공기	210
	쇠고기무국	쇠고기	2점	10
		무	5~6쪽	40
	삼치구이	삼치	소 1토막	50
	시금치나물	시금치나물	1/2접시	70
	깍두기	깍두기	5쪽	50
간식	오렌지주스	오렌지주스	1컵	200
	크래커	크래커	5개	20
저녁	쌀밥	쌀밥	1공기	210
	두부된장찌개	두부	1/12모	40
	도토리묵무침	도토리묵	1/4모	100
	무생채	무생채	1작은접시	70
	배추김치	배추김치	1작은접시	70

표 2-5 식사기록법 조사지의 예

성명:	날짜 : 년 월 일 요일			
시각 (Time)	소요시간 (Time spent)	식품명, 조리방법	섭취량	장소 같이 식사한 사람 식사 시의 기분

* 주의사항 : 식사기록을 위하여 평상시의 식품섭취를 변경하지 마십시오.
가능하면 각 사항을 정확하게 기록하여 주십시오.

는 이용이 어렵고, 가정에서 조사원의 감독과 간섭 하에 식품의 조리와 섭취가 이루어지므로 조사 자체가 일상적인 식품의 섭취와 차이를 보일 수 있으며 외식의 경우 측정이 불가능하다는 단점이 있다.

② 추정량기록법(Estimated food records)

추정량기록법은 조사대상자가 일정한 기간 내에 섭취한 모든 식품과 음료에 대한 상품명, 식품의 준비 및 조리과정, 생식품 재료의 양, 조리된 음식의 양, 섭취된 음식의 양 등을 눈대중량으로 기록하는 방법이다. 눈대중량은 조사대상자가 계량컵이나 스푼 등 가정용 표준계량기구 또는 자 등을 사용하여 식품 섭취량을 추정하고 이를 조사자가 중량으로 환산한 후 계산에 의해 영양소 함량을 구한다. 이때 눈대중량을 적당하게 중량화하지 못할 때 오차가 생기게 되므로 조사대상자와 조사자 모두에게 눈대중량에 대한 사전교육이 필요하다.

실측량기록법과 비교할 때 이 방법의 장점은 대상자에게 주는 부담이 적고, 비용이 적게 들어 대규모 집단을 대상으로 실시하기 쉬우며, 조사대상자의 협조율이 높다는 것이다. 반면 실측량기록법에 비해 정확도가 떨어지는 단점이 있다.

표 2-6 회상법이나 기록법으로 조사할 경우 조사대상자에게 기억시켜야 할 내용

정보의 분류	기억시켜야 할 내용
크기에 대한 것	크기와 두께 길이, 폭, 두께 무게나 부피 비슷한 크기의 실례
외식한 경우	음식점의 종류와 음식 이름
육류, 생선, 조류	육류의 경우 기름기의 제거 여부 표현된 크기 내에 뼈의 포함 여부 지방질의 함유 정도(% fat) 조리 방법(지방의 첨가 여부) 통조림의 경우(oil pack인가 water pack인가)
지 방 질	닭의 경우 껍질의 제거 여부 조리에 사용한 기름의 종류 마요네즈의 종류 기타 조리에 첨가한 기름의 종류와 양
유제품	유제품의 종류와 지방 함유량 커피 크림의 종류
빵, 과자, 케이크, 떡류	상표, 종류, 토핑(topping), 재료의 종류, 크기, 무게, 부피
혼합된 음식	음식의 이름과 분량 가정 조리한 것인가 혹은 조리된 것을 구매한 것인가 첨가된 재료의 종류 조리 방법
과일과 주스	생과일, 과즙, 통조림, 가공품 등 종류 확인, 가당 혹은 무가당 여부
채소	신선한 것인가, 말린 것인가, 가공된 것인가 제공된 양과 섭취한 양 양념과 조리법
국	건더기가 많은 국인가, 맑은 국인가 주재료와 분량
음료	종류와 양 가당 혹은 무가당, 저칼로리 상품 여부 알코올의 함유량

(3) 식품섭취 빈도조사법(Food frequency method)

식품섭취 빈도조사법은 특정 식품에 대한 섭취 횟수를 조사하는 방법이다. 즉, 조사하려는 특정 식품의 목록을 만들고 하루, 일주일 또는 한달 등의 표시된 기간 내에 섭취한 횟수를 대략적으로 조사한다. 이 조사방법은 평소의 식품 섭취유형을 분석하는 자료로서 양보다는 식사의 질을 평가하는데 적합하다. 또한 조사자의 목적에 따라 식품의 목록을 변화시켜 특정 식품군의 섭취 경향이나 특정 영양소의 섭취 상태를 판정할 수 있으며 역학조사에서 질병의 원인과 식습관을 관련시킬 때 유용하게 사용할 수 있는 방법이다.

조사지는 〈표 2-7〉과 같이 식품목록과 섭취빈도로 구성된다. 식품목록은 사전 조사를 통해 특정 영양소의 섭취를 대표할 수 있는 각종 식품의 종류를 파악한 후, 전체 응답에 15~30분 정도가 소요될 수 있도록 대체로 50~100품목을 구성하여 사용한다. 섭취빈도는 1일, 1주일, 1개월, 1년에 그 식품을 얼마나 자주 섭취하는가를 표시하도록 구성한다.

식품섭취 빈도조사법은 편견없이 쉽게 자료를 모을 수 있고, 직접면담이 아닌 서신의 형태로도 조사가 가능하므로 다수의 조사원이 필요하지 않아 경제적이다. 최근에는 컴퓨터와 스캐닝 방법을 이용하면 설문지로부터 직접 자료를 입력하여 처리할 수 있어 자료처리가 쉬워졌다. 그러나 이 방법은 주로 기억력에 의존하므로 기

표 2-7 식품섭취 빈도 조사지의 예

A) 단순 또는 비정량적 식품섭취 빈도 조사지

음식명	하루에 1번이상	하루에 1번	1주에 3~6번	1주에 1~2번	1달에 1번 미만	전혀 안 먹음
커피						
검은 빵						
아이스크림						

B) 반정량적 식품섭취 빈도 조사지

음식명	하루에 6번이상	하루에 4~5번	하루에 2~3번	하루에 1번	1주에 5~6번	1주에 2~3번	1주에 1번	1달에 1~3번	1달에 1번 미만 또는전혀안먹음
커피(1컵)									
검은 빵(1조각)									
아이스크림(1/2컵)									

C) 정량적 식품섭취 빈도 조사지

육류, 생선류, 알류, 두류		섭취빈도(회)										1회 섭취량			
		하루에			일주일에				한달에		거의 안먹음	기준분량	더 적음	기준 분량	더 많음
		3	2	1	5~6	3~4	2	1	2~3	1					
쇠고기	갈비구이											2대(200g)			
	불고기, 볶음											1인분(200g)			
	로스구이											1인분(200g)			
	장조림, 사태찜											60g			
	부산물-간, 곱창											100g			
	튀김-비후까스, 탕수육											소 1접시			
	다른 요리의 부재료용											20g			
돼지고기	삼겹살											7쪽(100g)			
	불고기, 볶음											1인분(200g)			
	기름기 없는 살코기											100g			
	햄, 소세지											40g(1조각)			
닭고기	삼계탕, 닭곰탕											1그릇			
	닭도리탕, 조림, 볶음											소 1접시			
	튀김(껍질 포함)											2조각			
	살코기(껍질제거)											소 1접시			
생선류	흰살생선구이, 튀김 명태, 조기, 대구											1토막			
	흰살생선구이, 조림, 찌개(기름 사용안함)											1토막			
	등푸른생선구이, 튀김 - 고등어, 꽁치											1토막			
등푸른 생선	구이, 조림, 찌개 (기름 사용안함)											1토막			
	생선회											5점			
	장어											100g(2토막)			
	굴, 조개, 새우											50g(1/4컵)			
	물오징어, 낙지											소 1/2마리			
	꽃게											소 1마리			
	마른 오징어											소 1/2접시			
	북어포											소 1/2접시			
	통조림 - 꽁치, 참치											1/2캔(100g)			
	어묵, 맛살, 오뎅											50g			
	멸치볶음											1큰술			
젓갈류	명란젓, 창란젓, 조개젓											1큰술			
알류	계란											1개			
콩류	두부, 콩비지											4쪽			
	순두부, 연두부											200g			
	콩조림											1큰술			
	두유											1컵			
	된장, 청국장											1큰술			

자료 : 김화영, 양은주, 1998.

억력의 한계에 대한 문제가 있고, 조사지의 내용에 한정된 정보만을 얻을 수 있기 때문에 식사와 관련된 다양한 정보나 영양소 섭취량 등의 정확한 정량적인 자료를 제공하지 못하는 단점이 있다. 일반적으로 식품목록이 길면 영양소 섭취량이 과다하게 평가되고 식품목록이 너무 짧으면 과소하게 평가되기도 한다. 우리나라는 1998년부터 매 3년마다 시행되고 있는 국민건강영양조사에서 국민들의 식품섭취량 조사를 위해 식품섭취빈도 조사법을 이용하고 있다.

식품섭취 빈도 조사법에는 섭취빈도만을 조사하는 단순 또는 비정량적 조사법(simple or nonquantitative food frequency questionnaire)과 1회 섭취분량을 제시하고 섭취빈도를 묻는 반정량적 조사법(semiquantitative food frequency questionnaire) 및 표준 분량을 제시한 후 대상자의 1회 섭취분량에 대해 대·중·소로 나누어 섭취횟수를 설문하는 정량적 조사법(quantitative food frequency questionnaire)이 있다. 비정량적 조사법과 반정량적 조사법은 집단내 섭취수준의 상대적인 비교를 하는데 쓰이고, 정량적 조사법은 영양소 섭취량을 구하는데 이용된다.

최근에는 섭취량을 좀 더 정확하게 산출하는 방법으로 자기 기입식 식품섭취 빈도조사법의 개발이 이루어지고 있다. 이 방법은 〈표 2-8〉, 〈표 2-9〉와 같이 각 식품의 양적인 기준을 정하여 주고 각 식품에 제시된 기준량에 근거한 섭취 정도와 섭취 빈도를 조사하여 연구자가 사전에 개발해 놓은 환산계수로 수치를 환산하여 사용한다. 정확한 조사를 위해서는 사전에 조사대상자에게 1회 섭취량과 보통 섭취량(serving size)에 대한 교육이 이루어져야 한다.

(4) 식사력 조사법(Diet history method)

식사력 조사법은 자세하고 광범위한 면접을 통하여 조사대상자의 장기간에 걸친 식사 섭취상태를 파악하는 방법으로, 일반적으로 숙련된 조사자가 조사대상자를 면담하는 형태로 이루어진다. 먼저 회상법을 이용하여 일상적인 식사의 섭취형태를 조사하며, 여기에는 식사시간, 식사간격, 일상적으로 먹는 식품, 식품섭취 빈도 및 식품 섭취량 등을 조사한다. 다음 단계는 조사된 자료를 검토하는 과정으로 자세한 식품 목록을 사전에 만들어 두고 식품의 기호도나 구매 경향, 섭취빈도를 조사하는 방식으로 이루어진다.

이 방법은 일반적으로 과거에 섭취한 식사 형태를 조사하는 경우가 많고, 목적에 따라 전체적인 식품섭취 혹은 특정 식품이나 영양소에 대한 섭취경향을 평가할 수 있기 때문에 오랜 시간에 걸쳐 나타나는 만성질병에 대한 역학연구에 주로 사용된다. 식사력을 조사하여 24시간 회상법이나 빈도법과 비교하면 보다 정확한 자료를 얻을 수 있다. 단점으로는 개인의 기억력에 의존해야 하므로 주관적이 되기 쉽고

표 2-8 자기기입식 식품섭취빈도 조사지의 예 |

지난 1년 동안 다음 식품을 얼마나 자주 드셨는지 그 횟수와 양을 표시해 주십시오.

식품종류	섭취횟수								한 번 드실 때 섭취하는 양
	거의 먹지 않음	월 1회	월 2~3회	주 1회	주 2~3회	주 4~6회	매일 1회	매일 2회 이상	
찐빵, 식빵, 토스트	□	□	□	□	□	□	□	□	□ 1쪽 전후 □ 2쪽 전후 □ 3쪽 전후 혹은 그 이상
도넛, 꽈배기	□	□	□	□	□	□	□	□	□ 1개 전후 □ 2개 전후 □ 3개 전후 혹은 그 이상
기타 빵 (팥빵, 크림빵, 샌드위치, 곰보빵, 채소빵 등)	□	□	□	□	□	□	□	□	□ 1개 전후 □ 2개 전후 □ 3개 전후 혹은 그 이상
버터 (빵에 발라 먹는)	□	□	□	□	□	□	□	□	□ 1작은 술 전후 □ 2작은 술 전후 □ 3작은 술 전후 혹은 그 이상
마가린 (빵에 발라먹는)	□	□	□	□	□	□	□	□	□ 1작은 술 전후 □ 2작은 술 전후 □ 3작은 술 전후 혹은 그 이상
잼, 꿀, 시럽 (빵에 발라먹는)	□	□	□	□	□	□	□	□	□ 1작은 술 전후 □ 2작은 술 전후 □ 3작은 술 전후 혹은 그 이상

표 2-9 자기기입식 식품섭취빈도 조사지의 예 II

1. 아침(점심, 저녁)에 고기, 생선, 두류 및 그 제품(두부) 등을 얼마나 먹습니까?

	0 안먹는다	0.5 약간 섭취	1.0 보통 섭취	2.0 충분히 섭취
아침				
점심				
저녁				

* 보통 섭취는 생선 중간 크기 1토막, 불고기 두 점 정도임.

2. 하루에 달걀을 얼마나 드십니까?

0 ☐ 안먹는다	0.5 ☐ 가끔 섭취	1.0 ☐ 1개 정도	2.0 ☐ 2개 이상

* 달걀 1개 : 50g 삶은 달걀인지 또는 후라이 달걀인지 쓰시오.

3. 우유는 하루에 얼마나 드십니까?

0 ☐ 안마신다	0.5 ☐ 가끔 마신다	1.0 ☐ 매일 1컵	2.0 ☐ 2컵 이상

* 우유 1컵은 200㎖

정확성이 부족하며, 2시간 이상의 충분한 조사시간이 필요하고 잘 훈련된 조사자가 있어야 신뢰성 있는 자료를 얻을 수 있다는 점이다. 또한, 일상적인 식습관에 중점을 두어 식습관의 규칙성이 과장되기 쉬우므로 식사 패턴이 일정하지 않은 사람이나, 술이나 기호식품 등과 같이 불규칙적으로 섭취하는 식품에 대한 연구에는 적합하지 않다.

(5) 동량(同量)수거 분석법(Duplicate food collection method)

동량수거 분석법은 조사대상자가 일정기간 섭취한 모든 식품과 음료를 동량 수거하여 영양소 함량을 화학적으로 분석하는 방법이다. 이 방법은 매우 정확한 대사연구에 이용되며, 식품성분표가 마련되지 않은 식품이나 새롭고 특이한 식품을 섭취하는 대상자의 식사섭취 조사에 유용하다. 단점은 추가로 동량의 음식을 더 만들고 직접 영양소 분석을 해야 하므로 시간과 비용이 많이 들고 대상자에게 부담을 주며 식품의 낭비에 대한 죄책감으로 인해 일상적인 섭취량보다 적게 섭취하는 결과를 보일 수 있다.

4) 기타 조사방법

(1) 식품의 기호도 조사법(Food preference method)

식품섭취 빈도조사법과 유사하나 식품 섭취량 조사와는 차이가 있어 식품 및 영양소 섭취량을 평가할 수는 없다. 개인이나 집단의 식품에 대한 태도를 알 수 있으며 식생활 상태를 파악할 수 있다.

(2) 주된 음식 조사법(Core food method)

조사대상자가 사용하는 식품의 가짓수와 식품 섭취에 중심이 되는 주된 식품(core food)을 조사하는 방법으로, 식품 섭취에 있어서 주된 음식의 종류와 양이 영양적으로 바람직한 경우 전반적인 식사의 질이 양호하다는 조사결과에 근거한 방법이다. 이 방법은 영양상담시 대상자의 식생활 상태를 짧은 시간 내에 판정하여 문제점을 알아내는데 이용된다.

(3) 전화 면담법(Telephone interviews)

전화 면담법은 최근 선진국에서 많이 사용하는 방법으로 24시간 회상법과 식품섭취 빈도 조사법에 익숙한 대상자들에게 이용된다. 이 방법은 조사자가 조사대상자와 먼저 만나서 면담을 통하여 24시간 회상법으로 식사섭취 조사를 한 후, 나머지 2일 동안의 식사섭취 조사는 전화 면담을 통하여 이루어진다. 따라서 직접 면담법에 비해 시간과 비용이 절약되며 조사대상자가 갖게 되는 부담감도 적고, 사적인 문제들이 많이 노출되지 않기 때문에 대상자들이 선호하는 방법이다. 그러나 조사자와 대상자의 음식 측정단위에 차이가 있을 수 있으며, 이러한 경우 측정치의 신뢰도를 높이기 위해서 조사대상자에게 식품 모형 사진 등을 미리 우편으로 보낸 후 면접하면 어느 정도 정확성을 기할 수 있다. 아직까지 우리나라에서는 전화로 식사섭취를 조사하여 보고된 결과는 없다.

(4) 시각을 이용한 기록법(Visual records)

시각을 이용한 기록법은 사진(슬라이드)이나 비디오테이프 등을 이용하여 시각적으로 확인시킨 후 식사 섭취량을 기록하는 방법으로 최근 선진국에서 시행되고 있다. 조사대상자의 음식을 섭취하기 전의 전처리나 조리과정, 완성된 음식 등을 사진이나 비디오 등으로 촬영하고 음식을 다 먹은 후에 남겨진 음식들을 재촬영하여 2개의 프로젝터를 사용하여 동시에 비교, 시청하면서 자신의 섭취량을 직접 기록하게 하거나 조사자가 기록하는 방법이다. 이 방법은 식사 섭취량을 직접 측량하여 얻은 결과와 거의 유사한 것으로 보고되고 있어 비교적 정확한 방법으로 알려져 있다. 또한 필요한 경우 언제든지 다시 재시청할 수 있는 장점이 있으며, 주로 신체가 불편하여 표현력이 부족한 양로원이나 요양원 등과 카페테리아 식당을 이용하는 대상자들에게 적합하다.

그러나 시청각자료(필름, 카메라, 비디오 등)를 만들기 위한 비용이 많이 들고 그것을 담당할 수 있는 기술요원이 필요하므로 장기간의 조사에는 어려움이 있다. 또한 외견상 사진이나 비디오로 구분이 잘 안되는 음식(탈지유와 전지유 등)의 섭취량 측정에는 오차가 생길 수 있는 단점이 있다.

(5) 컴퓨터를 이용한 조사법(Computer assisted self-interviews)

시청각 매체인 컴퓨터와 조사대상자가 면담하는 방식으로 되어 있는 이 방법은 생생하고 색채감이 있으며, 기억을 돕기 위해 전개되는 많은 영상 보조물이 있어 습관화된 섭취와 우연한 섭취 등의 회상을 돕는다. 또한 컴퓨터 화면에 소개되는 여러 명의 면담자 중에서 본인의 취향에 따라 선택할 수 있어 조사대상자의 흥미를 유발시키기도 한다.

4. 식사섭취 조사방법의 제한점

1) 식사섭취 조사방법 선택시 유의점

식사섭취 조사방법을 선택하는 것은 여러 가지 조건에 의해 달라질 수 있으며 한 가지 조사방법으로 모든 조건을 만족시킬 수는 없다. 또한 어떠한 방법도 자체가 갖고 있는 오차나 편견이 있을 수 있다. 조사방법을 선택할 때 일반적으로 고려해야 할 점은 다음과 같다.

첫째, 조사목적에 맞는 방법을 선택해야 하며, 그 내용을 요약하면 〈표 2-10〉과 같다. 조사목적에 맞추어 방법이 선택되면 어느 정도 자세히 조사하고자 하느냐에 따라 24시간 회상법, 3일 회상법 등을 결정할 수 있다.

둘째, 조사대상자의 수와 교육 정도, 협조 정도에 따라 달라진다. 대상자가 너무 많을 때는 시간이 오래 걸리는 방법을 선택할 수 없으며, 사회적으로 바쁜 사람들,

노인이나 어린이들의 경우에도 적합한 방법을 선택해야 한다.

셋째, 자료의 수집이나 처리 방법 등에 따라 달라질 수 있다. 전산화된 통계 프로그램을 사용할 때와 직접 계산기 등으로만 처리할 수 있을 때는 사용하는 방법이 달라질 수 있다.

넷째, 사용할 수 있는 예산과 인력에 따라 달라진다. 일반적으로 방법이 정확하고 오차가 적을수록 경비가 많이 들고 조사대상자의 협조가 많이 필요하며 또한 응답률도 낮아진다.

2) 식사섭취 조사시 유의점

식사섭취 조사를 좀 더 정확하고 효율적으로 시행하기 위하여 유의해야 할 사항은 다음과 같다.

첫째, 조사대상자의 사회 심리적인 측면에서 볼 때 실제와는 다르게 바람직한 방향으로 응답하려는 경향이 있으므로 조사지의 문항을 작성할 때는 여러 차례에 걸쳐 예비조사를 실시하여 객관적이며 상황에 따라 영향을 받지 않는 문항으로 구성한다.

표 2-10 정보의 형태에 따른 식사섭취 조사방법의 선택 기준

조사의 목적	적합한 식사섭취 조사방법
집단의 평균 식품소비량	1일 실측량/추정량 기록법 24시간 회상법
집단의 식품소비의 평균과 분포	실측량/추정량 기록법의 반복 24시간 회상법의 반복 식사력 조사법
식품소비량이 섭취량 분포의 3분위 또는 5분위에 속하는 개인의 상대적인 섭취량	반복된 실측량/추정량 기록법
개인의 일상적인 섭취량의 절대량	반복된 실측량/추정량 기록법 (조사일수의 연장)
식품섭취 패턴 또는 식사계획을 위한 자료 특정 식품 또는 몇 가지 식품과 질병과의 관계자료 영양소 급원이 제한된 식품종류에 한정된 경우	식품섭취 빈도조사법 식사력 조사법
특정 영양소의 섭취량 대사연구 식품성분표의 자료가 불충분한 영양소	동량수거 직접분석법

둘째, 조사자의 자질이나 훈련의 정도에 따라 조사의 정확도나 성실도에 차이가 있게 되고, 이로 인하여 오차가 발생하게 된다. 따라서 조사자의 사전 교육이 철저히 이루어져야 한다.

셋째, 기억력에 의존하는 회상법이나 식사력 조사시에는 최대한 기억력을 되살릴 수 있도록 실물이나 모형, 사진, 그림 등을 이용한다. 또한 주식이나 부식의 주된 재료는 기억하나 양념류, 소스류 등은 자주 잊는 경우도 있으므로, 이러한 경우 조사결과에 대해 다시 질문을 하거나 식품모형과 같은 기억 보조물을 사용함으로써 오차를 줄일 수 있다.

넷째, 조사대상자는 섭취한 식품의 종류나 양에 대한 개념이 모두 틀리므로 조사자는 양적인 판단에 도움이 되는 식품모형이나 가정용 계량기구, 가정에서 보편적으로 사용하는 식기 등에 대해 집단 훈련을 실시하고, 조사지 등에 표준 1인 1회 분량의 크기나 양을 표시해 줌으로써 오차를 최소화할 수 있도록 한다.

다섯째, 일반적으로 식사기록법이나 회상법으로 조사할 경우 영양제의 복용에 대하여 빠뜨리는 경우가 많은데, 영양제의 종류와 양을 반드시 기입하도록 한다.

여섯째, 조사된 내용의 기록과 자료의 처리, 계산 등이 정확히 이루어졌는지를 검토한다. 중량의 부정확한 기록(중량 오차)이나 식품코드를 잘못 선택했을 때(코딩 오차) 실제 섭취량과 차이가 날 수 있다. 조사한 자료를 기록하거나 코딩할 때는 두 사람이 따로따로 점검함으로써 오차를 최소화하여야 한다.

3) 자료의 오차

조사대상자들의 실제 섭취량과 식사섭취 조사를 통해 얻은 섭취량 간의 차이를 측정 오차라고 한다. 오차는 조사대상자, 사용된 조사방법, 측정하고자 하는 영양소의 종류에 따라 다양하게 나타나며, 이를 최소화하려면 식사섭취 조사자와 코드화 작업에 참여하는 사람을 위한 훈련과 재교육, 면담과 조사지의 표준화, 조사지에 대한 예비조사, 조사전의 사전 연구수행 등 각 단계마다 다양한 질적 관리(quality control procedures)가 요구된다. 오차를 유발시키는 요인에는 조사대상자와 조사자의 편견을 들 수 있다.

(1) 조사대상자의 편견

조사대상자가 조사자의 질문을 잘못 이해했을 때, 조사자로부터 정답에 대해 무언의 암시를 받았을 때, 사회적으로 바람직한 응답을 할 필요를 느꼈을 때 오차가 일어날 수 있다. 예를 들어 사회통념상 나쁜 식품이라고 생각되는 패스트푸드, 담배, 술 등의 섭취는 실제보다 적게 기록하고 과일, 야채와 같이 좋은 식품의 섭취는 많게 기록할 수 있다. 또한 비만일 경우 식품 섭취를 적게 기록하고 저체중인 사람은 더 많이 기록하는 경향이 있다. 이와 같은 오차를 줄이기 위해서는 조사대상자의 편견에 관여하는 요인을 식별하고 관리하는 작업이 수행되어야 한다.

(2) 조사자의 편견

조사자가 질문을 부정확하게 한 경우, 응답의 부정확한 기록, 의도적인 생략, 상담환경, 조사대상자의 비밀성 보장 여부, 조사자와 조사대상자간의 친밀한 관계정도 등에 따라 오차가 발생할 수 있다. 조사자가 동일한 사람을 대상으로 동일한 날의 식품 섭취량을 반복 조사하는 경우에도 이와 같은 조사자의 편견에 따라 결과 차이를 보일 수 있다. 이와 같은 오차를 최소화하기 위해 여러 명의 숙련된 조사자들이 동일한 섭취기간에 동일한 대상자에 대해 독립적으로 면담한 결과로부터 계산한 영양소 섭취량을 비교하는 방법이 가장 일반적으로 사용되고 있다. 그러므로 조사자는 왜곡 또는 편견의 가능성이 있는 출처를 예측하고 알 수 있도록 숙련되어져야 하며, 응답을 최대로 정확히 끌어내기 위해 온정과 이해와 신뢰를 전할 수 있도록 훈련되어야 한다.

5. 식품 섭취량의 추정

식사섭취자료를 수집하는 가장 큰 목적은 영양소 섭취량을 파악하는 것이며, 이를 위해서는 정확한 식품 섭취량의 추정이 필요하다. 한 그릇, 한 순갈, 한 개와 같은 눈대중량은 개인이나 가정마다 그 기준 분량이 다르기 때문에, 이를 중량이나 부피로 환산하였을 때 오차를 유발하게 된다. 일반적으로 한 사람이 한 번에 섭취하거나 제공하는 음식의 분량을 1인 1회 분량(serving size)이라고 하며, 표준화된 1회 분량을 사용하면 식품 섭취량을 추정하는데 도움이 된다. 그러나 우리나라 음식은 조리법과 1회 분량이 표준화되어 있지 않아 눈대중량에 의한 조사결과의 정확성에 문제가 있다. 한국영양학회에서는 일반인의 식사 구성안 마련에 사용될 식품군별 대표식품의 1인 1회 분량을 〈표 2-11〉과 같이 설정하였다.

식사섭취 조사시 다음과 같은 간단한 도구를 사용하면 보다 정확한 식품 섭취량을 추정할 수 있다. 첫째, 식품모형(food model)은 모양과 크기가 실제 식품과 똑같아 식품 섭취량을 추정하는데 가장 도움이 되는 도구이다. 둘째, 두꺼운 종이로 만든 다양한 크기의 도형 판으로 원형 판은 사과, 오렌지, 토마토, 햄버거와 같이 둥근 식품의 섭취량을 추정하며 사각형 판은 식빵, 케이크, 육류, 치즈와 같은 식품의 길이와 너비를 추정하고, 파이형 판은 케이크, 수박, 피자와 같은 식품의 섭취량을 추정하는데 이용할 수 있다. 셋째, 다양한 크기의 밥그릇, 국그릇, 컵, 순가락 등은 밥, 국, 음료, 양념의 섭취량을 추정하는 도구이다. 넷째, 식품 사진이나 그림도 식품의 크기를 〈그림 2-1〉과 같이 짐작할 수 있는 표시를 하여 이용할 수 있다. 그 밖에 다양한 식품이 수록된 책이나 잡지 광고용 사진, 식품의 상표 등을 이용할 수 있으며, 면접시 특정 식품의 상표명을 물어보는 것도 보다 정확한 섭취량을 추정하는데 도움이 된다.

표 2-11 식품군별 대표식품의 1인 1회 분량

곡류 및 전분류 I (300kcal)						
밥 1공기 (210g)	국수1대접 (건면 100g)	감자 1개(중) (130g)	식빵 2쪽 (100g)	흰떡 · 떡국용 (130g)		
곡류 및 전분류 II (100kcal)						
감자 1개(중) (130g)	절편 2쪽 (50g)	시리얼 (30g)	견과류(밤) (60g)			
고기, 생선, 계란, 콩류 (80kcal)						
육류 (60g)	생선1토막 (50g)	조개류 (80g)	잔멸치/건어물 (15g)	달걀 1개 (50g)	말린 콩 (20g)	두부 (80g)
채소류 (15kcal)						
생야채 (70g)	토마토 (70g)	김치 (40g)	미역 (30g)	버섯 (30g)		
과일류 (50kcal)						
딸기/수박/참외 (200g)	감,귤,바나나,복숭아,오렌지,포도 (100g)	배(중) 1/4 (100g)	사과(중) 1/2 (100g)	오렌지주스 1/2컵 (200g)		
우유 및 유제품 (125kcal)						
우유 1컵 (200g)	요구르트(호상) (100g)	요구르트(액상) (150g)	치즈 1장 (20g)	아이스크림 1/2컵 (100g)		
유지, 견과 및 당류 (45kcal)						
식물성기름 1작은술 (5g)	버터/마요네즈 1작은술 (5g)	설탕 1큰술 (10g)	탄산음료 1/2컵 (100g)	견과류 (땅콩) (10g)		

자료 : 한국영양학회, 한국인영양섭취기준, 2005.

6. 식사섭취 조사자료의 분석 및 평가

식사섭취 조사자료를 이용하여 영양상태를 평가하기 위해서는 우선 식품 섭취량을 각각의 영양소 섭취량으로 환산한 후, 이것이 건강유지를 위해 적합한 양인가를 여러 가지 방법을 이용해서 종합적으로 평가할 수 있다. 이 때, 조리식품을 원식품으로 환산하여 분석하는 방법도 있는데, 이는 〈표 2-12〉에 제시하였다.

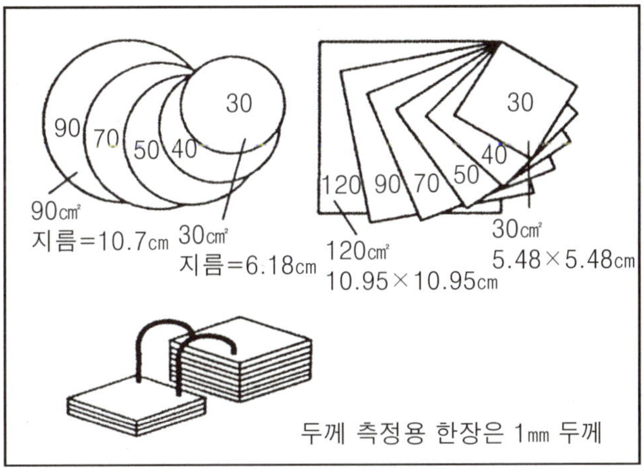

자료 : Lee RD, Nieman DC, 2007.

그림 2-1 1인 1회 분량 추정에 사용되는 도형의 예

자료 : Thompson FE, Byers T, 1994.

그림 2-2 양 추정을 위한 그릇 모형의 예

1) 영양소 섭취량 측정방법

(1) 식품성분표를 이용하는 방법

식사섭취 조사자료는 식품성분표나 식품영양가표 등을 이용하여 계산하거나 컴퓨터 처리에 의해 영양소 섭취량으로 전환될 수 있다. 식품성분표는 식품의 구성요소인 영양소나 비영양성분의 함량을 분석하여 정리한 것이고, 식품영양가표는 사용자의 목적에 맞게 컴퓨터에서 사용할 수 있도록 database 형태로 만든 것이다. 우리나라에서는 농촌생활연구소의 식품성분표와 한국영양학회에서 개발한 컴퓨터 프로그램용 식품영양가표 등을 이용하고 있다. 농촌진흥청의 식품성분표(2001년 제 6 개정판)는 제 1, 2편으로 나뉘어져 있다. 제 1편에서는 총 2,337종의 식품을 18개 식품군으로 분류하여 가식부 100g당 일반성분, 무기질, 비타민 등 20종의 영양 성분 함량을 수록하였으며, 제 2편에서는 일부 식품에 대하여 비타민 B_6, 판토텐산, 비타민 B_{12}, 엽산, 비타민 D, 비타민 E, 아미노산, 지방산, 콜레스테롤, 식이섬유, 미량성분의

표 2-12 조리 식품을 원식품으로 환산하는 방법

1) 조리로 인한 환산

① 밥 : 조리한 밥을 쌀로 환산할 때는 조리한 무게 ÷ 2.4

밥의 양 ÷ 2.4 = 원래 쌀의 무게

② 채소 : 조리한 채소를 원 식품으로 환산할 때는 조리한 무게 ÷ 2

③ 조리한 어육류 및 새우를 원 식품으로 환산할 때 : 조리한 무게 × 1.66

예) 불고기 분량 × 1.66

=> 실제 100%는 아니지만 여러 실험 통계치에 의한 것임

2) 구입 식품 중량을 가용 식품 중량으로 환산할 때

구입 식품(AP), 가용 식품(EP)

EP(g) = AP(g) × %EP ÷ 100

3) 생선을 마른 생선으로 환산할 때 : 이때 건어는 수분을 보통 35%로 정함

$$\text{건어의 칼로리} = \frac{\text{생선 칼로리} \times (100 - 35)}{100 - \text{생선의 수분(조리하지 않은 생선의 수분, 식품성분표 참조)}}$$

4) 생선을 구운 생선으로 환산할 때 : 구운 생선의 수분을 65%로 가정함

$$\text{구운 생선의 칼로리} = \frac{\text{생선 칼로리} \times (100 - 65)}{100 - \text{생선의 수분}}$$

함량을 제시하고 있다. 한국영양학회(한국인 영양섭취기준, 2005)에서는 다양한 식품성분표를 인용하여 총 3,149종의 식품을 17개 식품군으로 분류한 후 일반성분, 무기질, 비타민, 지방산, 아미노산 등 28종의 식품영양가표를 마련하였으며, 이를 컴퓨터용 프로그램 CAN-Pro 3.0의 식품 database로 활용하고 있다. 최근에는 여러 가지 가공식품과 기능성식품이 생산되면서 각 식품회사에서 특정 제품에 대하여 분석된 결과를 이용하기도 한다.

영양상태를 평가하기 위하여 식품성분표를 이용하는데 있어서 다음과 같은 점이 고려되어야 한다. 첫째, 식품성분표에 기록된 분석 결과는 식품에 함유된 영양소의 양일 뿐 흡수량은 아니다. 따라서 식사구성, 조리방법, 개인에 따라 성분표에 표시된 영양소의 이용효율이 달라질 수 있다. 둘째, 각 식품성분표에 따라 기재된 영양소함량에는 많은 차이가 있을 수 있다. 이는 시료식품에 대한 설명부족이나 품종의 차이, 분석방법의 차이, 분석기술에 따른 오차, 사용단위의 차이 등에 의해 나타나는 문제점이다. 셋째, 식품성분표에 나타난 영양소함량은 가식부위 100g에 대한 값으로 표시되어 있다는 점 등을 들 수 있다.

(2) 직접적인 화학분석법

특정 영양소 분석치가 없을 때나 개인의 대사적 연구를 위해 정확한 영양소 섭취량의 결과가 필요할 때는 조사한 식품이나 혼합 식사를 동량 수거하여 직접 화학분석함으로써 영양소 섭취량을 구할 수 있다.

2) 영양소 섭취량 평가 및 해석

(1) 개인의 영양필요량과 비교

개인을 대상으로 식품섭취 조사 후 이들의 영양소 섭취량을 개인의 영양소 필요량과 비교해서 과·부족의 판정을 내리는 방법이다. 개인의 영양소 필요량은 에너지의 경우 기초대사량, 활동대사량 및 이 둘을 합한 것의 10%에 해당하는 식품의 특이동적 작용을 위한 에너지 필요량을 합하여 산출하게 된다. 에너지 필요량이 정해지면 에너지대사와 관련된 비타민의 필요량을 산출할 수 있고, 단백질 및 기타 영양소의 필요량은 단위체중을 기준으로 제시된 연령별, 성별, 특수 시기별 영양필요량에 근거하여 산출한다.

(2) 영양섭취기준(DRI : Dietary Reference Intakes)

건강은 좋은 영양에서 시작되고 좋은 영양은 열량과 영양소를 적절한 수준으로 공급하는 균형 잡힌 식사에서 출발한다. 어떤 영양소를 어느 정도 섭취하면 건강을 유지할 수 있는가 하는 적량치가 있으면 균형 잡힌 식사를 계획하는데 편리하므로 각 나라마다 국민의 건강에 알맞은 영양소 섭취 기준을 제시하고 있다. 이러한 섭취기준으로 오랫동안 사용되어온 것은 영양권장량으로 1994년 미국에서 처음 제정된 이래 여러 나라에서 자국민들의 식생활과 영양문제를 바탕으로 제정하여 사용해 왔다. 우리나라에서도 '한국인 영양권장량'을 1962년에 처음 제정한 이래 2000년에 제 7개정판을 발간하여 이제까지 건강한 식생활에 대한 평가와 계획을 위한 기본 자료로 사용되어 오다 2005년에 '한국인 영양섭취기준'을 제정하였다.

한국인 영양섭취기준이란 한국인의 건강을 최적 상태로 유지할 수 있는 영양소 섭취 수준이다. 종전의 영양권장량에서는 각 영양소의 단일 값으로 제시하였으나 만성질환이나 영양소 과다섭취 예방 등까지도 고려한 여러 수준으로의 영양섭취 기준을 새로 설정하게 되었다.

새로운 영양섭취기준(Dietary Reference Intakes: DRIs)은 평균필요량(Estimated Average Requirements: EAR), 권장섭취량(Recommended Intake: RI), 충분섭취량(Adequate Intake: AI), 상한섭취량(Tolerable Upper Intake: UL)의 4가지로 구성되어 있다. 평균필요량은 대상 집단을 구성하는 건강한 사람들의 절반에 해당하는 사람들의 일일 필요량을 충족시키는 값으로 대상 집단의 필요량 분포지 중앙값으로부터 산출하는 수치이다. 권장섭취량은 평균 필요량에 표준편차의 2배를 더하여 정하였다. 충분섭취량은 영양소 필요량에 대한 정확한 자료가 부족하거나 필요량의 중앙값과 표준편차를 구하기 어려워 권장섭취량을 산출할 수 없는 경우에 제시한 값이다. 상한섭취량은 인체 건강에 유해영향이 나타나지 않는 최대 영양소 섭취수준이다.

우리나라의 영양섭취기준(2005, 표 2-13)에는 영아 2집단, 유아 2집단으로 구성하였고 아동 및 청소년기 남녀를 구분하여 4집단으로, 성인의 경우는 남녀를 구분하여 6집단으로 하였으며 임신부 및 수유부에 대해 에너지, 단백질, 비타민 A, 비타민 D, 비타민 E, 비타민 C, 비타민 B_1, 비타민 B_2, 나이아신, 비타민 B_6, 엽산, 칼슘, 인, 마그네슘, 철, 아연, 구리, 요오드 등의 1일 섭취 권장수준이 제시되어 있다. 영양섭취기준은 건강한 사람을 기준으로 한 것이므로 질병이 있는 사람의 경우에는 특정 영양소의 필요량이 증감될 수도 있기 때문에 일괄적으로 기준치로 이용하는 것은 문제가 있으며, 열량을 제외한 나머지 영양소는 실제의 필요량에 안전율을 고려한 것이므로 개개인의 필요량보다 높게 책정되어 있다. 또한 영양섭취기준에서 제시하

표 2-13-1 한국인 영양섭취기준(kDRIs, Dietary Refenence Intakes for Koreans)－다량영양소

성별	연령	에너지C(㎉/일)				탄수화물(g/일)				지방(g/일)				n-6 불포화지방산(g/일)			
		필요추정량	권장섭취량	충분섭취량	상한섭취량	평균필요량	권장섭취량	충분섭취량	상한섭취량	평균필요량	권장섭취량	충분섭취량	상한섭취량	평균필요량	권장섭취량	충분섭취량	상한섭취량
영아	0~5(개월)	600						55				25				2.0	
	6~11	730						90				25				4.5	
유아	1~2(세)	1,000															
	3~5	1,400															
남자	6~8(세)	1,600															
	9~11	1,900															
	12~14	2,400															
	15~19	2,700															
	20~29	2,600															
	30~49	2,400															
	50~64	2,200															
	65~74	2,000															
	75 이상	2,000															
여자	6~8(세)	1,500															
	9~11	1,700															
	12~14	2,000															
	15~19	2,000															
	20~29	2,100															
	30~49	1,900															
	50~64	1,800															
	65~74	1,600															
	75 이상	1,600															
임신부		+0/340/450*														9	
수유부		+320														10	

성별	연령	n-3 불포화지방산(g/일)				단백질(g/일)				식이섬유(g/일)				수분(ml/일)			
		평균필요량	권장섭취량	충분섭취량	상한섭취량	평균필요량	권장섭취량	충분섭취량	상한섭취량	평균필요량	권장섭취량	충분섭취량	상한섭취량	평균필요량	권장섭취량	충분섭취량	상한섭취량
영아	0~5(개월)			0.3				9.5								700	
	6~11			0.8		10	13.5									800	
유아	1~2(세)					12	15					12				1,000	
	3~5					15	20					17				1,400	
남자	6~8(세)					20	25					19				1,700	
	9~11					30	35					23				2,000	
	12~14					40	50					29				2,400	
	15~19					45	60					32				2,700	
	20~29					45	55					31				2,700	
	30~49					45	55					29				2,500	
	50~64					40	50					26				2,300	
	65~74					40	50					26				2,100	
	75 이상					40	50					26				2,100	
여자	6~8(세)					20	25					18				1,600	
	9~11					25	35					20				1,800	
	12~14					35	45					24				2,000	
	15~19					35	45					24				2,100	
	20~29					35	45					25				2,100	
	30~49					35	45					23				2,000	
	50~64					35	45					22				1,800	
	65~74					35	45					22				1,700	
	75 이상					35	45					22				1,700	
임신부				2.1		+19	+25					+5				+200	
수유부				2.4		+20	+25					+4				+700	

*임신 3분기별 영양섭취기준

자료 : 한국영양학회, 한국인영양섭취기준, 2005

표 2-13-2 한국인 영양섭취기준(kDRIs, Dietary Refenence Intakes for Koreans)-지용성비타민

성별	연령	비타민 A(㎍ RE/일)				비타민 D(㎍/일)				비타민 E(㎎ α-TE/일)				비타민 K(㎍/일)			
		평균필요량	권장섭취량	충분섭취량	상한섭취량	평균필요량	권장섭취량	충분섭취량	상한섭취량	평균필요량	권장섭취량	충분섭취량	상한섭취량	평균필요량	권장섭취량	충분섭취량	상한섭취량
영아	0~5(개월)			350	600			5	25			3				4	
	6~11			400	600			5	25			4				7	
유아	1~2(세)	200	300		600			10	60			5	100			25	
	3~5	210	300		700			10	60			6	130			30	
남자	6~8(세)	290	400		1,000			10	60			7	180			45	
	9~11	380	550		1,400			10	60			9	260			55	
	12~14	500	700		2,100			10	60			10	380			70	
	15~19	600	850		2,400			10	60			10	430			80	
	20~29	540	750		3,000			5	60			10	540			75	
	30~49	520	750		3,000			5	60			10	540			75	
	50~64	500	700		3,000			10	60			10	540			75	
	65~74	500	700		3,000			10	60			10	540			75	
	75 이상	500	700		3,000			10	60			10	540			75	
여자	6~8(세)	270	400		1,000			10	60			7	180			45	
	9~11	350	500		1,400			10	60			9	260			55	
	12~14	460	650		2,100			10	60			10	380			65	
	15~19	500	700		2,400			10	60			10	430			65	
	20~29	460	650		3,000			5	60			10	540			65	
	30~49	450	650		3,000			5	60			10	540			65	
	50~64	430	600		3,000			10	60			10	540			65	
	65~74	430	600		3,000			10	60			10	540			65	
	75 이상	430	600		3,000			10	60			10	540			65	
임신부		+50	+70		3,000			+5	60			+0	540			+0	
수유부		+350	+500		3,000			+5	60			+3	540			+0	

*RRR-α-tocopherol

자료 : 한국영양학회, 한국인영양섭취기준, 2005

표 2-13-3 한국인 영양섭취기준(kDRIs, Dietary Refenence Intakes for Koreans)-수용성비타민

성별	연령	비타민C(mg/일)				티아민(mg/일)				리보플라빈(mg/일)				니아신(mg NE/일)				
		평균 필요량	권장 섭취량	충분 섭취량	상한 섭취량	평균 필요량	권장 섭취량	충분 섭취량	상한 섭취량	평균 필요량	권장 섭취량	충분 섭취량	상한 섭취량	평균 필요량	권장 섭취량	충분 섭취량	상한 섭취량[1]	상한 섭취량[2]
영아	0~5(개월)			35				0.2				0.3				2		
	6~11			45				0.3				0.4				3		
유아	1~2(세)	30	40		350	0.4	0.5			0.5	0.6			5	6		10	180
	3~5	30	40		500	0.4	0.5			0.6	0.7			5	7		10	250
남자	6~8(세)	40	60		700	0.6	0.7			0.7	0.9			7	9		15	350
	9~11	55	70		1,000	0.8	0.9			0.9	1.1			9	12		20	500
	12~14	75	100		1,400	1.0	1.2			1.3	1.5			12	15		25	700
	15~19	85	110		1,600	1.1	1.4			1.5	1.8			13	18		30	800
	20~29	75	100		2,000	1.0	1.2			1.3	1.5			12	16		35	1,000
	30~49	75	100		2,000	1.0	1.2			1.3	1.5			12	16		35	1,000
	50~64	75	100		2,000	1.0	1.2			1.3	1.5			12	16		35	1,000
	65~74	75	100		2,000	1.0	1.2			1.3	1.5			12	16		35	1,000
	75 이상	75	100		2,000	1.0	1.2			1.3	1.5			12	16		35	1,000
여자	6~8(세)	40	60		700	0.5	0.6			0.6	0.7			6	9		15	350
	9~11	55	70		1,000	0.7	0.8			0.8	0.9			8	10		20	500
	12~14	70	90		1,400	0.8	1.0			1.0	1.2			10	13		25	700
	15~19	75	100		1,600	0.8	1.0			1.0	1.2			10	13		30	800
	20~29	75	100		2,000	0.9	1.1			1.0	1.2			11	14		35	1,000
	30~49	75	100		2,000	0.9	1.1			1.0	1.2			11	14		35	1,000
	50~64	75	100		2,000	0.9	1.1			1.0	1.2			11	14		35	1,000
	65~74	75	100		2,000	0.9	1.1			1.0	1.2			11	14		35	1,000
	75 이상	75	100		2,000	0.9	1.1			1.0	1.2			11	14		35	1,000
임신부		+10	+10		2,000	+0.4	+0.5			+0.3	+0.4			+3	+4		35	1,000
수유부		+35	+35		2,000	+0.3	+0.4			+0.4	+0.5			+3	+4		35	1,000

성별	연령	비타민 B_6(mg/일)				엽산(μg DFE/일)				비타민 B_{12}(μg/일)				판토텐산(mg/일)				비오틴(μg/일)			
		평균 필요량	권장 섭취량	충분 섭취량	상한 섭취량	평균 필요량	권장 섭취량	충분 섭취량	상한 섭취량	평균 필요량	권장 섭취량	충분 섭취량	상한 섭취량	평균 필요량	권장 섭취량	충분 섭취량	상한 섭취량	평균 필요량	권장 섭취량	충분 섭취량	상한 섭취량
영아	0~5(개월)			0.1				65	0.2			0.2				1.7				5	
	6~11			0.3				80	0.5			1.8				6					
유아	1~2(세)	0.5	0.6		25	120	150		300	0.75	0.9					2				8	
	3~5	0.6	0.7		35	150	180		300	0.9	101					2				10	
남자	6~8(세)	0.7	0.9		45	180	220		400	1.1	1.3					3				15	
	9~11	0.9	1.1		60	250	300		600	1.5	1.8					4				20	
	12~14	1.3	1.5		80	300	360		800	1.8	202					5				25	
	15~19	1.5	1.8		100	320	400		1,000	2.0	2.4					6				25	
	20~29	1.3	1.5		100	320	400		1,000	2.0	2.4					5				30	
	30~49	1.3	1.5		100	320	400		1,000	2.0	2.4					5				30	
	50~64	1.3	1.5		100	320	400		1,000	2.0	2.4					5				30	
	65~74	1.3	1.5		100	320	400		1,000	2.0	2.4					5				30	
	75 이상	1.3	1.5		100	320	400		1,000	2.0	2.4					5				30	
여자	6~8(세)	0.7	0.8		45	180	220		400	1.1	1.3					3				15	
	9~11	0.9	1.0		60	250	300		600	1.5	1.8					4				20	
	12~14	1.2	1.4		80	300	360		800	1.8	2.2					5				25	
	15~19	1.2	1.4		100	320	400		1,000	2.0	2.4					6				25	
	20~29	1.2	1.4		100	320	400		1,000	2.0	2.4					5				25	
	30~49	1.2	1.4		100	320	400		1,000	2.0	2.4					5				25	
	50~64	1.2	1.4		100	320	400		1,000	2.0	2.4					5				25	
	65~74	1.2	1.4		100	320	400		1,000	2.0	2.4					5				25	
	75 이상	1.2	1.4		100	320	400		1,000	2.0	2.4					5				25	
임신부		+0.7	+0.8		100	+200	+200		1,000	+0.2	+0.2					+1				+0	
수유부		+0.6	+0.7		100	+130	+150		1,000	+0.2	+0.2					+2				+5	

[1]니코틴산(mg/일), [2]니코틴아미드(mg/일)

자료 : 한국영양학회, 한국인영양섭취기준, 2005

표 2-13-4 한국인 영양섭취기준(kDRIs, Dietary Refenence Intakes for Koreans) - 다량무기질

성별	연령	칼슘(mg/일)				인(mg/일)				나트륨(g/일)				
		평균필요량	권장섭취량	충분섭취량	상한섭취량	평균필요량	권장섭취량	충분섭취량	상한섭취량	평균필요량	권장섭취량	충분섭취량	상한섭취량	목표량
영아	0~5(개월)			200				100				0.12		
	6~11			300				300				0.37		
유아	1~2(세)	300	500		2,500	350	500		3,000			0.8		
	3~5	400	600		2,500	390	500		3,000			0.1		
남자	6~8(세)	550	700		2,500	550	700		3,000			1.2		
	9~11	550	800		2,500	810	1,000		3,500			1.5		2.0
	12~14	800	1,000		2,500	870	1,000		3,500			1.5		2.0
	15~19	800	1,000		2,500	790	1,000		3,500			1.5		2.0
	20~29	580	700		2,500	580	700		3,500			1.5		2.0
	30~49	580	700		2,500	580	700		3,500			1.5		2.0
	50~64	580	700		2,500	580	700		3,500			1.3		2.0
	65~74	580	700		2,500	580	700		3,500			1.2		2.0
	75 이상	580	700		2,500	580	700		3,500			1.1		2.0
여자	6~8(세)	550	700		2,500	450	600		3,000			1.2		
	9~11	550	800		2,500	700	900		3,500			1.5		2.0
	12~14	750	900		2,500	690	900		3,500			1.5		2.0
	15~19	750	900		2,500	590	800		3,500			1.5		2.0
	20~29	580	700		2,500	580	700		3,500			1.5		2.0
	30~49	580	800		2,500	580	700		3,500			1.5		2.0
	50~64	580	800		2,500	580	700		3,500			1.3		2.0
	65~74	580	800		2,500	580	700		3,500			1.2		2.0
	75 이상	580	800		2,500	580	700		3,500			1.1		2.0
임신부		+220	+300		2,500	+0	+0		3,000			+0		2.0
수유부		+300	+400		2,500	+0	+0		3,500			+0		2.0

성별	연령	염소(g/일)				칼륨(g/일)				마그네슘(mg/일)			
		평균필요량	권장섭취량	충분섭취량	상한섭취량	평균필요량	권장섭취량	충분섭취량	상한섭취량	평균필요량	권장섭취량	충분섭취량	상한*섭취량
영아	0~5(개월)			0.18				0.4				30	
	6~11			0.56				0.7				55	
유아	1~2(세)			1.2				2.5		60	75		(65)
	3~5			1.5				3.0		80	100		(85)
남자	6~8(세)			1.9				3.8		120	140		(120)
	9~11			2.3				4.7		170	200		(170)
	12~14			2.3				4.7		250	300		(250)
	15~19			2.3				4.7		340	400		(350)
	20~29			2.3				4.7		285	340		(350)
	30~49			2.3				4.7		295	350		(350)
	50~64			2.0				4.7		295	350		(350)
	65~74			2.0				1.8		295	350		(350)
	5 이상			1.6				4.7		295	350		(350)
남자	6~8(세)			1.9				3.8		115	140		(120)
	9~11			2.3				4.7		165	200		(170)
	12~14			2.3				4.7		230	280		(250)
	15~19			2.3				4.7		280	340		(350)
	20~29			2.3				4.7		235	280		(350)
	30~49			2.3				4.7		235	280		(350)
	50~64			2.0				4.7		235	280		(350)
	65~74			2.0				1.8		235	280		(350)
	75 이상			1.6				4.7		235	280		(350)
임신부				+0				+0		+33	+40		(350)
수유부				+0				+0.4		+0	+0		(350)

*식품 외 급원의 마그네슘에만 해당

자료 : 한국영양학회, 한국인영양섭취기준, 2005

표 2-13-5 한국인 영양섭취기준(kDRIs, Dietary Refenence Intakes for Koreans)-미량무기질

성별	연령	철(mg/일)				아연(mg/일)				구리(μg/일)				불소(mg/일)			
		평균 필요량	권장 섭취량	충분 섭취량	상한 섭취량	평균 필요량	권장 섭취량	충분 섭취량	상한 섭취량	평균 필요량	권장 섭취량	충분 섭취량	상한 섭취량	평균 필요량	권장 섭취량	충분 섭취량	상한 섭취량
영아	0~5(개월)			0.26	40			1.73				225				0.01	0.6
	6~11	5	7		40	2.2	2.5					290				0.5	0.9
유아	1~2(세)	5	7		40	2.4	3		6	230	300		2,000			0.6	1.2
	3~5	5	7		40	3.1	4		8	290	380		2,000			0.8	1.6
남자	6~8(세)	7	9		40	4.3	5		13	340	440		3,000			1.0	2.2
	9~11	9	12		40	6.2	7		18	440	570		5,000			2.0	10
	12~14	9	12		40	6.5	8		26	580	750		7,000			2.5	10
	15~19	12	16		45	8.4	10		34	670	870		10,000			2.5	10
	20~29	8	10		45	8.1	10		35	600	800		10,000			3.5	10
	30~49	8	10		45	7.9	9		35	600	800		10,000			3.5	10
	50~64	8	10		45	7.5	9		35	600	800		10,000			3.0	10
	65~74	8	10		45	7.2	9		35	600	800		10,000			3.0	10
	75 이상	8	10		45	6.9	8		35	600	800		10,000			3.0	10
여자	6~8(세)	7	9		40	4.1	5		13	340	440		3,000			1.0	2.2
	9~11	9	12		40	5.9	7		18	440	570		5,000			2.0	10
	12~14	9	12		40	6.1	7		26	580	750		7,000			2.5	10
	15~19	12	16		45	7.2	9		34	670	870		10,000			2.5	10
	20~29	11	14		45	7.0	8		35	600	800		10,000			3.0	10
	30~49	11	14		45	6.8	8		35	600	800		10,000			2.5	10
	50~64	7	9		45	6.3	8		35	600	800		10,000			2.5	10
	65~74	7	9		45	6.0	7		35	600	800		10,000			2.5	10
	75 이상	7	9		45	5.8	7		35	600	800		10,000			2.5	10
임신부		+7.5	+10		45	+2.0	+2.5		35	+100	+130		10,000			+0	10
수유부		+0	+0		45	+4.3	+5.0		35	+350	+450		10,000			+0	10

성별	연령	망간(mg/일)				요오드(μg/일)				셀레늄(μg/일)				몰리브덴(μg/일)			
		평균 필요량	권장 섭취량	충분 섭취량	상한 섭취량	평균 필요량	권장 섭취량	충분 섭취량	상한 섭취량	평균 필요량	권장 섭취량	충분 섭취량	상한 섭취량	평균 필요량	권장 섭취량	충분 섭취량	상한 섭취량
영아	0~5(개월)			0.008				130				8.5	4.5				
	6~11			0.8				170				11	60				
유아	1~2(세)			1.2	2	55	80			16	20		85				100
	3~5			2.0	3	65	90			18	2.5		100				150
남자	6~8(세)			2.5	4	75	100			24	30		150				200
	9~11			3.0	5	85	120			32	40		200				300
	12~14			3.3	7	90	130			41	50		250				400
	15~19			3.5	9	95	140			47	60		300				500
	20~29			3.5	11	95	150		3,000	42	50		400				600
	30~49			3.5	11	95	150		3,000	42	50		400				600
	50~64			3.5	11	95	150		3,000	42	50		400				600
	65~74			3.5	11	95	150		3,000	42	50		400				600
	75 이상			3.5	11	95	150		3,000	42	50		400				600
여자	6~8(세)			2.3	4	75	100			24	30		150				200
	9~11			2.5	5	85	120			32	40		200				300
	12~14			2.8	7	90	130			41	50		250				400
	15~19			3.0	9	95	140			47	60		300				500
	20~29			3.0	11	95	150		3,000	42	50		400				600
	30~49			3.0	11	95	150		3,000	42	50		400				600
	50~64			3.0	11	95	150		3,000	42	50		400				600
	65~74			3.0	11	95	150		3,000	42	50		400				600
	75 이상			3.0	11	95	150		3,000	42	50		400				600
임신부				+0	11	+65	+90			+3	+4		400				600
수유부				+0	11	+130	+180			+9	+11		400				600

자료 : 한국영양학회, 한국인영양섭취기준, 2005

는 1일 섭취 영양소의 양은 절대적인 개념보다는 장기간에 걸쳐 평균적으로 섭취해야 하는 양이라는 것을 감안해야 한다.

개인이나 집단의 영양소 섭취량을 영양섭취기준과 비교하여 〈표 2-14〉과 같이 권장섭취량에 대한 영양소 섭취수준을 %로 나타내거나, 권장섭취량의 2/3, 3/4 수준을 판별 기준치(cut-off point)로 설정하여 여기에 미치지 못하는 사람의 비율을 구하기도 한다. 권장섭취량에 미달되면 "부족할 가능성이 있다" 정도로 판정할 수 있

표 2-14 영양소 섭취상태 평가표의 예

1. 영양소 권장섭취량의 최소한 ⅔는 섭취하였는가?

   ____

2. 총 열량의 섭취가 너무 많은가? __________ 또는 너무 적은가? __________
3. 권장섭취량의 ⅓이상을 섭취한 영양소는? __________

   권장섭취량의 ⅓이하를 섭취한 영양소는? __________
4. 열량과 영양소 섭취를 적절한 수준으로 조절하기 위해서 어떤 식품을 대체할 수 있을까? ______________________________

표 2-15 영양섭취기준의 활용 : 개인과 집단의 영양섭취상태 평가

	개인	집단
평균필요량	일상섭취량이 부적절할 확률을 조사하는데 사용함 일상섭취량이 평균필요량 이하면 섭취량이 부족할 확률이 50%이상이며, 평균필요량보다 낮아질수록 부족할 확률이 높아짐	집단 내에서 부적절한 섭취자의 비율을 추정하는데 사용함 일상적 섭취량이 평균필요량 이하인 사람의 비율을 추정함
권장섭취량	일상섭취량이 권장섭취량 이상이면 부족하게 섭취할 확률은 낮음	집단의 영양섭취 상태를 평가하는데 사용하지 않음
충분섭취량	일상섭취량이 충분섭취량 이상이면 섭취량이 부족할 확률은 낮음	일상섭취량의 중앙값이 이 수준이면 섭취량이 부족한 사람의 비율이 낮은 것을 의미함
상한섭취량	과잉섭취 가능성 조사에 사용함 일상섭취량이 상한섭취량보다 높으며 과잉섭취로 인한 건강장애증상이 일어날 수 있음 섭취량이 상한섭취량보다 높을수록 건강장애의 위험도는 높아짐	영양과잉으로 인한 건강장애 위험도를 추정하는데 사용함 집단 내에서 상한섭취량 이상을 섭취하는 사람의 비율은 과잉섭취에 따른 건강장애의 위험을 가진 사람의 비율과 일치함

자료: 한국영양학회, 한국인영양섭취기준, 2005

고, 권장량에 미치는 수준이 낮을수록 영양소 섭취가 부족될 가능성이 더 크다고 할 수 있다. 또한 개인과 집단의 영양상태로 영양섭취기준의 지표로 사용하여 다양하게 활용할수있다〈표 2-15〉.

(3) 열량 구성비(CPF ratio) 평가

우리나라 영양섭취기준에서는 바람직한 식사의 열량 구성비를 20세 이상 성인을 기준으로 탄수화물 55~70%, 단백질 7~20%, 지방 15~25%로 제시하고 있다〈표 2-16〉. 개인의 아침, 점심, 저녁, 간식을 통한 열량의 섭취비율을 분석하여 이상적인 열량 구성비와 비교함으로써 식사 구성에 대한 평가를 내릴 수 있다. 단백질과 지방의 경우 동물성과 식물성 식품의 섭취비율을 평가하여 영양평가의 자료로 이용하기도 한다.

표 2-16 한국인 영양섭취기준(kDRIs, Dietary Refenence Intakes for Koreans)-에너지적정비율

영양소	1~2세	2~19세	20세 이상
탄수화물	50~70%	55~70%	55~70%
단백질	7~20%	7~20%	7~20%
지방	20~35%	15~30%	15~25%
n-6 불포화지방산	4~8%	4~8%	4~8%
n-6 불포화지방산	0.5~1.0%	0.5~1.0%	0.5~1.0%

자료: 한국영양학회, 한국인영양섭취기준, 2005.

(4) 영양소 적정 섭취비(Nutrient adequacy ratio: NAR)

영양소 적정 섭취비는 개인의 특정 영양소 섭취량을 권장섭취량 또는 충분섭취량으로 나눈 값으로 특정 영양소의 과·부족을 파악하는데 쉽게 이용할 수 있다. 보통 단백질, 칼슘, 철, 아연, 비타민, A, C, B_1, B_2에 대하여 계산하거나 기준차가 설정된 다른 영양소도 계산할 수 있다. 어떤 영양소를 권장섭취량 이상으로 섭취하여 이 수치가 1이상이 되는 경우에도 1을 최고 상한치로 설정하여 1로 간주한다.

$$\text{NAR} = \frac{\text{특정 영양소 섭취량}}{\text{특정 영양소 권장섭취량}}$$

(5) 평균 영양소 적정 섭취비(Mean adequacy ratio: MAR)

평균 영양소 적정 섭취비는 각 영양소에 대한 NAR을 평균한 값으로 이 수치가 1이상이 되는 경우 1로 간주한다. MAR은 식사의 전반적인 질을 평가할 수 있다.

$$\text{MAR} = \frac{\text{X개 영양소의 NAR 합}}{\text{X}}$$

(6) 영양소 밀도(Nutrient density: ND)

영양소 밀도는 열량섭취 1000kcal당 각 영양소의 섭취량을 의미하며, 일정량의 열량 공급량에 함유될 각 영양소 함량을 나타내어 준다.

$$\text{ND} = \frac{\text{특정 영양소 섭취량} \times 1000}{\text{에너지 섭취량}}$$

(7) 영양의 질적 지수(Index of nutritional quality : INQ)

영양의 질적 지수는 1973년 미국 Utah 주립대학교에서 개인의 식사와 식품의 적합성을 평가하고 개인상담에 이용하기 위해 개발한 방법이다. INQ는 개인의 식사의 질을 평가하기 위해 영양밀도의 개념을 이용해 식사의 질을 쉽고 빠르게 평가하도록 고안되어 있다. INQ는 에너지 1000kcal에 해당하는 식이내 영양소 함량을 1000kcal당 그 영양소의 권장섭취량 혹은 충분섭취량에 대한 비율을 나타낸 것으로 에너지가 충족될 때 영양소 섭취 가능 정도를 나타낸다.

이때 1000kcal당 권장섭취량은 한국인 영양섭취기준으로부터 각 영양소 권장섭취량 혹은 충분섭취량을 1000kcal에 대한 영양소 권장섭취량 혹은 충분섭취량으로 조정해서 쓸 수 있다.

각 영양소의 INQ가 1 이상이라는 것은 일반적으로 그 식사의 질이 좋다는 것을 의미한다(지방, 콜레스테롤 제외). 만약에 INQ가 1미만이라고 하면 에너지에 비해 영양소 섭취가 떨어진다는 것을 의미하므로 영양소 섭취를 기준치만큼 섭취하려면 에너지를 과하게 섭취해야 하는 것을 의미한다.

따라서 영양소 요구량을 충족시키려면 식이섭취한 모든 비타민, 무기질, 단백질에 대한 INQ가 1.0 이상이라야 하며 지방, 콜레스테롤 등에 대해서는 INQ는 1.0을 초과하면 안된다.

$$\text{INQ} = \frac{\text{1,000 kcal에 해당하는 식이내 영양소 섭취량}}{\text{1,000 kcal당 특정 영양소 권장섭취량}}$$

3) 식품의 섭취상태 평가

식사섭취 조사자료를 이용한 영양상태 평가는 식품이나 식품군의 패턴, 식사의 다양성 등을 분석함으로써 이루어질 수 있다. 이러한 방법은 빠르고 쉽게 식사섭취 실태를 평가할 수 있으며, 각 식품군의 대표적인 영양소, 즉 열량, 당질, 단백질, 지방, 칼슘, 철, 비타민 A, 비타민 C 등에 대해 대략적인 섭취실태를 파악하는데도 효과적인 방법이다. 또한 식습관과 식품의 기호도 등을 파악할 수 있고, 과잉이나 부족하게 섭취되는 식품군을 구별할 수 있는 장점이 있으나 정확성이 낮다.

(1) 식품군점수(Dietary diversity score: DDS)

식품군점수은 섭취한 식품들을 곡류 · 감자군, 육류군(육류, 어패류, 난류, 두류), 우유 · 유제품군, 채소군, 과일군의 5가지 식품군으로 분류한 후 섭취한 식품군이 하나씩 추가될 때마다 1점씩 가산하여 최고점은 5점이 된다. DDS는 전체적인 식사의 질을 평가할 수 있으며, 소량 섭취하고 점수 가산에 기여하는 것을 막기 위하여 최소량 미만(고체형태인 육류, 과일, 채소는 30g, 고형유제품(치즈) 등은 15g, 곡류 및 감자류, 액체형태의 유제품, 과일, 채소군은 60g)으로 섭취한 식품은 제외시킨다. 참고로 우리나라 30~49세 성인 남 · 녀의 각 식품군의 1일 권장 횟수는 〈표 2-17, 18〉과 같다.

(2) 총식품점수(Dietary variety score, DVS)

총식품점수는 하루에 섭취한 식품의 종류를 계산하는 것으로 다른 식품 한 가지가 첨가될 때마다 DVS는 1점씩 가산된다. DVS가 높을수록 다양한 식품으로 구성된 식사를 한 것으로 평가한다.

식품군점수와 총식품점수를 포함한 식사진단표의 예는 〈표 2-19〉, 〈표 2-20〉과 같다.

표 2-17 30~49세 성인 남 · 녀의 식품군별 1일 권장 섭취횟수(1회 분량 수)

식품군 \ 성별	남자(2,400kcal)	여자(1,900kcal)
곡류 및 전분류 I	4	3
곡류 및 전분류 II	1	1
고기, 생선, 계란, 콩류	5	4
채소류	7	7
과일류	3	2
우유 및 유제품	1	1
유지 • 견과 및 당류	5	4

자료: 한국영양학회, 한국인 영양섭취기준, 2005.

표 2-18 생애주기에 따른 1일 권장섭취 횟수(1회 분량 수)

식품군 \ 성별(kcal)	청소년		노인	
	남(2,700)	여(2,100)	남(2,000)	여(1,600)
곡류 및 전분류 I	4.5	3	3	2.5
곡류 및 전분류 II	1	1	1	0
고기, 생선, 계란, 콩류	6	4.5	5	4
채소류	6	6	7	6
과일류	3	2	2	2
우유 및 유제품	2	2	1	1
유지 • 견과 및 당류	5	5	4	3

자료: 한국영양학회, 한국인 영양섭취기준, 2005.

4) 컴퓨터 프로그램을 이용한 평가

식사섭취 조사자료를 분석하는 데는 많은 인력과 시간이 필요하기 때문에 전산화의 이용이 크게 증가하고 있다. 우리나라에서 영양평가용 컴퓨터 프로그램들은 대부분 자체적으로 개발되어 이용되고 있으나, 대한영양사회가 개발한 프로영양상담-98과 한국영양학회에서 개발한 CAN 프로그램은 상업화되어 비교적 많이 이용되고 있다. 식사섭취 조사와 관련된 컴퓨터 프로그램을 선택할 때는 활용 목적에 맞추어

표 2-19 식사진단표의 예 I

식품군별		식품류	식 품 명	배점 균형식	배점 식품	득점 아침	득점 점심	득점 저녁
구성식품	제1군 단백질 식품	고기 생선류	닭고기, 돼지고기, 쇠고기, 염소고기, 토끼고기, 소시지 동태, 생선, 굴, 조개, 민물고기	10	5			
		알류	달걀, 오리알, 메추리알		5			
		콩류	콩, 두부, 된장, 두유, 콩비지, 청국장, 콩장		4			
	제2군 칼슘 식품	우유 및 유제품	우유, 양유, 분유, 요구르트	10	5			
		뼈째 먹는 생선	멸치, 뱅어포, 잔새우, 미꾸라지, 붕어, 젓갈		4			
조절식품	제3군 비타민 및 무기질 식품	녹황색 채소류 해조류	시금치, 당근, 깻잎, 고추, 갓 미나리, 상치, 쑥갓, 무잎, 부추, 근대 미역, 파래	10	5			
		담색 채소류 버섯류	무, 배추, 양배추, 오이, 호박, 파 양파, 우엉, 콩나물, 가지, 열무 표고, 느타리, 송이		2			
		과일류	감, 황도, 백도, 살구, 귤, 배, 포도 자두, 사과, 대추, 토마토, 참외, 수박, 딸기		4			
열량식품	제4군 당질 식품	쌀	쌀, 찹쌀	10	3			
		곡류	보리쌀, 밀가루, 국수, 조, 수수 옥수수, 라면, 떡, 빵, 엿		3			
		감자류	감자, 고구마, 당면, 토란		3			
	제5군 지방 식품	기름류	들기름, 콩기름, 참기름, 마요네즈, 마가린	10	4			
		종실류	들깨, 참깨, 호도, 잣, 땅콩		3			
소 계				50				
균형식 점수				50				
합 계				100				

① 아침, 점심, 저녁에 먹은 음식명과 식품명을 다른 종이에 적는다.
② ①에 적힌 내용의 식품이 있는 해당란을 식사진단표에서 찾아 0표시를 한다(중복해서 먹는 경우 0표시는 1번만 한다).
③ 배점란의 균형식 점수는 식품군별로 0표가 하나 이상 있을 때 10점씩 득점한다.
④ 배점란의 식품점수는 식품류별로 0표가 있을 때 해당점수를 득점한다.
⑤ 균형식점수와 식품점수의 합계점이 진단점수가 된다.

▶진단점수에 의한 식단평가 방법
① 75점 이상 : 훌륭하다. ② 74~50점 : 개선할 여지가 있다. ③ 50점 이하 : 많이 개선해야 한다.

자료: 일본영양사회, 대한영양사회에 의해 보정

표 2-20 식사진단표의 예 II

식품군	식품류	섭취량			
		기준분량	기준분량의 반 이하	기준 분량	기준분량의 한배반 이상
곡류 및 전분류	곡류–쌀밥, 잡곡밥	1공기–210g			
	면류	1대접–건면 90g			
	빵류	식빵 3쪽–100g			
	떡류	2~3쪽–100g			
육류, 어류, 난류, 두류	씨리얼	1대접–90g			
	육류–소, 닭, 돼지고기	소1접시–60g			
	생선류	소1접시–70g			
	잔멸치, 어채류	2큰술–30g			
	달걀	1개–50g			
채소류, 해조류, 과일류	두부	4쪽–80g			
	담색채소류–콩나물, 오이	소1접시–70g			
	녹황색채소류–시금치, 당근	소1접시–70g			
	김치류	소1접시–60g			
	감자, 고구마	소1개–100g			
	해조류–미역	물미역 70g			
	과일류	사과 1/2개, 귤 1개			
우유 및 유제품	과일주스, 녹즙	1/2컵			
	우유	1컵–200g			
	요구르트	1컵, 1개 반–180g			
	치즈	2장			
유지 및 당류	식용유	1작은술–5g			
	당류	1큰술–12g			

* ① 각 식품별 섭취량에 기준점수를 설정하여 점수를 합산한다.
  (기준분량의 반 이하: 1점, 기준분량: 2점, 기준 분량의 한배반 이상: 3점)
  ② 평가기준
  32점 이하: 부족, 33~53점: 양호, 54점 이상: 과잉

자료 : 김화영 등, 2001.

표 2-21 프로영양상담 98의 구성

입력자료	출력자료	관리자료
• 개인신상자료 • 신체계측자료 • 식습관 설문조사 • 식사 섭취량 조사	• 신체상태분석 또는 식습관 분석 • 체중변화 분석 • 에너지변화 분석 • 3대 영양소섭취 분석 • 영양소별 섭취분석 • 지방섭취분석 • 영양소 섭취 기여식품 분석 • 권장량대비 섭취량분석 • 영양평가 요약 분석	• 식품성분표 • 기준레시피

적합하게 선택해야 하며, 식품 및 음식의 영양소 분석 database의 내용 및 자료의 다양성, 프로그램 운영체계, 결과물 출력의 한계와 내용 등을 살펴보아야 한다.

(1) 프로영양상담 98(Nutrition anywhere)

대한영양사회에서 개발한 이 프로그램은 질병이 없는 10세 이상의 소아와 성인 또는 당뇨병 환자를 주요 대상으로 하고 있으며, 영양평가와 식습관 및 식사섭취 조사를 통한 식생활의 문제점을 파악하고 영양치료방법의 계획이나 산업체의 영양 교육 프로그램 방향 설정 및 지침 마련 등에 이용된다. 영양섭취상태를 평가하기 위해 식품섭취량은 24시간 회상법을 이용해 섭취한 식품의 종류와 양을 조사하여 이것을 영양소 섭취량으로 환산한다. 식품성분표는 농촌생활연구소의 식품성분표 제 5개정판을 database로 사용하였고, 평가기준이 되는 영양권장량은 제 6차 개정판의 자료를 적용하였으나 에너지와 단백질은 개인에 따라 다르게 처방되도록 구성되어 있다. 프로그램의 구성은 〈표 2-21〉과 같이 개인신상, 식습관, 섭취량, 영양평가, 식품성분, 레시피, 종합평가 등으로 이루어져 있다.

24시간 회상법을 이용하여 섭취한 식품의 종류와 양을 조사하여 입력하면 〈그림 2-3〉과 같이 3대 영양소 섭취량, 영양소별 섭취량, 지방 섭취량, 영양소 섭취 기여식품, 권장량 대비 영양소 섭취량 등의 분석이 가능하다.

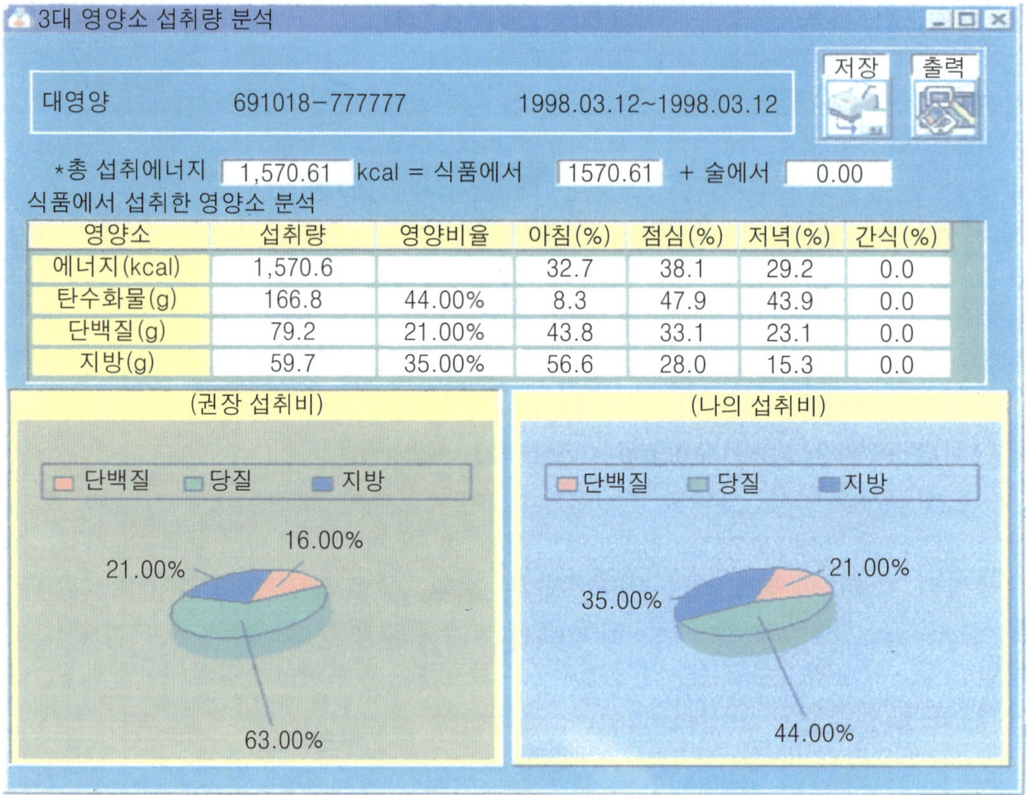

그림 2-3 프로영양상담 98의 3대 영양소 섭취량 분석

표 2-22 일반용 CAN의 구성

영양섭취 수준의 평가	개개인의 체격에 대한 평가	건강과 관련된 생활평가	영양용어
• 1일 영양소 섭취수준 확인 • 매 식사의 영양소별 섭취 수준 평가 • 자신의 필요량에 대비한 영양섭취의 적정수준 평가 • 동 · 식물성 섭취 비율 • 각 식사별 일일 영양소 섭취에 대비한 기여율	• 비만도 • 이상적 체중제시 • 현재 섭취 수준과 비교한 전문가의 조언	현재의 운동량, 음주 및 흡연, 카페인 섭취수준에 대한 개개인의 입력자료를 근거로 건강 관련 생활에 대한 전문가의 판정과 조언	식품영양학을 전공하지 않은 일반인을 위하여 상용되는 식품영양용어 첨부

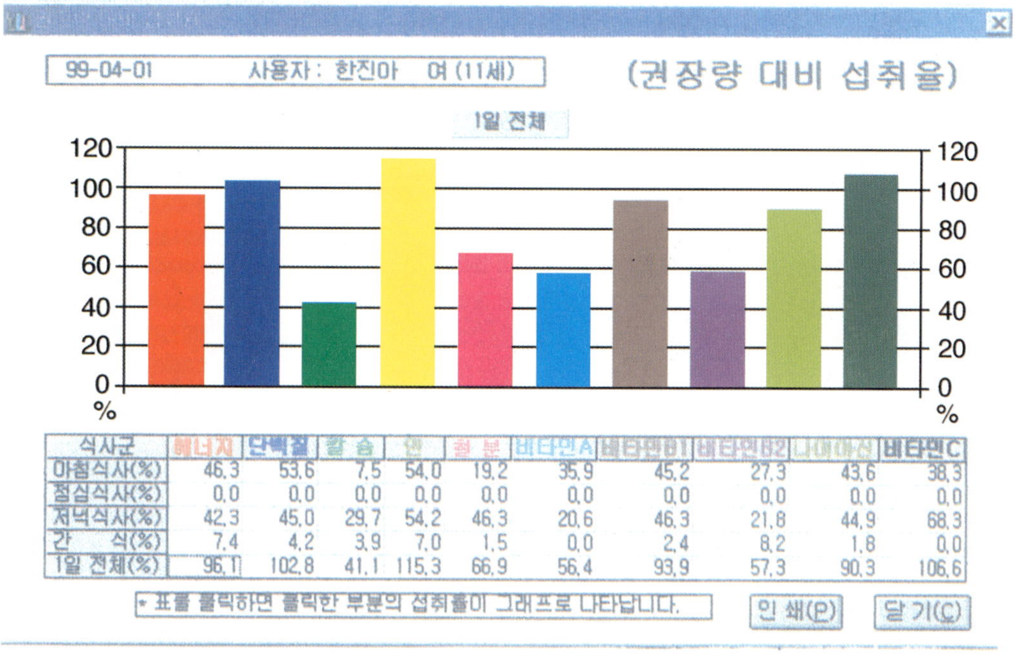

식사군	에너지	단백질	칼 슘	인	철 분	비타민A	비타민B1	비타민B2	나이아신	비타민C
아침식사(%)	46.3	53.6	7.5	54.0	19.2	35.9	45.2	27.3	43.6	38.3
점심식사(%)	0.0	0.0	0.0	0.0	0.0	0.0	0.0	0.0	0.0	0.0
저녁식사(%)	42.3	45.0	29.7	54.2	46.3	20.6	46.3	21.8	44.9	68.3
간 식(%)	7.4	4.2	3.9	7.0	1.5	0.0	2.4	8.2	1.8	0.0
1일 전체(%)	96.1	102.8	41.1	115.3	66.9	56.4	93.9	57.3	90.3	106.6

그림 2-4 CAN의 권장량 대비 섭취율 분석

(2) CAN(Computer aided nutritional analysis program)과 3.0

한국영양학회 부설 영양정보센터에서 영양소 분석 database의 구축 및 각종 기준을 제시하고 (주)에이펙 인텔리전스사가 개발한 프로그램으로 일반용, 교육용, 전문가용이 있다. 일반용과 교육용 CAN은 〈표 2-22〉와 같이 영양섭취 수준의 평가, 개개인의 체격에 대한 평가, 건강과 관련된 생활에 대한 평가, 영양용어 등으로 구성되어 있으며, 전문가용 CAN는 사용자의 영양상태 평가, 섭취 음식 및 사용자 정의 음식의 관리, 사용자 정의 영양소의 관리, 통계처리 기능, 출력기능, 자료의 전환 등으로 구성되어 있다.

사용자가 섭취한 음식을 순서대로 입력하면 영양소 섭취량이 자동으로 계산되어지며, 〈그림 2-4〉와 같이 영양권장량과 비교하여 영양상태의 과·부족을 평가할 수 있고, 윈도우상에서 지원되는 그래픽이 많아 쉽게 이용할 수 있다.

(3) CAN-Pro 2.0(Computer aided nutritional analysis program)과 3.0

Can-Pro 2.0은 개인의 영양섭취상태를 평가하는 프로그램을 영양학회 부설 영양정보센터와 (주)크로넷이 개발했으며 일반용과 전문가용이 있다. Can-Pro 2.0은 식

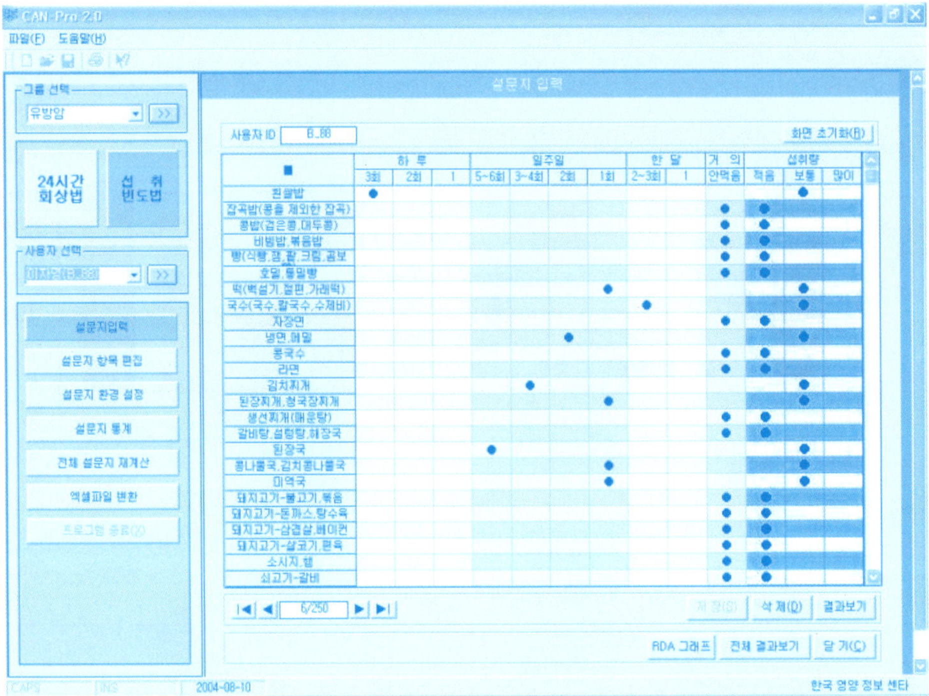

그림 2-5 CAN-Pro 2.0의 식품섭취빈도 조사

표 2-23 인터넷 상의 영양상태 분석 관련 site

Dietnet : http://society.kordic.re.kr
영양클리닉 : http://www.dietitian.or.kr/dietetic
CJ nutra : http://cjnutra.com
Angeldiet : http://www.angeldiet.co.kr
넥시 : http://nutrition.ulsan.ac.kr

품과 영양 분야에 관심이 많은 일반인들에게는 건강 향상을 위한 영양관리 도구로 활용될 수 있으며, 식품영양학 전공자들에게는 교육용 도구로 활용된다. 일반용 Can-Pro 2.0은 1,296가지 음식 데이터를 포함하고 있고, 일일 전체 섭취음식에 대한 통계 그래프(RDA 섭취비율 그래프, CPF ratio 그래프, 동식물성 영양소 섭취 비율, 식사별 영양소 섭취비율)를 제공한다. 또한 섭취 음식의 섭취량 및 섭취율 조절 기능을 포함하고 있으며 전문가용에는 1,823가지의 음식 database와 함께 장기간의 영

양섭취나 특정 영양소 섭취상태를 분석할 수 있는 식품섭취빈도법에 의한 식사입력법이 추가되었다〈그림 2-5〉.

2006년 전문가용으로 출시된 CAN-Pro 3.0은 개인이나 집단의 영양소 섭취량 계산에 이용할 수 있다. 사용자가 음식 데이터의 재료와 분량을 수정할 수 있고 데이터 베이스에서 빠진 음식을 새롭게 등록할 수 있으며 사용자 수 및 개인 데이터 저장일 수가 제한이 없어 샘플 사이즈가 큰 연구에 사용될 수 잇다. 식품 데이터베이스는 식품수 3149가지, 28종 영양소로 구성되며, 1821가지 음식이 24종의 음식군으로 분류되어 있다. CAN-Pro 3.0의 입력화면은 〈그림 2-6〉과 같다.

(3) 기타

이외에도 최근에는 〈표 2-23〉과 같이 인터넷에서 제공되는 다양한 영양상담 관련 사이트가 있어 일반인도 쉽게 간단한 영양상태 평가를 할 수 있게 되어있다. 그러나 학문적으로 확인되지 않은 방법들도 소개되고 있어 전문가에 의한 관리가 필요하다.

그림 2-6 CAN-Pro 3.0의 24시간 회상법 입력 화면

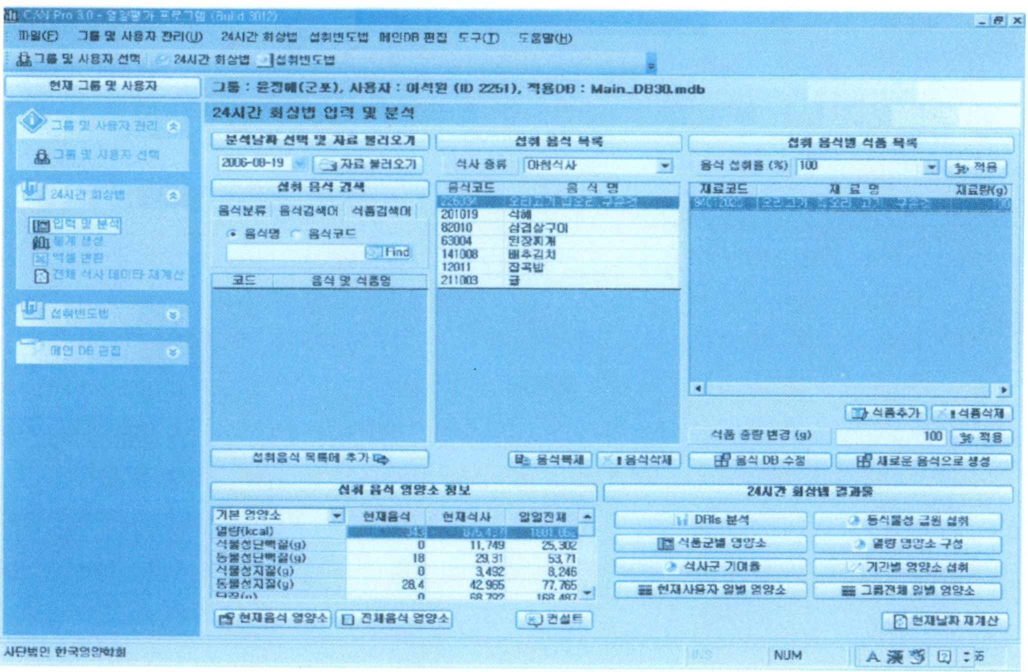

참고문헌

1. 김인숙, 유현희, 서은숙, 서은아, 이형자. 전주지역 노인의 식사의 질 평가에 관한 연구. 한국영양학회지 35(3): 352-367, 2002
2. 김화영, 양은주. 식품섭취빈도 조사지의 개발 및 타당도 검증에 관한 연구. 한국영양학회지 31(2): 220-230, 1998
3. 김화영, 강명희, 조미숙. 『영양상태 판정』. 신광출판사, 2001
4. 김혜경, 윤진숙. 식사섭취 조사 방법의 비교연구. 한국영양학회지 22(1): 23-21, 1989
5. 농촌경제연구원. 『식품수급표』. 2006
6. 대한영양사회. 『국민건강증진을 위한 보건소 영양사업 사례집』. 1998
7. 대한영양사회. 프로영양상담-98 홍보책자, 1998
8. 모수미, 구재옥, 박양자, 박영숙, 손숙미. 『지역사회영양학』. 교문사, 2006
9. 백희영, 문현경, 최영선, 안윤옥, 이홍규, 이승욱. 『한국인의 식생활과 질병』. 서울대학교 출판부, 1997
10. 이영미. 식품섭취 조사방법과 조사결과의 해석. 국민영양 (12): 11-21, 1994
11. 한국영양학회. 『한국인 영양섭취기준』. 2005
12. 한국영양학회부설 영양정보센터. 영양평가용 프로그램. 1997
13. 한국영양학회부설 영양정보센터. Can-Pro 2.0. 2002
14. 한국영양학회부설 영양정보센터. Can-Pro 3.0. 2006
15. Allison DB. Handbook of assessment methods for eating behaviors and weight related problems. Sage Publications, 1995
16. Gibson RS. Nutritional Assessment: a Laboratory Manual. Oxford University Press, New York, 1993
17. Kant AK, Block G, Schatzkin A, Ziegler RG, Nestle M. Dietary diversity in the US population, NHANES II, 1976-1980. J Am Diet Assoc 91(12): 1526-31, 1991
18. Lee RD, Nieman DC. Nutritional assessment, 4th ed., Mosby, St. Louis, 2007
19. Sorenson AW, Wyse BW, Wittwer AJ, Hansen RG. An Index of

Nutritional Quality for a balanced diet. New help for an old problem. J Am Diet Assoc 68(3): 236-42, 1976

20. Thompson FE, Byers T. Dietary assessment resource manual. J Nutr 124(11 Suppl): 2245S-2317S, 1994

3 신체계측조사

1. 신체계측조사의 개요

신체계측이란 신체의 체조직 구성과 발육 상태를 측정하는 것으로 개인이나 집단의 영양상태를 판정하고자 할 때 널리 사용되는 방법이다. 신체계측을 이용한 영양상태의 판정은 1956년 Brozek이 "Body measurement and human nutrition"이란 책에서 처음 사용하였고, 1966년 Jelliffe는 영양학적인 측면에서 신체계측 조사에 대해 "연령과 영양 상태에 따라 달라지는 신체적인 크기와 신체 구성성분들의 변화를 측정하는 것"으로 정의하였다. 따라서 신체계측법은 인간의 성장발달과 체위형성 과정에 영양상태가 어떻게 영향을 미치고 있는가를 간접적이고 계량적으로 측정 평가하는 방법이라 할 수 있다.

1) 신체계측조사의 분류

(1) 성장정도를 측정하는 방법

영양상태가 좋은 경우 발육상태가 우수하다는 근거에 준하여, 영유아와 성장기 어린이를 대상으로 성장의 정도를 측정하고 영양상태가 우수한 비교집단으로부터 만들어진 각 연령별 표준치와 비교하여 영양상태의 양호, 불량을 판정한다. 성장정도를 측정하기 위해 조사하는 항목은 신장, 체중, 두위, 가슴둘레, 팔목둘레, 팔꿈치 넓이 등이며, 연령이나 신장에 따른 표준치와 비교하여 영양상태를 판정한다.

(2) 신체구성성분을 측정하는 방법

영양상태에 따라 신체조직의 구성(body composition)이 다르다는 점에 기초하여 주로 체지방(fat mass)과 무지방조직(fat free mass, lean body mass) 부분을 측정한다. 무지방조직은 골격근육, 비골격근육, 무지방 연조직 및 골격으로 구성된 부분을 의미한다.

체지방량과 전체 체중에 대한 체지방 비율의 변화는 에너지 균형을 간접적으로 추정할 수 있는 지표가 되며, 단백질로 구성된 신체근육은 무지방조직의 주요 성분으로 신체 내 단백질 저장의 지표라 할 수 있다.

신체 구성성분 측정을 이용한 신체계측은 생화학적 방법에 비해서 신속하게 이루어지며 조사대상자에게 부담이 없고 비교적 간단하다. 따라서 병원 입원환자의 만성적인 영양문제나 영양지원 시 장기적인 신체구성 성분의 변화를 모니터할 때 이용하기도 한다.

신체구성성분을 측정하기 위한 항목으로는 상완위, 피부두겹 두께, 허리와 엉덩이 둘레비, 이들 값을 이용한 총 지방조직량, 상완근육 면적, 상완근육 둘레, 상완 지방 면적 등이 이용된다.

2) 영양상태 판정에 사용되는 신체계측 항목

영양상태 판정에 주로 이용되는 신체계측 항목에는 신장, 체중, 체중의 변화, 두위(머리둘레), 상완위, 피부두겹두께 등이 있으며, 미국의 공중보건협회(American public health association)에서 성장단계에 따라 권장하는 신체계측 항목은 〈표 3-1〉과 같다.

3) 신체계측조사의 특성

(1) 신체계측조사의 장점

신체계측조사의 장점과 적용 시 이점은 〈표 3-2〉와 같다.

(2) 신체계측조사의 제한점

신체계측조사는 많은 장점이 있음에도 불구하고 몇 가지 제한점을 갖고 있다. 첫

표 3-1 성장단계에 따라 권장되는 신체계측 항목

대상자	권장 항목
0~1세	체중, 신장(누운키), 두위, 가슴둘레, 삼두근 피부두겹 두께
학령 전 어린이	체중, 신장, 가슴둘레, 삼두근 피부두겹 두께, 상완위
학령기 어린이, 청소년	체중, 신장, 삼두근 피부두겹 두께, 상완위
성인, 노인	체중, 신장, 삼두근 피부두겹 두께, 견갑골 피부두겹두께, 상완위

표 3-2 신체계측조사의 장점

- 측정방법이 비교적 간단하고 비용이 적게 든다.
- 조사대상자에게 부담이 적고 안전하다.
- 대규모 영양조사에 이용할 수 있다.
- 계측에 사용되는 장비는 가격이 비교적 저렴하며 휴대가 간편하다.
- 조사자의 훈련 기간이 짧다.
- 표준화된 측정 방법을 이용한다면 정확하고 재현성이 높다.
- 과거의 영양상태에 대한 정보를 얻을 수 있다.
- 극심한 영양실조 및 초기, 중기의 영양불량을 알아내는데 도움이 된다.
- 세대간에 걸쳐 나타나는 영양상태의 변화를 평가할 수 있다.
- 영양불량의 위험이 높은 개개인을 확인하는 선별검사(screening test)에도 적용할 수 있다.

째, 비영양적 요소인 질병, 유전적 요인, 주기적인 변화(여성의 생리 시작 전과 후), 에너지소모량의 감소 등에 의해 예민도나 정밀도가 영향을 받는다. 둘째, 단기간의 영양상태나 특수 영양소의 결핍 등은 알아내기 어렵다. 셋째, 단백질과 에너지 섭취 불균형으로 인해 생기는 성장 및 신체 조성상의 변화나 미량원소의 결핍으로 생기는 변화를 구별해 낼 수 없다.

(3) 신체계측시의 유의점

신체계측 시에는 측정상의 부적절함이나 측정대상이 되는 신체조직의 구성과 생리적 특성의 변화, 신체계측 값에서 신체구성을 유도해 내는 과정에서의 잘못 등으로 측정 오차가 생길 수 있다. 신체계측 시에 발생되기 쉬운 오차를 최소화하기 위해 유의해야 할 사항은 〈표 3-3〉과 같다.

2. 신체계측치에 대한 해석과 평가

측정된 신체계측치는 각 나라에서 발표되는 성과 연령별 지역적인 참고치와 국제적인 참고치를 기준치로 하여 비교 평가한다. 기준치는 통계적으로 대표값이 될만한 건강하고 영양상태가 양호한 집단의 평균치를 의미하며, 세계보건기구는 조사대상자가 속하는 인구집단의 평균을 판정기준치로 잡을 것을 제안하고 있다. 우리나

표 3-3 신체계측 시 일반적으로 나타날 수 있는 오차와 해결 방안

오 차	해결방법
모든 측정들	
• 부적절한 장비	• 적절한 장비 선택함
• 움직임이 많은 어린이	• 측정 시 부모 동반함
• 측정치 읽기	• 정확하게 읽는 연습과 훈련함
• 기 록	• 측정 후 즉시 기록, 기록에 대해 확인함
누운 키	
• 연령이 맞지 않을 경우	• 2세 미만 어린이에게만 적용함
• 신발이나 모자를 벗지 않았을 때	• 신발과 모자를 벗음
• 머리를 똑바로 하지 않았을 때	• 측정 전에 어린이의 자세를 정확하게 함
• 판을 따라 곧게 서지 않거나 발이 나란하지 않았을 때	• 보조자나 어린이의 부모 도움 필요함
• 뒤꿈치가 판에 견고하게 닿지 않았을 때	• 힘을 주어 판에 닿도록 연습함
신 장	
• 나이가 맞지 않을 경우	• 2세 이상 대상자에게만 적용함
• 신발이나 모자를 벗지 않았을 때	• 신발과 모자를 벗음
• 머리가 수평이 아니거나 똑바로 서지 않거나, 무릎을 구부리거나 발바닥이 바닥에 다 닿지 않을 경우	• 조사자의 정확한 재훈련과 비협조적인 어린이는 진정시킴
• 머리 판이 머리에 닿지 않았을 때	• 머리를 누르도록 머리판을 움직임
체 중	
• 방의 온도가 낮을 때	• 적절한 온도가 유지되도록 조절함
• 저울이 영점조절이 안되어 있을 때	• 측정시마다 영점조절
• 조사대상자가 옷을 입고 있을 때	• 옷을 벗게 하거나 옷무게를 참작함
• 조사대상자가 움직이거나 어떤 일로 안절부절 하는 경우	• 조사대상자가 진정되기까지 기다림(진정이 안 되면 높게 측정됨)
상완위	
• 조사대상자가 바른 자세로 서지 않았을 때	• 조사대상자를 똑바로 세움
• 측정용 줄자가 적합하지 않을 때(두껍거나 구겨졌을 때)	• 올바른 줄자 사용함
• 잘못된 팔(오른팔)측정	• 왼팔 측정함
• 상완위 측정지점이 잘못 표시됨	• 팔의 정가운데를 주의 깊게 측정
• 측정하는 동안 팔이 편안히 내려져 있지 않거나 줄자가 너무 조여지거나 너무 느슨할 때	• 조사자에게 정확한 테크닉을 훈련시킴

표 3-3 신체계측 시 일반적으로 나타날 수 있는 오차와 해결 방안(계속)

오 차	해결방법
머리둘레	
• 후두의 돌출/안와위의 경계가 명확하지 않을 때	• 줄자의 위치를 정확하게 함
• 머리카락이 심하게 눌려지거나 귀 아래를 측정했을 때	• 정확한 테크닉을 훈련시킴
• 모자를 벗지 않았을 때	• 모자 벗게함
삼두근 피부두겹 두께	
• 잘못된 팔(오른팔) 측정할 때	• 왼팔 측정
• 삼두근 측정점이 잘못 표시되거나 측정 될 때	• 팔의 정가운데를 주의 깊게 측정함
• 측정할 때 팔이 편안하게 내려져 있지 않을 때 • 손가락으로 집어올리거나 캘리퍼를 댈 때 너무 깊게 집어 근육을 잡거나 너무 얇게 집어 피부표면을 잡은 경우 • 캘리퍼 끝이 표시된 위치에 닿지 않을 때	정확한 테크닉을 훈련시킴
• 조사자가 편안한 위치에서 측정하지 않을 때	• 조사자가 측정할 때 조사대상자와 같은 위치를 확보함

자료 : Gibson RS, 1993.

라에서는 주로 대한소아과학회에서 발표한 소아 발육 표준치〈표 3-4〉와 그에 따른 한국 소아의 성장곡선, 한국영양학회에서 발행한 한국인 영양권장량에 수록된 영아 및 연령별 체위평균치를 표준인의 대표치로 산정하여 판정 기준치로 이용하고 있다. 2배 이상이나 2배 이하의 표준편차 범위에 속하는 신체계측치는 비정상으로 판정한다. 또 다른 방법으로는 참고치를 기준으로 한 백분위수(percentile)의 위치 판정을 통해서 평가하는 방법으로 보통 3~5분위수 이하나 95~97분위수 이상은 영양불량으로 판정하기도 한다.

세계보건기구는 5세 미만의 어린이의 건강과 영양상태 판정기준치로 National Center for Health Statistic(NCHS)를 참고치로 권장하고 있다. 발육 표준치는 장기간에 걸쳐 관찰한 연구결과로서 성장의 기준자료(standard data)이기보다 참고자료(reference data)로서 의미가 있다.

표 3-4 한국 소아 발육 표준치

남자								연령군	여자							
체중(kg)		신장(cm)		두위(cm)		흉위(cm)			체중(kg)		신장(cm)		두위(cm)		흉위(cm)	
M*	SD**	M	SD	M	SD	M	SD		M	SD	M	SD	M	SD	M	SD
3.40	0.5	50.8	2.6	34.6	1.7	33.4	1.9	출생시	3.30	0.5	50.1	2.5	34.1	1.6	33.1	1.9
4.56	0.6	55.2	2.6	37.3	1.5	36.7	2.2	1(1~2)개월	4.36	0.6	54.2	2.6	36.6	1.5	36.1	2.3
5.82	0.8	59.0	3.1	39.2	1.6	39.7	2.5	2(2~3)개월	5.49	0.7	58.0	2.8	38.5	1.5	38.9	2.4
6.81	0.8	62.5	2.7	40.7	1.5	41.7	2.2	3(3~4)개월	6.32	0.7	61.1	2.6	39.9	1.5	40.6	2.2
7.56	0.9	65.2	2.6	41.9	1.4	42.7	2.3	4(4~5)개월	7.09	0.8	63.8	2.4	41.0	1.3	41.7	2.2
7.93	0.9	66.8	2.8	42.8	1.6	43.4	2.2	5(5~6)개월	7.51	0.8	65.7	2.7	41.9	1.5	42.5	2.1
8.52	0.9	69.0	2.5	43.7	1.3	44.1	2.1	6(6~7)개월	7.95	0.8	67.5	2.4	42.6	1.3	43.1	2.1
8.74	1.0	70.4	2.7	44.1	1.4	44.7	2.3	7(7~8)개월	8.25	0.9	69.1	2.9	43.2	1.4	43.7	2.2
9.03	0.9	71.9	2.5	44.7	1.4	45.3	2.2	8(8~9)개월	8.48	0.9	70.5	2.5	43.8	1.6	44.3	2.1
9.42	1.0	73.5	2.4	45.2	1.6	45.9	2.0	9(9~10)개월	8.85	0.9	72.2	2.5	44.4	1.5	44.8	2.0
9.68	0.9	74.6	2.3	45.7	1.6	46.4	2.1	10(10~11)개월	9.24	0.9	73.5	2.5	44.7	1.4	45.4	1.9
9.77	1.3	76.5	3.6	46.1	1.6	47.0	2.2	11(11~12)개월	9.28	1.2	75.6	3.9	45.4	1.6	45.9	2.2
10.42	1.2	77.8	3.1	46.4	1.5	47.4	2.2	12(12~15)개월	10.01	1.2	76.9	3.5	45.6	1.6	46.6	2.3
11.00	1.2	80.1	3.2	47.1	1.6	48.0	2.2	15(15~18)개월	10.52	1.3	79.2	3.3	46.2	1.6	47.2	2.3
11.72	1.4	82.6	3.5	47.7	1.7	48.7	2.4	18(18~21)개월	11.23	1.3	81.8	3.3	46.8	1.6	47.5	2.3
12.30	1.5	85.1	3.5	47.9	1.6	49.4	2.3	21(21~24)개월	12.03	1.4	84.4	3.2	47.2	1.6	48.6	2.2
12.94	1.8	87.7	4.3	48.4	1.68	50.0	2.5	2(2~2.5)년	12.51	1.5	87.0	4.1	47.7	1.7	49.1	2.5
14.08	1.7	92.2	3.8	49.4	1.6	51.2	2.2	2.5(2.5~3)년	13.35	1.6	90.9	3.7	48.4	1.6	49.9	2.3
15.08	1.9	95.7	4.4	49.6	1.7	51.9	2.5	3(3~3.5)년	14.16	1.8	94.2	4.4	48.7	1.6	50.5	2.4
15.94	1.9	99.8	4.7	50.0	1.7	52.3	2.5	3.5(3.5~4)년	15.37	1.8	98.7	4.1	49.1	1.4	51.4	2.5
16.99	2.1	103.5	4.6	50.4	1.7	53.3	2.8	4(4~4.5)년	16.43	2.1	102.1	4.5	49.6	1.6	52.3	2.6
17.98	2.3	106.6	4.4	50.87	1.7	54.2	2.8	4.5(4.5~5)년	17.31	2.1	105.4	4.3	49.9	1.7	52.8	2.8
18.98	2.4	109.6	4.7	50.8	1.7	55.0	3.3	5(5~5.5)년	18.43	2.2	108.6	4.7	50.0	1.7	53.7	3.0
20.15	2.6	112.9	4.5	51.0	1.6	55.9	3.7	5.5(5.5~6)년	19.74	2.5	112.1	4.4	50.3	1.6	54.8	3.2
21.41	3.1	115.8	4.8	51.3	1.5	57.0	3.4	6(6~6.5)년	20.68	2.8	114.7	4.7	50.5	1.6	56.5	3.3
22.57	3.6	118.5	4.9	51.4	1.5	57.7	3.7	6.5(6.5~7)년	21.96	3.2	117.5	4.7	50.8	1.6	56.1	3.7
24.72	4.3	122.4	5.7	51.7	1.5	59.2	4.4	7(7~8)년	23.55	3.8	121.1	6.1	51.1	1.6	57.6	4.1
27.69	5.4	127.5	6.1	52.1	1.5	61.3	5.1	8(8~9)년	26.16	4.9	126.0	6.1	51.5	1.6	59.6	5.0
30.98	6.4	132.9	6.0	52.5	1.5	64.2	6.0	9(9~10)년	29.97	6.1	132.2	6.4	51.8	1.5	62.4	5.9
34.47	7.5	137.8	6.4	52.9	1.6	66.7	6.6	10(10~11)년	33.59	7.0	137.7	7.0	52.3	1.6	65.2	6.3
38.62	8.6	143.5	7.1	53.3	1.7	69.7	7.4	11(11~12)년	37.79	8.3	144.2	7.6	53.0	1.7	68.2	7.4
42.84	9.4	149.3	7.8	53.6	1.7	71.9	7.3	12(12~13)년	43.14	8.6	150.9	7.2	53.4	1.6	72.0	7.8
47.20	9.9	155.3	8.4	54.0	1.6	74.6	7.5	13(13~14)년	47.01	8.3	156.0	6.1	53.6	1.5	75.1	7.8
53.87	10.3	162.7	7.1	54.6	1.6	77.9	7.4	14(14~15)년	50.66	8.0	157.8	5.5	53.8	1.5	77.2	8.0
58.49	10.4	167.8	5.5	55.0	1.7	80.6	7.4	15(15~16)년	52.53	7.8	159.0	5.2	54.3	1.5	78.5	7.9
61.79	9.5	171.1	5.8	55.4	1.6	82.6	6.7	16(16~17)년	54.35	7.7	160.0	5.2	54.4	1.4	78.8	7.6
63.20	9.8	172.2	5.9	55.8	1.8	84.5	6.8	17(17~18)년	54.64	7.2	160.4	5.2	54.6	1.4	79.5	7.2
63.77	9.1	172.5	6.0	56.2	1.8	86.3	6.6	18(18~19)년	54.65	6.7	160.5	5.2	54.7	1.5	80.0	6.4
66.04	8.8	173.2	5.7	56.8	1.7	88.0	6.2	19(19~20)년	54.94	6.2	160.1	5.0	54.8	1.5	81.5	5.8
66.55	8.5	173.4	5.7	56.8	1.6	88.2	6.4	20(20~21)년	55.74	5.4	160.4	5.0	55.1	1.7	81.7	5.6

*M : 평균　　**SD : 표준편차

자료 : 대한소아과학회, 1999.

3. 성장 정도를 측정하는 신체계측법

성장 정도를 측정하는 신체계측 방법 중 가장 많이 이용되는 것은 신장과 체중이며, 영아의 경우 두위(머리둘레)를 측정하기도 한다. 또한 팔꿈치 넓이나 손목 둘레 등도 골격의 성장정도를 측정하기 위하여 계측된다.

1) 두위(Head circumference)

두위는 두뇌의 크기를 반영한다. 두위는 자궁 내에서의 영양상태를 나타내며 만성적인 영양불량이 있을 때는 뇌세포 수의 감소를 가져오고 표준치에 비하여 머리둘레가 작아진다. 머리가 비정상적으로 크거나 작은 질환의 유무를 판정하기 위해 다른 측정치와 함께 이용하기도 한다. 주로 생후 2세까지 어린이의 만성적인 단백질-에너지 영양상태 판정에 적합하며, 측정방법은 〈표 3-5〉, 〈그림 3-1〉과 같다.

표 3-5 두위 측정방법

- 폭이 좁고(0.6㎝정도) 부드러우며 늘어나지 않는 줄자를 사용한다.
- 조사대상자는 편안히 서서 정면을 바라보도록 한다.
- 조사대상자의 왼편에 서서 귀의 위쪽에서 이마의 눈이 움푹 들어간 부위의 바로 윗부분으로 자를 수평이 되도록 대어 두위의 최대치가 나오도록 측정한다. 이때, 머리카락은 가볍게 눌러지도록 한다.
- 측정 단위는 ㎜로 측정한다.
- 두 번 측정하여 신뢰도를 높인다.

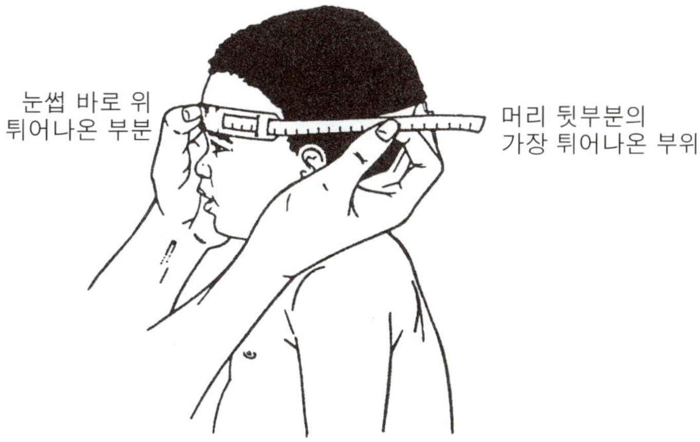

그림 3-1 두위 측정방법

2) 신장(Height)

신장은 대다수의 다양한 대상자들의 영양상태 및 건강정도를 나타낼 수 있는 좋은 지표이며, 특히 과거 장기간에 걸친 만성적인 영양부족을 추정할 수 있다. 영양이 불충분하면 신장의 성장률이 감소하며 영양보충 실시기간 동안 빠른 성장을 보이는 점 등으로 미루어, 신장은 전반적인 성장지체(stunting)를 보여주는 지표라고도 할 수 있다.

2세 미만의 어린이는 누운 키를, 2세 이상의 어린이와 성인은 선 키를 측정하며, 척추질환이나 기타 질환 등으로 서서 측정할 수 없는 경우에는 무릎길이를 측정하여 신장을 추정할 수 있다.

(1) 누운 키(Recumbent length)

2세 미만 어린이의 신장을 측정하는데 사용하며, 정확한 측정을 위해서 2명의 측정자가 필요하다. 측정 방법은 〈표 3-6〉, 〈그림 3-2〉와 같다.

측정치는 발육 표준치나 성장곡선(growth chart)을 이용하여 비교 평가할 수 있다. 성장곡선은 가로축에 연령이 표시되고 세로축에 신장, 체중 등이 표시되어 7개의 곡선으로 표시된다. 즉, 해당 연령 어린이의 체위 기준치의 3%, 10%, 25%, 50%, 75%, 90%, 97%에 해당하는 값으로 연결된 성장곡선으로 이루어져 있다.

〈그림 3-3, 3-4〉는 1999년 대한소아과학회에서 제시한 한국 소아의 성장곡선으로 영양판정의 참고자료로 활용되고 있다. 측정치를 영양실조 혹은 영양과잉으로 분류하는 방법은 조사 목적에 따라 달라질 수 있으나, 일반적으로 3분위수보다 낮거나 97분위수보다 높을 때 비정상적인 성장을 보인다고 평가한다.

표 3-6 누운 키 측정방법

- 어린이를 똑바로 눕혀 얼굴은 앞을 향하도록 하고 측정선과 몸을 평행이 되도록 한다. 이 때 머리쪽 벽에 머리가 가볍게 닿도록 주의한다.
- 다른 한 사람은 어린이의 발을 잡고 팔꿈치로 무릎이 반듯하게 펴지도록 한다. 발을 완전히 수직으로 똑바로 펴게 하고 발부위의 측정판을 발뒤꿈치에 완전히 붙인다.
- 측정판에 표시된 측정치를 0.1㎝까지 읽고 반복 측정한다.

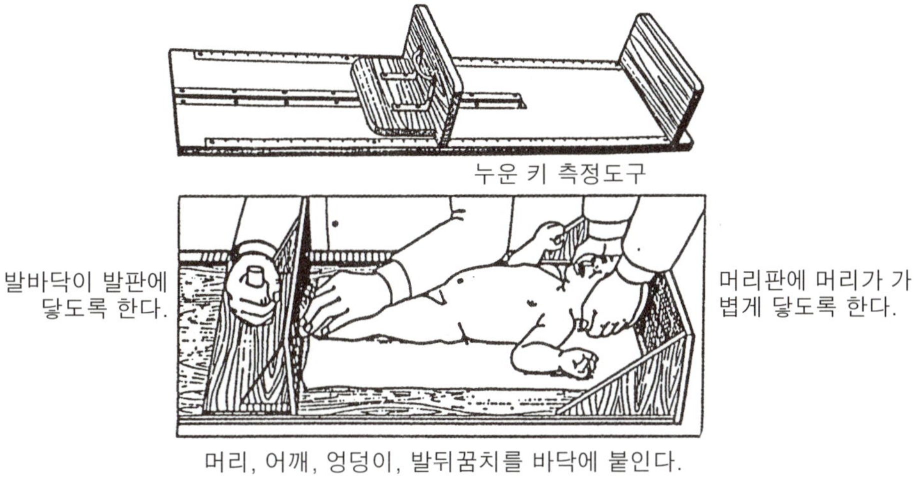

그림 3-2 2세 미만 어린이의 누운 키 측정 방법

(2) 선 키(Height)

2세 이상 어린이와 성인의 신장을 측정하는 방법으로 연령별 신장의 측정치는 그 집단 내에서 개인의 영양상태를 반영하는 간접 지표가 될 수 있다. 성장기 어린이의 경우 기준치에 비하여 작은 키는 만성적인 영양부족을 나타내는 지표가 될 수 있으나 유전적인 요소도 고려하여야 한다. 신장의 일반적인 측정 방법은 〈표 3-7〉, 〈그림 3-5〉와 같다. 측정치의 평가는 2세 이상 어린이의 경우 한국 소아 발육 표준치나 성장곡선과 비교하며, 성인의 경우에는 〈표 3-8〉과 같이 한국인 영양섭취기준에 수록된 연령별 체위 기준치와 비교하여 이루어질 수 있다. 현재로서는 누구에게나 적용될 수 있는 영양불량의 선별법은 없으나, Waterlow는 표준치(Harvard 참고치)의 연령에 대한 신장 50분위수를 기준으로 측정치의 백분율을 산출했을 때 90% 이하이면 성장부진(stunting)이라고 하였다.

(3) 무릎길이(Knee height)

심한 척추만곡증(spinal curvature) 환자나 서서 키를 잴 수 없는 사람, 신장을 정확하게 측정하기 어려운 노인들은 무릎길이를 이용하여 신장을 추정할 수 있다. 무

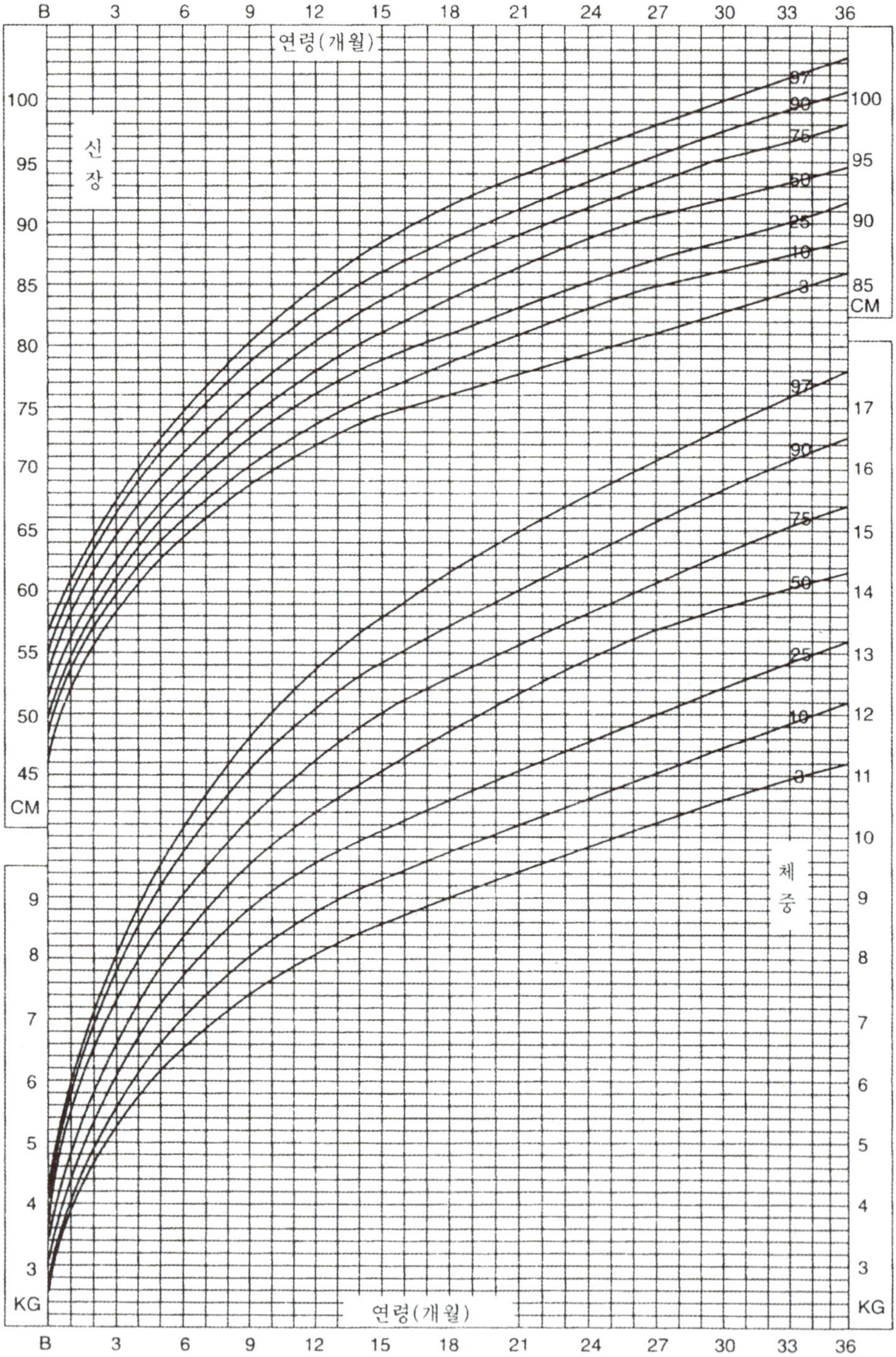

자료 : 대한소아과학회, 1999.

그림 3-3 한국 소아의 성장곡선(남아)

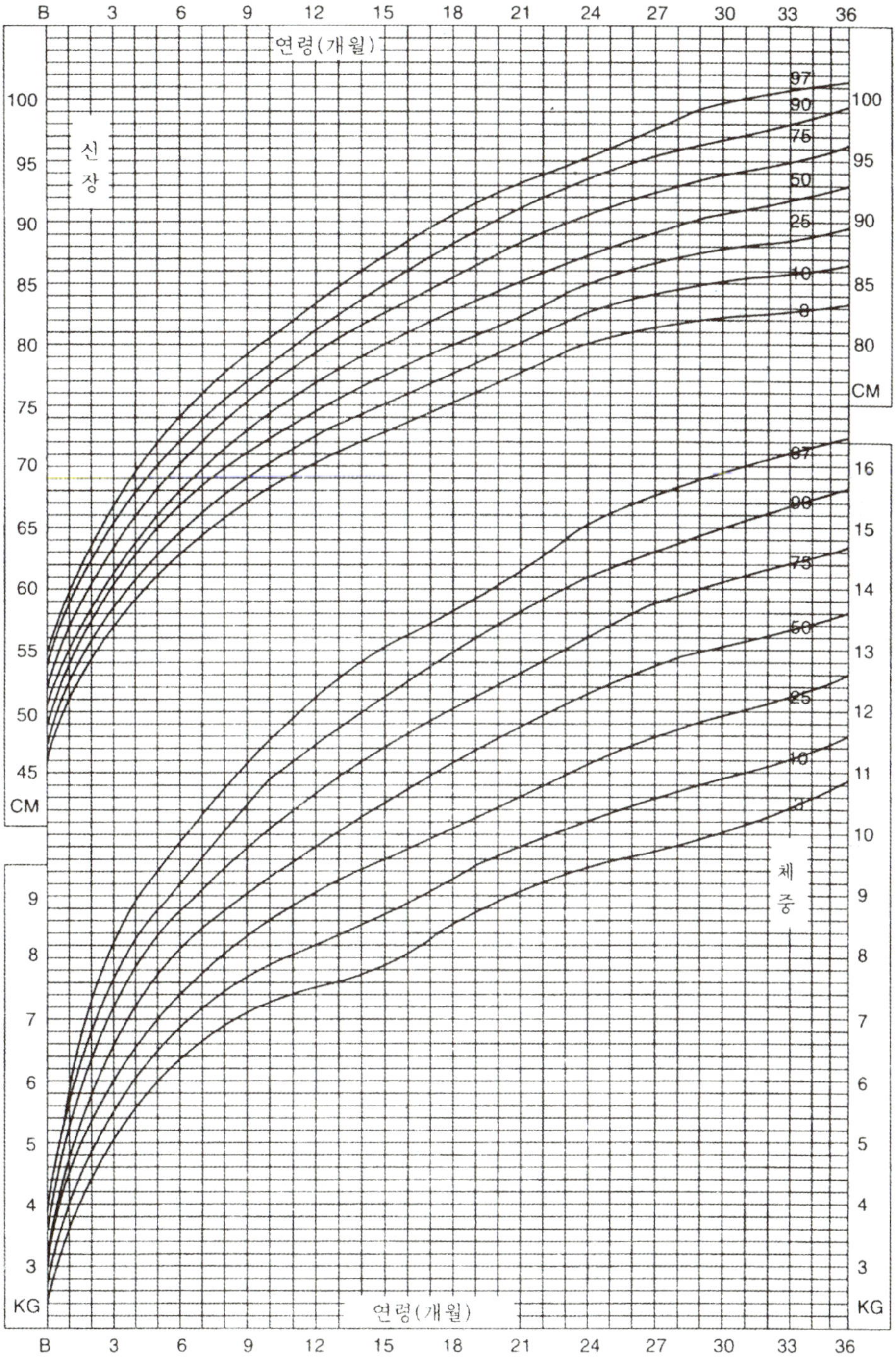

자료 : 대한소아과학회, 1999.

그림 3-4 **한국 소아의 성장곡선(여아)**

표 3-7 신장의 측정방법

- 옷은 최소한 가볍게 입고 신발과 양말은 벗도록 한다.
- 발은 편안한 자세로 하고, 무릎은 완전히 편 후 서로 맞붙인다.
- 발뒤꿈치, 엉덩이, 어깨, 머리가 신장계에 닿도록 세운다.
- 조사대상자는 숨을 최대한 들이마신 상태에서 척추를 곧게 세우도록 한다.
- 조사자는 눈높이를 조사대상자의 머리부분에 평행하게 맞춘 상태에서 눈금을 ㎜ 단위까지 읽고, 측정치가 두 눈금사이에 위치할 때는 아래 부분을 읽는다.
- 연속 2회 측정하며, 측정값이 일치하지 않으면 작은 값을 선택한다.

표 3-8 한국인의 연령별 체위 기준치

연령군		신 장(㎝)	체 중(㎏)
영아	0~5(개월)	61.9	6.5
	6~11	72.3	9.1
유아	1~2(세)	85.9	12.2
	3~5	102	16.3
남자	6~8(세)	122	23.8
	9~11	138	34.5
	12~14	159	49.6
	15~19	172	63.8
	20~29	173	65.8
	30~49	170	63.6
	50~64	166	60.6
	65~74	164	59.2
	75 이상	164	59.2
여자	6~8(세)	120	22.9
	9~11	138	32.6
	12~14	155	46.5
	15~19	160	53.0
	20~29	160	56.3
	30~49	157	54.2
	50~64	154	52.2
	65~74	151	50.2
	75 이상	151	50.2

자료 : 한국영양학회, 한국인 영양섭취기준, 2005.

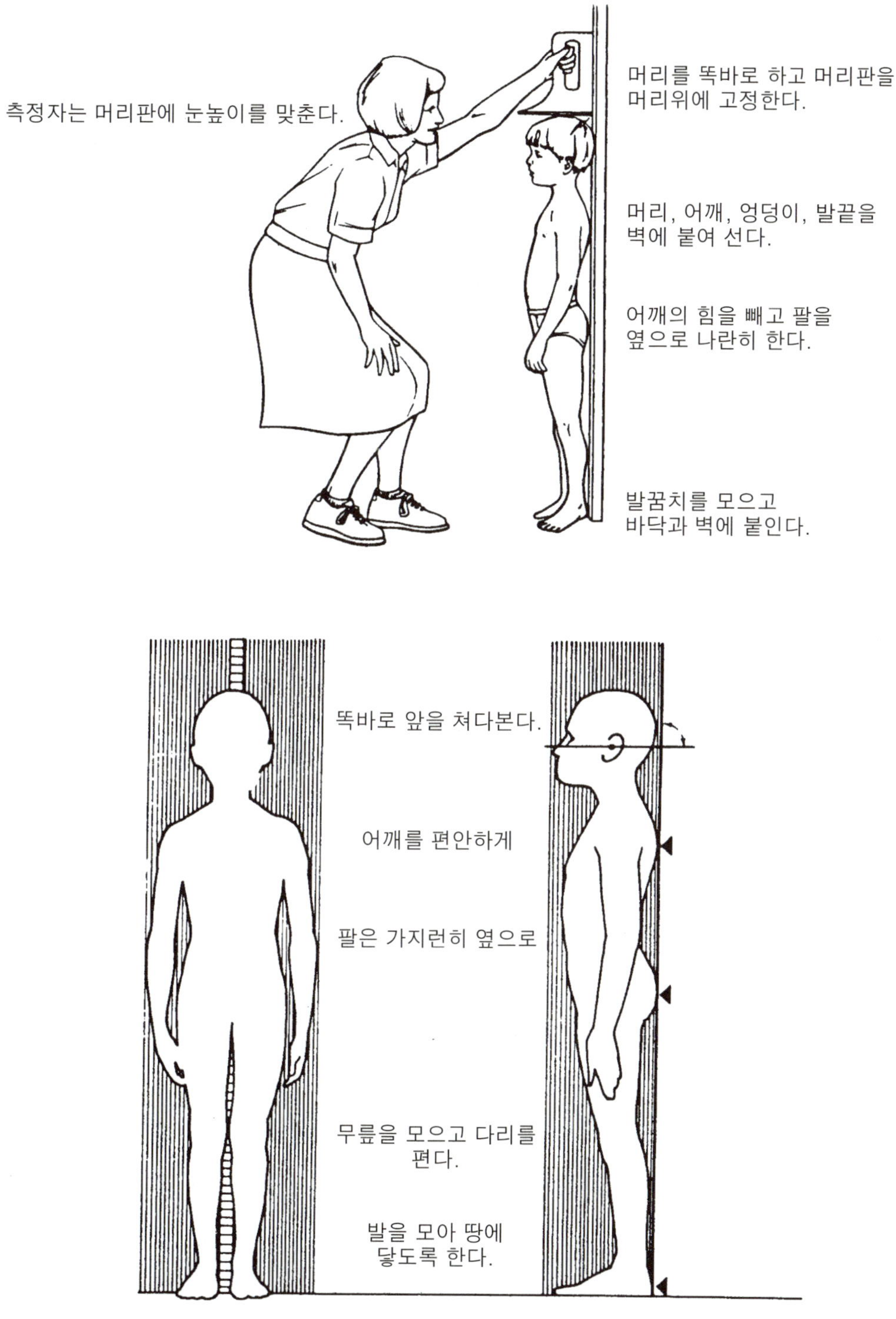

그림 3-5 어린이와 성인의 신장 측정방법

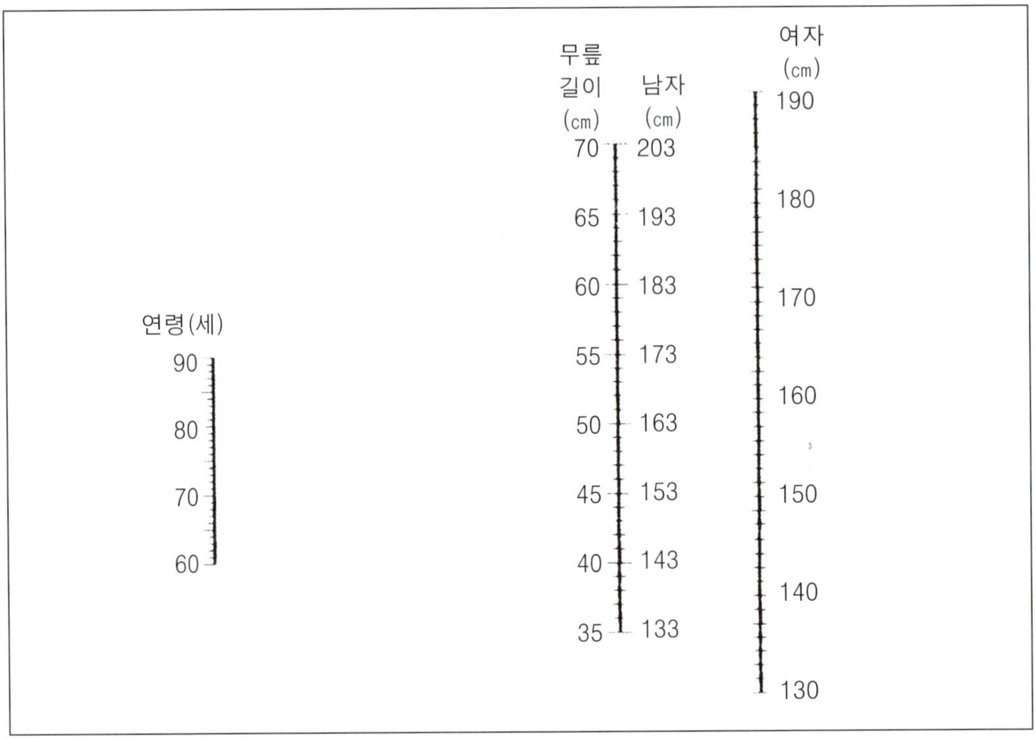

자료 : Chumlea WC 등, 1987.

그림 3-7 나이와 무릎길이에 의한 신장 계산도표

릎길이를 측정하는 방법과 신장 추정식은 〈표 3-9〉, 〈그림 3-6〉과 같다. 우리나라에서 일반 성인을 대상으로 한 신장 추정식은 마련되어 있지 않아 Chumlea 등이 개발한 추정식을 이용해 왔다.

최근 우리나라에서 무릎길이와 팔의 총길이를 이용한 노인의 신장 추정식이 발표된 바 있으며, 그 추정식은 다음 〈표 3-10〉과 같다. 팔의 총길이는 편안히 누운 상태에서 왼쪽 견갑골의 견봉돌기에서 셋째 손가락 끝까지 측정한다. 무릎길이 측정에는 양쪽 끝으로 이동할 수 있는 날이 달린 특수 캘리퍼가 필요하다. 나이와 무릎길이로부터 신장을 계산할 수 있는 계산도표는 〈그림 3-7〉과 같다.

3) 체중(Weight)

체중은 영양상태 판정 시 가장 중요한 지표이며, 신체내의 에너지 섭취와 소비의 균형상태를 잘 반영한다. 체중을 측정할 때는 전자저울이나 기계식 저울을 이용한다. 디지털로 숫자가 표시되는 저울은 측정값을 빨리 읽고 기록할 수 있으며 측정

표 3-9 무릎길이 측정방법과 Chumlea의 신장 추정식

- 조사대상자를 뒤로 누운 자세를 취하게 한 후 왼쪽 다리의 무릎을 90도 각도로 유지시킨다.
- 발뒤꿈치에서 무릎까지의 길이를 잰다.
- 2번 반복 측정한 후 추정식을 이용하여 신장값을 추정한다.
- Chumlea에 의한 신장추정식

  남자의 신장(cm) = (2.02×무릎길이)−(0.04×나이)+64.19

  여자의 신장(cm) = (1.83×무릎길이)−(0.24×나이)+84.88

자료 : Chumlea 등, 1987.

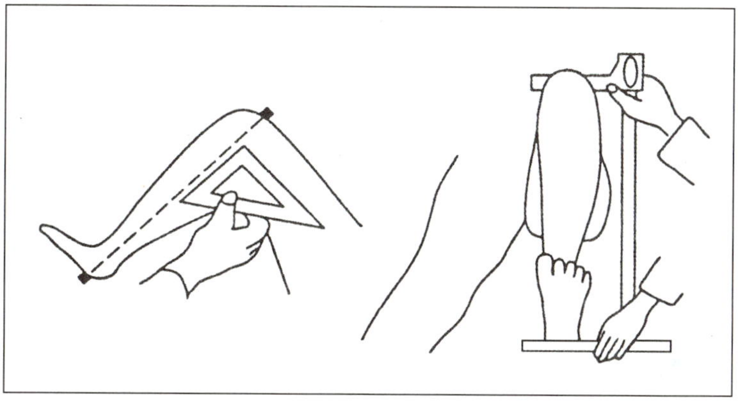

자료 : Gibson RS, 1993.

그림 3-6 무릎길이 측정방법

표 3-10 우리나라 노인의 신장 추정식

(단위 : cm)

- 남자노인

  신장 = (1.44×무릎길이)+(0.62×총팔길이)−(0.15×나이)+58.70

- 여자노인

  신장 = (1.08×무릎길이)+(0.65×총팔길이)−(0.27×나이)+77.91

자료 : 한경희, 1995.

오차를 가능한 적게 할 수 있으며, 특히 움직임이 심한 영아나 유아의 경우 적합하다. 저울은 장소를 옮길 경우 수평을 맞추고 수시로 저울의 정밀도를 검사하는 것이 좋다.

체중은 공복 상태에서 측정하는 것이 좋으며 되도록 일정한 시각을 정해 놓고 측정한다. 옷을 벗은 상태에서 측정하고 측정 전에 부종이 있는가를 사전에 관찰한다. 대상자별 측정방법은 다음과 같다.

(1) 영유아의 경우

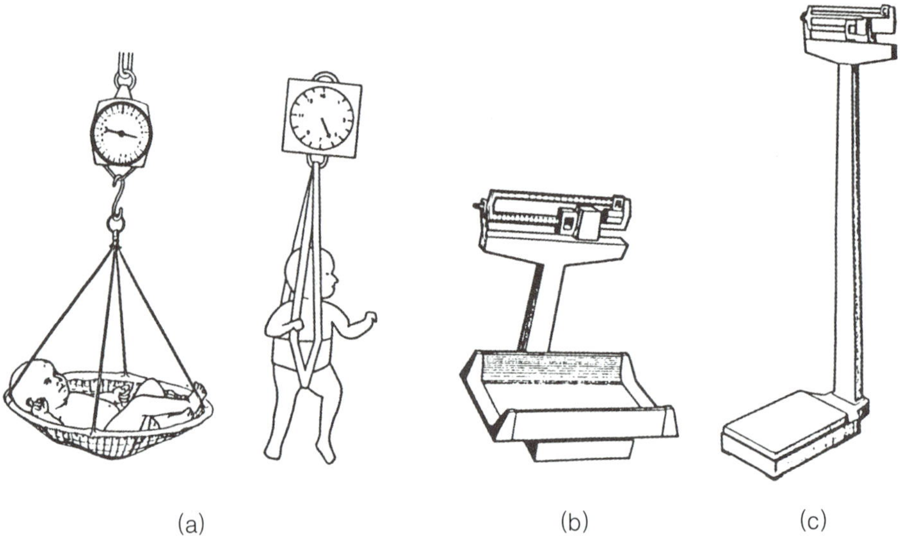

(a) 유아용 용수철 저울 (b) 유아용 pan형의 추저울 (c) Platform형의 추저울

그림 3-8 체중계의 종류

표 3-11 영유아의 체중 측정방법

- 용수철 저울인 경우 아기를 바구니에 올린 후 저울의 눈금이 안정되면 곧 읽는다.
- 팬이 달린 소아용 저울을 이용하는 경우에는 체중이 균등하게 배분되도록 아기가 저울팬에 중앙에 위치했는가를 확인한다.
- 아기가 조용히 누워있으면 10g 단위까지 측정한다.
- 영유아용 체중계가 없을 때는 엄마가 아기를 안고 함께 체중을 잰 후, 엄마의 체중을 따로 측정하여 빼준다.

표 3-12 **성인의 체중 측정방법**

- 저울은 반드시 수평이 되도록 편평한 곳에 놓고 영점(zero point)을 맞춘다.
- 조사대상자는 옷을 되도록 벗은 상태가 좋다.
- 조사대상자가 저울 가운데 부분에 똑바로 서게 하고 편안한 자세를 유지하도록 한다.
- 측정 전에 눈으로 확인할 수 있는 부종이 있는 경우 기록해 놓는다.
- 체중은 0.1㎏까지 측정하고 측정시각을 기록해 놓는다.

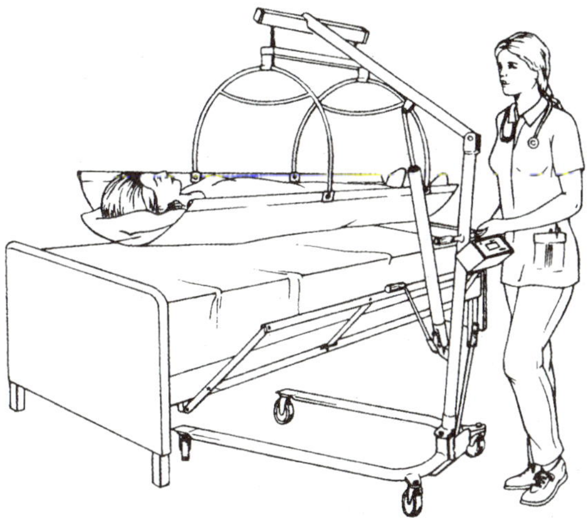

그림 3-9 **거동이 어려운 환자의 체중 측정방법**

2세 미만 어린이의 체중은 〈그림 3-8〉에 제시한 바구니가 달린 용수철 저울(spring balance)이나 소아용 저울(pediatric balance)을 이용하여 측정한다. 측정 방법은 〈표 3-11〉과 같다.

(2) 2세 이상 어린이와 성인의 경우

식사 전에 방광을 비운 상태에서 체중을 측정하고 빔체중계(beam balance, flatform balance)를 사용하는 것이 좋으며, 측정 방법은 〈표 3-12〉와 같다.

(3) 움직임이 부자유스러운 경우

입원 환자 등과 같이 거동이 불편한 경우에는 〈그림 3-9〉와 같이 침대에 누운 채

표 3-13 무릎길이와 상완위 둘레를 이용한 체중 추정식

(둘레 및 길이 단위 : cm)

성별	나이	계산식
남자	6~18세	몸무게(kg)=(무릎길이×0.68)+(상완위 둘레×2.64)−50.08
	19~59세	몸무게(kg)=(무릎길이×1.19)+(상완위 둘레×3.21)−86.82
	60~80세	몸무게(kg)=(무릎길이×1.10)+(상완위 둘레×3.07)−75.81
여자	6~18세	몸무게(kg)=(무릎길이×0.77)+(상완위 둘레×2.47)−50.16
	19~59세	몸무게(kg)=(무릎길이×1.01)+(상완위 둘레×2.81)−66.04
	60~80세	몸무게(kg)=(무릎길이×1.09)+(상완위 둘레×2.68)−65.51

표 3-14 우리나라 노인의 체중 추정식

(둘레 및 길이 단위 : cm)

- **신체 둘레와 무릎길이를 이용한 체중 추정식**

  남자: 체중(kg)=(0.37×허리둘레)+(1.25×상완위둘레)+(0.75×종아리둘레)+(0.91×무릎길이)−73.27

  여자: 체중(kg)=(0.29×허리둘레)+(0.91×상완위둘레)+(1.21×종아리둘레)+(0.53×무릎길이)−57.00

- **신체 둘레 측정만 가능할 때의 체중 추정식**

  남자: 체중(kg)=(0.50×허리둘레)+(1.71×상완위둘레)−27.10

  여자: 체중(kg)=(0.31×허리둘레)+(0.89×상완위둘레)+(1.26×종아리둘레)−35.61

자료 : 한경희, 1995.

로 재거나 휠체어를 타고 측정할 수 있으며, 나중에 침대나 휠체어의 무게를 제외시킨다. 무릎길이와 상완위 둘레를 이용한 체중 추정식은 〈표 3-13〉에 제시하였다. 또한 거동이 제한된 노인의 경우 신체 둘레와 무릎길이를 측정한 후 체중 추정식을 이용하여 산출하기도 하며, 그 추정식은 〈표 3-14〉와 같다.

4) 골격 크기(Frame size)

골격의 크기는 성장 정도를 측정할 수 있는 지표로, 실제 골격 크기를 알 경우 상대적으로 뼈를 제외한 조직량을 추정할 수 있고 체구성 성분과 체지방량 추정에 활용할 수 있다. 골격의 크기를 추정할 수 있는 지표에는 팔꿈치 넓이, 어깨뼈 넓이, 무릎과 손목뼈의 넓이, 손목둘레에 대한 신장의 비율 등이 있다.

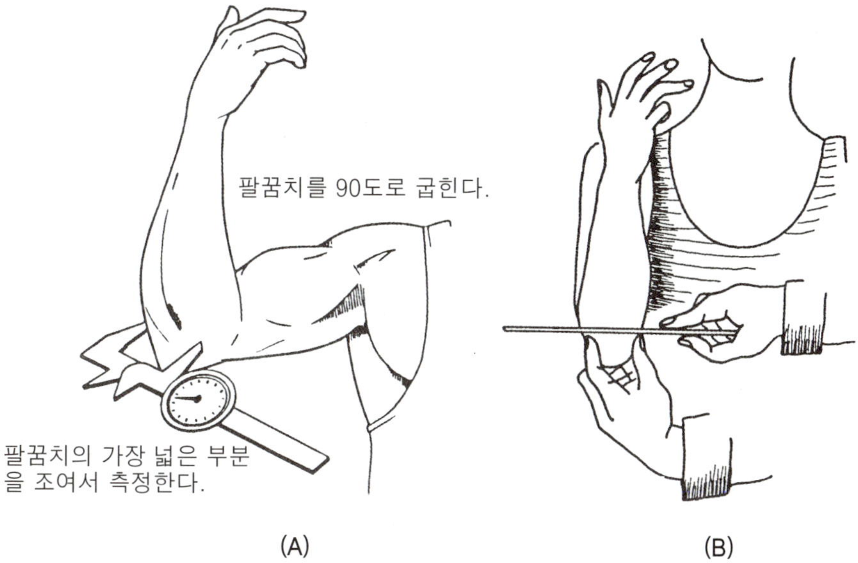

(A) 슬라이딩 캘리퍼를 이용하는 방법 (B) 막대자를 이용하는 방법

그림 3-10 팔꿈치 넓이의 측정방법

표 3-15 팔꿈치 넓이의 측정방법

- 정면을 향하여 똑바로 선 후 오른쪽 팔을 들어 직각으로 구부린다.
- 손가락을 펴고 손바닥을 얼굴을 향하도록 한다.
- 슬라이딩 캘리퍼를 이용하여 단단히 조인 후 뼈 넓이를 ㎜ 단위까지 측정한다.

(1) 팔꿈치 넓이(Elbow breadth)

팔꿈치 넓이는 근육이나 무지방의 양과 상관성이 깊은 지표로서 가장 재현성이 높고 실용적인 골격크기 측정방법이다. 〈그림 3-10〉에서 보는 바와 같이 팔꿈치를 직각으로 구부린 다음 상완골(humerus)의 가장 두꺼운 부위를 특수 슬라이딩 캘리퍼(flat-blade sliding caliper)를 이용하여 측정한다. 캘리퍼가 없는 경우에는 막대자를 이용하여 엄지와 검지로 잡고 자를 그 앞에 세워 안쪽 부분을 측정한다. 측정방법은 〈표 3-15〉와 같고, 미국 메트로폴리탄 생명보험 회사에서 제시한 신장과 팔꿈치 넓이를 이용한 신체 골격크기 분류 기준과 Frisancho에 의한 신체 골격크기의 판정 기준은 〈표 3-16, 3-17〉과 같다.

표 3-16 신장과 팔꿈치 넓이에 의한 골격크기의 판정기준

신장	소	중	대
cm	mm	mm	mm
남자			
155~158	<64	64~73	>73
159~168	<67	67~73	>73
169~178	<70	70~76	>76
179~188	<70	70~90	>79
≥189	<73	73~83	>83
여자			
145~148	<57	57~64	>64
149~158	<57	57~64	>64
159~168	<60	60~67	>67
169~178	<60	60~67	>67
≥179	<64	64~70	>70

자료 : Methropolitan Life Insurance Company, 1983.

표 3-17 나이와 팔꿈치 넓이에 의한 골격크기의 판정기준

(단위 : ㎝)

나이(세)	골격크기		
	소	중	대
남자			
18~24	≤ 6.6	6.6 초과 ~ 7.7 미만	≥ 7.7
25~34	≤ 6.7	6.7 초과 ~ 7.9 미만	≥ 7.9
35~44	≤ 6.7	6.7 초과 ~ 8.0 미만	≥ 8.0
45~54	≤ 6.7	6.7 초과 ~ 8.1 미만	≥ 8.1
55~64	≤ 6.7	6.7 초과 ~ 8.1 미만	≥ 8.1
65~74	≤ 6.7	6.7 초과 ~ 8.1 미만	≥ 8.1
여자			
18~24	≤ 5.6	5.6 초과 ~ 6.5 미만	≥ 6.5
25~34	≤ 5.7	5.7 초과 ~ 6.8 미만	≥ 6.8
35~44	≤ 5.7	5.7 초과 ~ 7.1 미만	≥ 7.1
45~54	≤ 5.7	5.7 초과 ~ 7.2 미만	≥ 7.2
55~64	≤ 5.8	5.8 초과 ~ 7.2 미만	≥ 7.2
65~74	≤ 5.8	5.8 초과 ~ 7.2 미만	≥ 7.2

자료 : Frisancho AR, 1984.

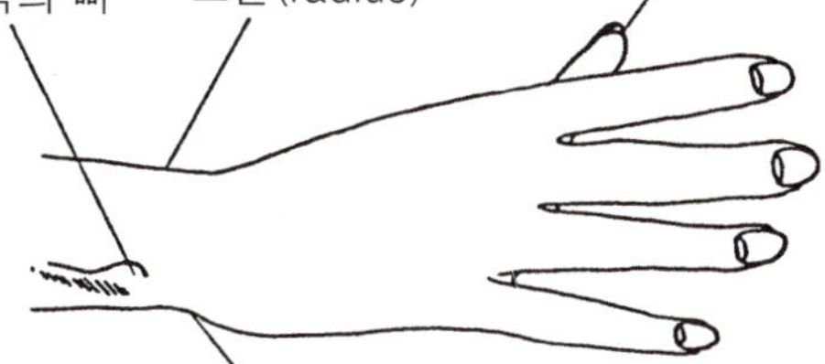

그림 3-11 손목둘레 측정방법

표 3-18 신장과 손목둘레비를 이용한 골격크기의 판정기준

골격크기	r 값	
	남	여
작다	> 10.4	> 10.9
보통이다	10.4 ~ 9.6	10.9 ~ 9.9
크다	< 9.6	< 9.9

자료 : Grant JP 등, 1981.

(2) 손목둘레(Wrist circumference)

줄자를 이용하여 오른쪽 손목의 가장 가는 부분의 둘레를 측정한 후 이 값을 신장과 비교하여 신체의 골격크기를 판정한다. 측정 부위는 〈그림 3-11〉과 같다. 골격크기를 분류하는 기준은 우리나라에서 현재까지 마련되어 있지 않으므로 외국의 자료를 이용하고 있다. 〈표 3-18〉은 신장(㎝)/손목둘레(㎝) 값(height/wrist circumference ratio)을 산출하여 골격크기를 분류하는 기준치이며, 〈그림 3-12〉는 신장과 손목둘레를 이용하여 손쉽게 골격크기를 분류할 수 있는 판정도표이다.

$$r = \frac{H(cm)}{C(cm)}$$

r : 손목둘레비, H : 신장, C : 손목둘레

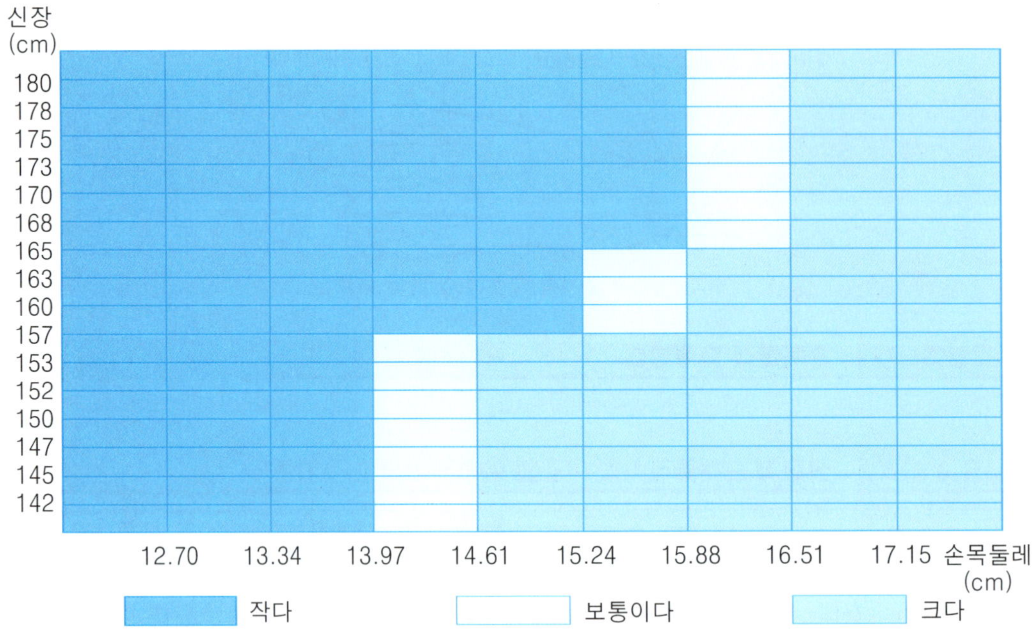

그림 3-12 신장과 손목둘레를 이용한 골격크기 판정도표

5) 성장측정치의 지표

신장이나 체중 등 두 가지 이상의 신체계측치를 조합하여 성장정도를 알아보기 위한 지표로 활용한다.

(1) 나이-대비-두위(Head circumference for age)

두위는 생후 1년 정도까지는 빠르게 성장하지만 그 이후에는 성장속도가 감소되므로 생후 2년 이후의 두위 측정은 영양상태 판정에 적합하지 않다. 그러므로 나이-대비-두위는 생후 2살까지 만성적인 단백질-열량 영양상태의 지표로 이용된다. 또한 극심한 영양불량 상태가 아니면 차이가 뚜렷이 나타나지 않으며 질병, 유전적인 요인 등에 의해서도 영향을 받을 수 있다.

(2) 나이-대비-체중(Weight for age)

체중측정치에 의한 평가는 체중 측정치를 대상자의 연령에 해당하는 체중 기준치와 비교함으로써 이루어지며, 체중 기준치는 〈표 3-4〉와 〈표 3-8〉과 같은 자료를 이

표 3-19 Waterlow의 분류기준

연령별 신장(성장 부진의 정도)	신장별 체중(쇠약의 정도)			
비율(등급)	> 90%	80~90%	70~80%	< 70%
> 90%(등급=0) 95~90%(등급=1)	정 상		쇠 약 (wasting)	
85~90%(등급=2) < 85%(등급=3)	성장 부진 (stunting)		성장 부진과 쇠약 (stunting and wasting)	

자료 : Waterlow JC, 1972.

용할 수 있다. 이 평가방법은 생후 6개월부터 7세까지의 경우 급성 영양실조를 잘 반영하며, 신장 측정이 어려운 영유아의 단백질-에너지 불량을 판정하는데 널리 이용된다. 그러나 신장의 차이를 반영할 수 없으므로 신장이 작은 어린이들의 영양불량률이 실제보다 더 높게 평가될 수 있기 때문에 이 한 가지 지표만으로 판정하는 것은 정확치 못하다는 제한점이 있다.

(3) 신장-대비-체중(Weight for height)

신장별 체중 측정치에 의한 평가는 현재의 영양상태를 민감하게 반영하여, 대상자의 연령을 잘 모를 때 유용하게 이용된다. 연령별 체중에 의한 평가와는 달리 이 평가방법은 성장부진으로 신장은 작으나 그 신장에 비해 체중은 적당한 성장부진(stunting) 어린이와 신장에 비해 체중이 매우 낮은 쇠약(wasting)한 어린이를 구별해 줄 수 있다. Waterlow는 표준치(harvard 참고치)의 신장에 대한 체중 50분위수를 기준으로 체중 측정치의 백분율을 산출했을 때 80% 이하이면 쇠약이라고 하였다. Waterlow에 의한 정상, 성장부진, 쇠약의 분류기준은 〈표 3-19〉와 같다. 신장별 체중 평가에 이용할 수 있는 우리나라 표준치 자료의 예는 대한소아과학회에서 제시한 신장별 표중체중으로 〈표 3-20〉에 제시하였다.

(4) 나이-대비-신장(Height for age)

나이-대비-신장은 과거의 영양상태나 만성적인 영양상태를 나타내는 지표다. 이는 국가의 경제 상태가 좋아져 영양섭취량이 증가할 경우, 그 나라 어린이 집단의 평균 신장이 성인들의 과거 해당 연령보다 훨씬 증가하는 것으로 확인할 수 있다.

표 3-20 신장별 표준체중

신장(㎝)	남 자		여 자	
	평균체중	표준편차	평균체중	표준편차
45	2.71	0.44	2.69	0.37
50	3.44	0.37	3.39	0.38
55	4.58	0.55	4.65	0.55
60	6.23	0.66	6.05	0.61
65	7.58	0.66	7.38	0.68
70	8.71	0.68	8.48	0.72
75	9.85	0.85	9.53	0.78
80	11.06	0.96	10.94	1.17
85	12.27	1.16	11.97	1.04
90	13.51	1.48	13.20	1.39
95	14.58	1.16	14.39	1.31
100	15.92	1.21	15.77	1.31
105	17.52	1.42	17.42	1.57
110	19.20	2.04	18.97	1.91
115	21.06	2.20	21.09	2.38
120	23.16	2.63	23.07	2.70
125	25.77	3.17	25.43	3.21
130	29.20	4.49	27.99	3.83
135	32.53	5.08	31.70	4.57
140	35.94	5.53	34.83	5.34
145	40.19	6.45	39.00	6.70
150	43.64	7.06	45.01	6.69
155	47.88	7.36	49.91	6.95
160	51.21	7.66	53.37	6.90
165	57.72	8.74	56.71	6.73
170	61.47	8.29	59.72	7.72
175	65.40	8.15	60.18	5.08
180	69.73	8.48	–	–
185	73.01	9.85	–	–

자료 : 대한소아과학회, 1999.

표 3-21 기간별 체중 감소율의 판정 기준치

(단위 : %)

기 간	유의적인 체중 감소율	극심한 체중 감소율
1주일	1~2	>2
1개월	5	>5
3개월	7.5	>7.5
6개월	10	>10

자료 : Blackburn GL 등, 1977.

그러나 영양불량으로 인한 신장저하는 오랜 시간이 경과한 후에 나타나므로 신장만으로 영양상태 판정 시 실제보다 과소평가될 수 있다. 또한 유전적 차이나 인종적 차이도 고려되어야 한다.

(5) 체중 변화량(Weight change)

체중의 변화는 신체를 구성하고 있는 단백질, 수분, 무기질과 지방 함량의 변화를 의미한다. 건강한 사람의 경우 일일 체중의 변화는 매우 적지만 질환이 있는 경우, 에너지-단백질 균형이 깨져 체중이 감소한다. 기아상태가 계속되면 처음 체중의 30%까지 감소될 수 있으며, 이 시점을 넘으면 사망하게 된다. 반대로 지속적으로 양의 에너지 균형(positive energy balance)이 일어나면 지방조직이 축적되어 체중이 증가한다.

체중의 변화를 알기 위해서는 현재 체중과 평소 체중을 측정해야 하며 이 두 가지 체중으로부터 평상시 체중 비율, 체중 감소율, 체중 변화량 등을 산출하여 평가할 수 있다. 입원 환자를 대상으로 기간별 체중 감소율에 따른 판정 기준치를 제시한 예는 〈표 3-21〉과 같다.

$$\text{평상시의 체중비율(\%)} = \frac{\text{현재 체중}}{\text{평소 체중}} \times 100$$

$$\text{체중 감소율(\%)} = \frac{\text{평소 체중} - \text{현재 체중}}{\text{평소 체중}} \times 100$$

$$\text{체중 변화량(kg/day)} = \frac{\text{현재 체중} - \text{초기측정체중}}{\text{현재 날짜} - \text{초기측정날짜}} \times 100$$

(6) 체중/신장 지수에 의한 평가

측정한 체중과 신장 값을 이용하여 산출하는 체중/신장 지수는 어린이에게는 영양상태를, 성인의 경우에는 비만도를 판정하는데 이용된다. 그러나 일반적으로 성인에게서 주로 이용되며, 비만이나 체질량(body mass) 추정치로써 비만지수 또는 체질량 지수라고도 한다. 체중/신장 지수에는 Broca 지수, Quetlet 지수(body mass index : BMI), Ponderal 지수, Röhrer 지수, Kaup 지수 등이 있으며, 체질량지수로 더 많이 알려진 BMI가 가장 많이 이용되고 있다. 〈표 3-22〉에는 이와 같은 지수들의 산출식과 판정기준을 정리하였으며, 〈그림 3-13〉은 체중과 신장 값을 이용해 손쉽게 판정할 수 있는 BMI 판정도표이다. 2006년 국민건강영양조사 결과보고서에 의한 우리나라 국민의 성별・연령별 체질량지수의 분포는 〈표 3-23〉과 같으며, 체질량지수를 기준으로한 비만도 분포는 〈표 3-24〉와 같다. BMI는 정상치보다 높아질수록 제 2형 당뇨병, 암, 심장병 등으로 인한 사망률이 증가하고 반대로 BMI가 20 미만인 경우 소화기계, 호흡기계의 질병으로 인한 사망률이 증가하는 등 여러 가지 질병의 이환률이나 사망률과 밀접한 관계가 있다고 보고되고 있다.

4. 신체 구성성분을 측정하는 신체계측법

신체 구성성분을 측정하는 방법은 크게 체지방을 측정하는 방법과 무지방조직량을 측정하는 방법으로 나눌 수 있다. 신체 구성성분을 측정하는 주된 목적은 대부분 비만을 판정하는 것이며 신체 내 지방함량과 무지방조직의 상대적 비율을 판단하는데도 사용된다. 체중이 같더라도 신체 내 지방함량과 무지방조직량에는 차이가 있으며, 체지방량은 과량의 열량섭취와 상관성이 높고 무지방조직량의 경우 체내 저장단백질량을 추정하여 영양결핍 여부를 판정할 수 있다.

신체 구성성분을 측정하는 방법에는 수중측정법, 방사선 동위원소를 이용하는 희석법, 근육과 지방조직사이의 전기전도율 차이를 이용한 전기전도율(BIA : bioelectrical impedence), 전기전도법(TOBEC : total body electrical conductivity), 컴퓨터 단층 촬영법(CT : computerized tomography), 자기공명 이미지법(MRI : magnetic resonance imaging) 등이 있어 비교적 정확한 측정은 가능하나 다수의 인원을 대상으로 한 영양판정에는 측정상의 어려움과 경제적인 면에서 제한이 있다. 따라서 많은 인원을 대상으로 영양판정을 하는 경우 주로 피부두겹두께 및 신체 각 부위의 둘레를 측정하고 연구자들에 의해 고안된 방정식들을 이용하여 추정하게 된다.

표 3-22 체중/신장 지수

지수의 종류	산출식	판정기준
Broca index	$\frac{\text{체중(kg)}}{\text{표준체중(kg)}} \times 100$	• 표준체중 –Broca 방법 1 [신장(cm)–100]×0.9 –Broca 방법 2 160cm 이상: [신장(cm)–100]×0.9 150~160cm: [신장(cm)–150]×0.5+50 150cm 이하: 신장(cm)–100 • <90%: 체중미달 90~110%: 정상 110~120%: 과체중 >120%: 비만
Quetlet's index (체질량지수, BMI)	$\frac{\text{체중(kg)}}{[\text{신장(m)}]^2}$	• 신체지방함량을 잘 반영함 • 우리나라 <18.5: 저체중 18.5~22.9: 정상 23.0~24.9 과체중 25.0~29.9 경도비만 30.3~34.9 중등도비만 ≥35.0: 고도비만 • WHO <18.5: 저체중 18.5~24.9: 정상 25.0~29.9: 과체중 30.0~34.9: 경도비만 35.0~39.9: 중등도 비만 ≥40: 고도비만
Ponderal index	$\frac{\text{신장(in)}}{[\text{체중(lb)}]^{1/3}}$	• 수치가 높을수록 마른 체형을 나타냄 • 심장순환계 질환과 관련. 12이하는 위험도가 높은 것으로 판정
Rohrer index	$\frac{\text{체중(g)}}{[\text{신장(cm)}]^3} \times 100$	• 학동기 어린이에게 적용 • <2.26: 심한 영양불량 2.26~2.32: 중등도 영양불량 2.32~2.85: 정상 2.85~2.93: 중등도 비만 >2.93 : 비만
Kaup index	$\frac{\text{체중(g)}}{[\text{신장(cm)}]^2} \times 10$	• 영유아에게 적용 • 1세 미만 1~2세 <15이하 : 영양불량 : <14 15~18 : 정 상 : 14~17 18~20 : 비만경향 : 17~18.5 >20 : 비 만 : >18.5

자료 : 대한비만학회, 2000.

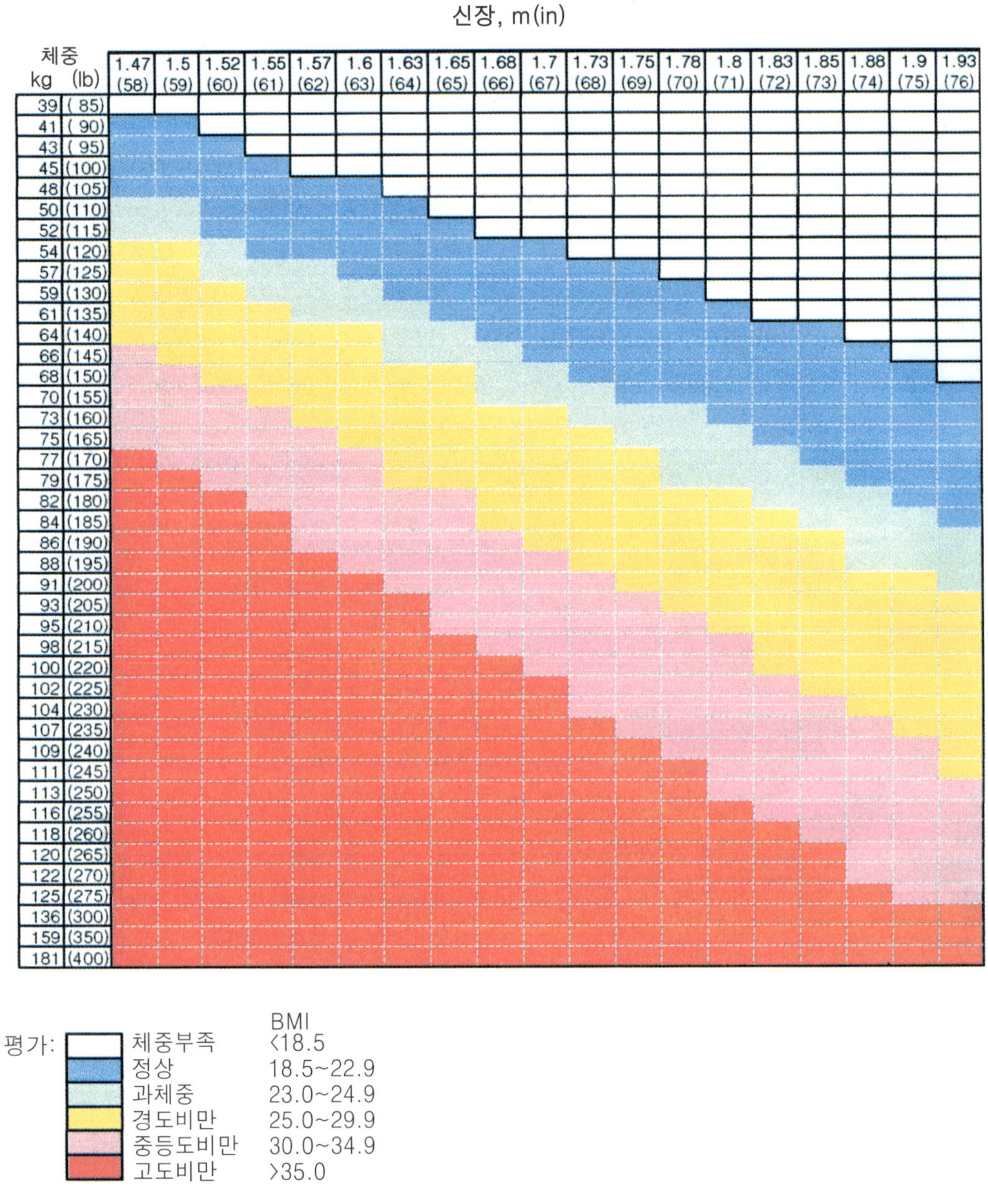

그림 3-13 BMI 판정도표

표 3-23 체질량지수 분포 : 20세이상, 성별, 연령별

(단위 : kg/㎡)

연령	평균	백분위수						
		5	10	25	50	75	90	95
남자								
20세 이상	24.0	18.9	19.9	21.8	23.8	26.0	27.9	29.2
30세 이상	24.1	19.0	20.2	22.1	24.1	26.1	28.0	29.1
20~24세	23.1	19.1	19.7	20.8	22.7	24.2	26.9	30.5
25~29세	23.6	18.4	19.0	21.2	23.1	25.5	27.9	31.5
30~34세	24.2	18.6	19.7	22.2	24.0	26.3	28.6	30.3
35~39세	24.1	19.3	20.6	21.8	24.1	26.0	28.0	28.7
40~44세	24.5	19.7	21.0	22.4	24.5	26.2	28.3	29.2
45~49세	24.5	19.0	20.3	22.6	24.3	26.5	28.8	29.8
50~54세	24.5	20.1	21.3	23.0	24.9	26.2	27.5	29.1
55~59세	24.2	19.6	20.6	22.0	24.2	26.2	27.9	29.2
60~64세	23.7	18.7	20.2	21.7	23.7	25.7	27.4	27.9
65~69세	23.0	16.9	18.2	21.2	23.5	25.3	26.4	28.3
70~74세	23.0	16.9	18.2	21.1	23.5	25.3	26.4	28.3
75세 이상	22.9	18.3	19.2	20.1	23.0	25.2	26.0	27.5
여자								
20세 이상	23.3	18.4	19.2	20.9	23.0	25.4	27.8	29.2
30세 이상	23.8	19.0	19.8	21.5	23.5	25.7	28.0	29.5
20~24세	21.7	17.2	18.0	19.3	21.0	23.5	26.3	28.3
25~29세	21.6	17.4	17.9	19.2	21.2	23.4	26.7	28.5
30~34세	22.2	17.9	18.4	19.9	21.8	23.9	26.4	27.9
35~39세	23.1	18.9	19.4	20.6	22.3	24.5	28.0	29.6
40~44세	23.7	19.7	20.6	21.7	23.4	25.4	27.6	29.3
45~49세	24.0	19.8	20.6	22.1	23.5	25.5	27.5	30.1
50~54세	24.7	20.3	21.0	22.5	24.5	26.8	28.9	30.7
55~59세	24.8	20.2	21.0	22.5	24.8	26.6	28.6	30.1
60~64세	25.1	20.7	21.3	23.2	25.2	27.0	28.5	29.2
65~69세	24.4	18.8	19.9	22.3	24.2	27.2	28.9	29.4
70~74세	24.4	19.4	20.2	22.2	24.4	26.8	28.2	28.9
75세 이상	23.1	17.8	18.9	20.4	23.2	25.3	27.0	29.6

자료: 보건복지부, 국민건강영양조사, 2006

표 3-24 비만도* 분포(체질량지수기준) : 20세이상, 성별, 연령별

(단위: %)

연 령	저체중	정상	비만
	분율	분율	분율
전체			
20세 이상	4.7	6.5	31.8
30세 이상	3.4	61.7	34.9
20~24세	7.4	75.3	17.3
25~29세	11.9	65.3	22.8
30~34세	7.5	64.6	28.0
35~39세	2.1	68.1	29.8
40~44세	2.2	62.2	35.7
45~49세	1.2	63.5	35.3
50~54세	1.7	54.0	44.3
55~59세	1.1	58.7	40.2
60~64세	2.6	53.7	43.8
65~69세	4.3	60.8	34.9
70~74세	7.5	57.4	35.0
75세 이상	7.3	64.2	28.5
남자			
20세 이상	3.6	61.1	35.2
30세 이상	3.4	58.6	38.0
20~24세	3.1	76.7	20.3
25~29세	6.1	63.3	30.6
30~34세	4.9	56.2	38.9
35~39세	1.8	61.5	36.7
40~44세	2.8	53.9	43.4
45~49세	1.5	59.5	38.9
50~54세	2.4	51.8	45.8
55~59세	1.2	63.5	35.3
60~64세	4.6	62.2	33.2
65~69세	4.3	66.1	29.6
70~74세	13.6	58.9	27.5
75세 이상	6.5	64.6	28.9
여자			
20세 이상	5.7	65.9	28.3
30세 이상	3.4	64.7	31.9
20~24세	12.1	73.8	14.1
25~29세	18.0	67.5	14.5
30~34세	10.2	73.5	16.3
35~39세	2.4	75.0	22.6
40~44세	1.5	70.9	27.6
45~49세	0.9	67.6	31.5
50~54세	0.9	56.2	42.9
55~59세	1.0	58.3	45.2
60~64세	0.7	45.9	53.4
65~69세	4.3	56.2	39.4
70~74세	3.2	56.4	40.4
75세 이상	7.7	64.0	28.3

*비만도 : 체질량지수(BMI, kg/cm^2) 기준으로
저체중 : BMI < 18.5, 정상 : 18.5 ≤ BMI < 25, 비만 : 25 ≤ BMY

자료: 보건복지부, 국민건강영양조사, 2006

표 3-25 성인 남녀의 체지방 분포

체지방 분포	남자	여자
필수지방(kg) – 골수, 중추신경계, 유선조직, 각 기관 내 지방	2.1	4.9
저장지방(kg) – 피하, 근육내, 근육외, 가슴과 복부내 지방	8.2	10.4
총지방량(kg)	10.3	15.3
체중(kg)	70.0	56.8
체지방비(%)	14.7	26.9

자료 : Gibson RS, 2005.

1) 체지방(Body fat) 측정

체지방은 체내 필수구성지방과 저장지방의 두 가지 형태로 분류할 수 있다. 필수구성지방은 정상적인 생리기능을 유지하기 위해 필수적인 물질로서 골수, 중추신경계나 내분비선 등에 들어있고, 저장지방은 근육이나 근육 내 지방, 소화기관을 싸고 있는 지방과 피하 지방 등에 분포된 지방을 말한다. 체지방은 신체 구성성분 중 가장 변화가 많은 성분으로 비교적 단기간의 저영양에 대한 민감한 지표로서 에너지 균형의 변화를 간접적으로 추정할 수 있다. 즉, 과체중 및 신체 지방의 과도한 축적을 판정하는 지표로써 주로 비만 판정에 이용되며 같은 성, 연령, 신장과 체중을 가진 경우도 개개인에 따라 다르다. 일반적인 성인 남녀의 체지방 분포는 〈표 3-25〉와 같으며, 여성이 남성에 비해 체지방함량이 높다.

(1) 피부두겹 두께(Skinfold thickness)에 의한 체지방량

피부두겹 두께의 측정을 통해 피하지방의 크기를 추정할 수 있으며, 피하지방의 크기는 총 체지방량을 반영한다. 이와 같은 추정은 피하지방의 두께는 체지방량을 일정한 비율로 반영하며 피부두겹 두께의 측정부위는 전체 피하지방조직의 평균 두께를 대표한다는 전제하에 이루어질 수 있다. 그러나 지방의 분포도 및 각 조직의 지방 두께는 연령, 성별, 운동량 등에 따라 많은 차이가 있다. 그럼에도 불구하고 피부두겹 두께는 측정 기구와 장비가 저렴하고 측정이 비교적 쉽고 신속하며, 정확히 측정할 경우 재현성이 높아 많이 사용되고 있다. 측정 기구로는 〈그림 3-14〉에 제시한 피부두겹 두께 측정용 캘리퍼(caliper)를 사용하며, 캘리퍼를 이용한 측정원리는 〈그림 3-15〉와 같다.

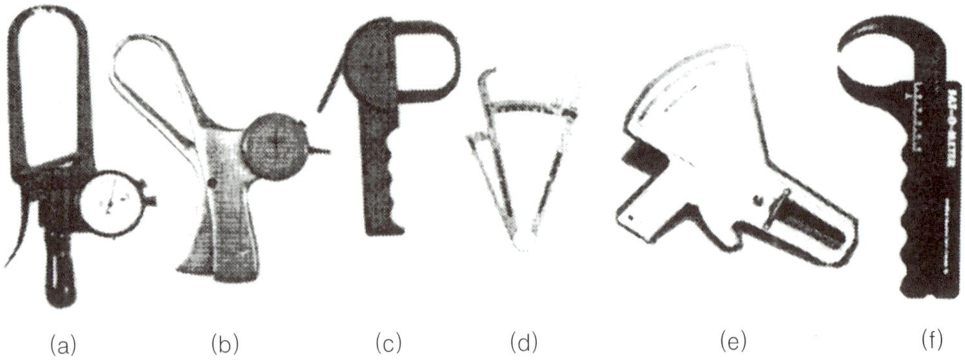

(a) Harpenden (b) Holtain (c) Lange (d) McGaw
(e) Slim Guide (f) Fat-o-meter

그림 3-14 캘리퍼의 종류

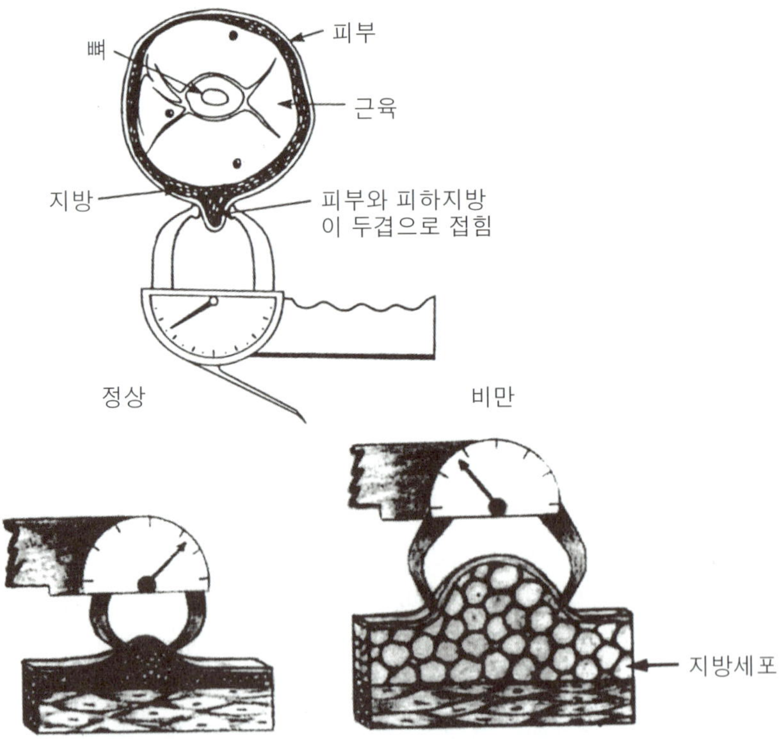

그림 3-15 캘리퍼를 이용한 피부두겹 두께 측정원리

표 3-26 측정부위별 피부두겹 두께의 측정방법

- 삼두근(Triceps) : 똑바로 서서 오른쪽 팔을 90도로 꺾고 손바닥을 아래로 한 다음 어깨 꼭지점에서 팔꿈치와의 중간지점을 팔 뒤쪽에 표시한 다음, 팔을 자연스럽게 늘어뜨린 상태에서 표시점의 1㎝ 위쪽을 엄지와 검지를 이용하여 집어당긴 후 캘리퍼로 측정한다.
- 견갑골 밑(Subscapular) : 조사 대상자의 등쪽의 견갑골의 가장 안쪽 각진 곳의 아래쪽에서 1㎝ 아래 떨어진 점을 표시한 후, 표시점을 따라 비스듬히 위쪽 1㎝ 위치의 지점을 측정한다.
- 장골 위(Suprailiac) : 옆중심선에서 장골의 바로 위쪽 지점을 측정한다.
- 가슴(Chest) : 겨드랑이의 접히는 부위 위쪽에서 피부층을 잡고, 1㎝ 아래 떨어진 지점을 측정한다.
- 배(Abdomen) : 배꼽 중심 1㎝ 아래 선에서 수평으로 3㎝ 떨어진 지점을 측정한다.
- 허벅지(Thigh) : 서혜부(사타구니)의 접히는 부위와 슬개골(무릎뼈)의 앞쪽 중심점에서 측정한다.

피부두겹 두께의 측정 부위로는 삼두근 부위(triceps)의 피부두겹 두께가 신체 총 체지방함량과 가장 상관성이 높은 것으로 알려져 있어 보편적으로 가장 많이 측정되며, 왼팔 이두근 부위(biceps), 오른쪽 견갑골 밑 부분(subscapular), 장골 윗부분(suprailiac), 옆중심선 부위(mid-axillary), 가슴부위(chest), 배부위(abdominal), 허벅지 부위(thigh) 등을 측정한다. 운동 직후나 더울 때는 측정을 피하며, 반드시 2번 이상 동일 부위를 측정해야 한다. 2번 이상 측정 시 한번 측정 후 최소한 15초 후에 다시 측정해야 하며, 차이가 많이 나는 경우 3번 측정하여 비슷한 값 2개의 평균을 사용한다. 여러 부위의 피부두겹 두께의 측정방법은 〈표 3-26〉와 같다.

① 단일 부위 피부두겹 두께 측정법

일반적으로 단일 부위를 측정할 때 측정에 가장 예민한 부위에 대한 견해가 일치되어 있지 않다. 그 이유는 체지방 분포가 성별, 연령별, 인종 간에 차이가 있으며, 특히 여성인 경우 피하지방의 분포변화가 많으므로 판정이 더 어렵다. 가장 적합한 부위 선정은 총 체지방량, 또는 체지방비 중 어느 것에 관심이 있는가에 달려있다. 성인 남자는 견갑골 밑(subscapular)이나 옆 중심선(midaxillary) 부위가 가장 좋은 것으로 알려져 있으며, 성인 여자와 어린이의 체지방 비율을 위해서는 삼두근 부위가, 소년의 경우 견갑골 밑 피부두겹 두께 측정이 가장 적합한 것으로 알려져 있다. 1999년 대한소아과학회에서 발표한 한국소아의 삼두근과 견갑골 밑 피부 두겹 두께의 백분위수는 〈표 3-27, 3-28〉과 같다. 그러나 단일 피부두겹 두께 측정법만을 이용하여 체지방량과 체지방 비율을 판정하는 것은 한계가 있으며 참고치로 이용하는 것이 좋다.

표 3-27 삼두근 피부두겹 두께 백분위수

(단위 : ㎜)

연령(년)	5th	25th	50th	75th	95th
남아					
출생시	4.0	5.0	5.8	7.3	10.1
1/2	6.5	8.2	10.0	11.4	15.3
1	6.2	8.0	9.8	11.1	14.4
2	6.1	8.0	9.5	11.2	16.0
3	6.2	8.1	9.6	11.5	14.6
4	6.4	8.2	9.6	11.1	14.3
5	6.4	8.4	9.8	11.5	16.0
6	6.1	7.5	9.0	11.2	17.0
7	5.7	8.0	10.0	12.2	19.2
8	5.8	8.1	10.4	13.9	21.1
9	5.8	8.2	11.0	15.5	23.4
10	6.3	8.5	11.3	16.0	24.4
11	6.4	9.2	12.8	17.6	25.1
12	6.7	10.0	14.0	20.0	28.2
13	6.5	9.1	12.4	17.6	27.3
14	6.4	8.8	11.5	17.0	26.4
15	5.2	7.7	10.4	15.3	28.5
16	5.5	7.8	10.8	15.4	27.5
17	6.5	8.3	12.3	19.3	30.0
18	5.8	8.0	10.6	15.8	29.9
여아					
출생시	3.8	4.9	5.8	7.2	10.5
1/2	6.2	8.2	9.7	11.7	15.2
1	6.3	8.0	9.5	11.4	15.0
2	6.5	8.0	9.5	11.2	16.0
3	6.3	8.2	9.5	11.3	14.4
4	6.5	8.3	10.1	12.1	16.0
5	6.8	8.5	10.1	12.4	16.0
6	6.4	8.2	10.0	12.2	17.2
7	6.2	8.4	10.7	13.2	19.0
8	6.4	8.9	11.5	14.5	22.2
9	6.5	9.7	12.0	15.3	21.3
10	7.4	10.1	12.9	17.0	24.0
11	7.0	10.3	13.0	17.5	25.1
12	8.3	11.0	14.0	18.2	26.0
13	7.9	11.2	15.6	21.0	28.6
14	8.3	12.5	17.0	22.0	29.8
15	10.1	14.9	19.3	25.0	32.6
16	10.0	15.0	18.9	24.0	31.7
17	9.1	13.0	17.0	22.0	33.0
18	8.2	13.6	17.4	21.9	31.1

자료 : 대한소아과학회, 1999.

표 3-28 견갑골 밑 피부두겹 두께 백분위수

(단위 : ㎜)

연령(년)	5th	25th	50th	75th	95th
남아					
출생시	3.7	4.5	5.2	6.2	9.6
1/2	5.3	7.0	8.1	9.5	12.4
1	4.8	6.4	8.0	9.4	12.6
2	5.1	6.4	8.0	9.2	13.2
3	4.5	5.6	6.7	8.0	11.0
4	4.6	5.5	6.2	7.4	10.0
5	4.4	5.4	6.2	7.2	10.4
6	4.1	5.2	6.0	7.0	11.2
7	4.2	5.3	6.4	8.6	14.1
8	4.0	5.2	6.5	9.4	17.0
9	3.8	5.0	6.9	10.6	21.0
10	4.2	5.6	7.2	11.0	24.2
11	4.6	6.3	9.4	15.3	28.6
12	5.3	7.0	10.0	17.2	30.0
13	5.1	7.0	9.2	14.8	30.0
14	5.5	7.2	9.1	14.0	29.0
15	5.1	7.0	9.0	14.3	30.5
16	5.0	7.3	9.3	13.8	27.3
17	6.4	8.0	10.0	14.0	24.4
18	6.7	8.3	10.4	14.0	24.0
여아					
출생시	3.6	4.5	5.4	6.8	9.5
1/2	5.2	6.8	8.1	9.8	12.6
1	4.8	6.2	8.0	9.5	12.1
2	4.8	6.2	7.6	9.0	12.3
3	4.6	5.8	6.6	8.1	11.0
4	4.8	5.9	6.8	8.1	11.2
5	4.6	5.6	6.4	7.8	11.0
6	4.6	5.5	6.4	8.0	12.0
7	4.4	5.9	7.2	9.6	15.2
8	4.2	5.4	7.0	9.7	15.4
9	4.0	5.7	7.8	11.0	18.1
10	5.0	6.5	9.0	13.0	22.4
11	5.2	7.2	10.0	15.0	24.9
12	6.0	8.4	11.2	16.6	26.0
13	6.6	8.8	12.7	18.0	28.2
14	7.1	10.0	14.6	21.3	32.0
15	8.5	12.2	16.7	23.2	35.0
16	8.3	11.4	15.4	21.4	32.6
17	7.9	11.0	15.1	20.9	30.0
18	8.7	12.0	15.9	20.6	31.4

자료: 대한소아과학회, 1999.

② 다중 부위 피부두겹 두께 측정법

단일 부위 피부두겹두께 측정의 제한점을 감소시키기 위하여 여러 부위의 측정치를 이용하여 전체 지방량을 추정하는 것으로 단일 부위 측정 방법보다 타당성이 높다. 또한 여러 부위를 측정하므로 유전적 차이에 따른 체지방 분포의 차이를 평가할 수 있으며, 특정 부위의 체지방함량을 다른 부위와 비교하여 특정 질병을 추정할 수도 있다.

어린이와 성인의 체지방율을 정확하게 추정하기 위해서는 팔과 다리 중에서 한 곳(예: 왼쪽 삼두근) 이상, 몸통 부위 중에서 한 곳(예: 왼쪽 견갑골 밑) 이상을 선정하여 측정하는 것이 좋다. 여러 연구에 의하면 몸통 부위의 체지방함량이 지나치게 많을 때 당뇨병 발병 확률이 높은 것으로 보고되고 있다.

다중 부위 측정치로부터 체지방비율을 계산할 수 있는 측정부위와 판정도표는 〈그림 3-16, 3-17〉과 같고, 우리나라 성인에게 적용할 수 있는 체지방 비율 추정식은 〈표 3-29〉와 같다. 또한 견갑골 밑과 삼두근의 피부두겹 두께의 합을 이용하여 〈표 3-30〉과 같이 체지방 비율을 판정하는 방법도 있다.

표 3-29 우리나라 성인을 위해 제안된 체지방 비율 추정식

(단위 : mm)

• **남자**

체지방 비율(%) = −3.8488+0.1687×(견갑골 밑, 복부, 삼두근 및 허벅지 피하지방 두께의 합)+0.6728×BMI

• **여자**

체지방 비율(%) = 4.8385+0.1928×(견갑골 밑, 복부, 삼두근 및 허벅지 피하지방 두께의 합)

자료 : 김은경 등, 1990.

표 3-30 삼두근과 견갑골 밑 피부두겹 두께의 합을 이용한 체지방 판정

백분위수	분류
$S^* \le 5th$	Lean
$5th < S^* \le 15th$	Below average
$15th < S^* \le 75th$	Average
$75th < S^* \le 85th$	Above average
$S^* > 85th$	Excess fat

S^* = 삼두근과 견갑골 밑 피부두겹 두께의 합 (부록 8 참고)

자료 : Frisancho AR, 1990.

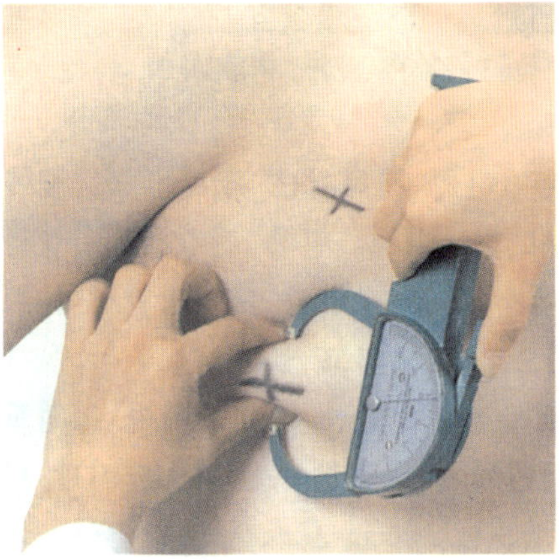

가슴

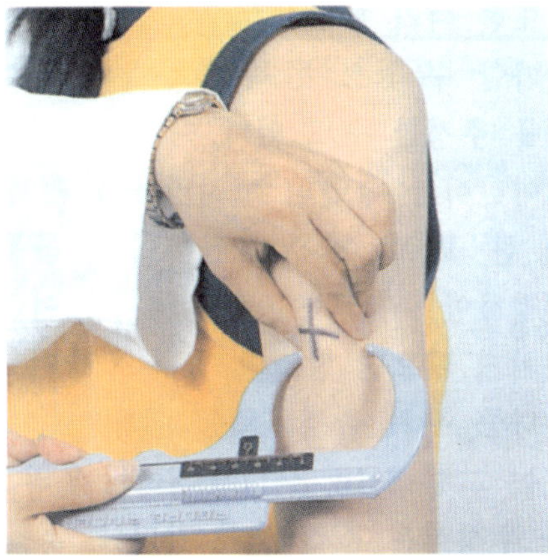

삼두근

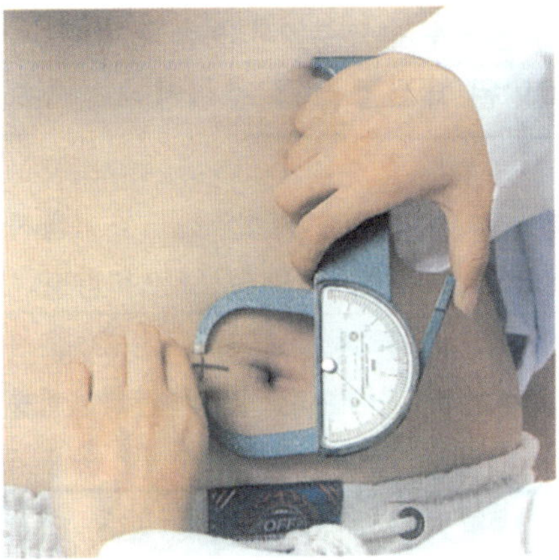

복부

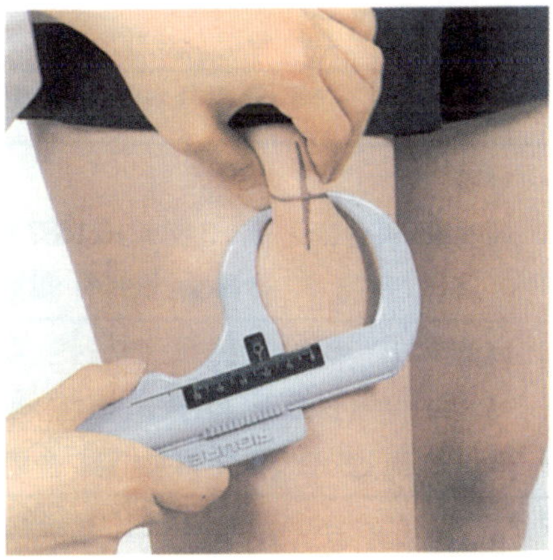

허벅지

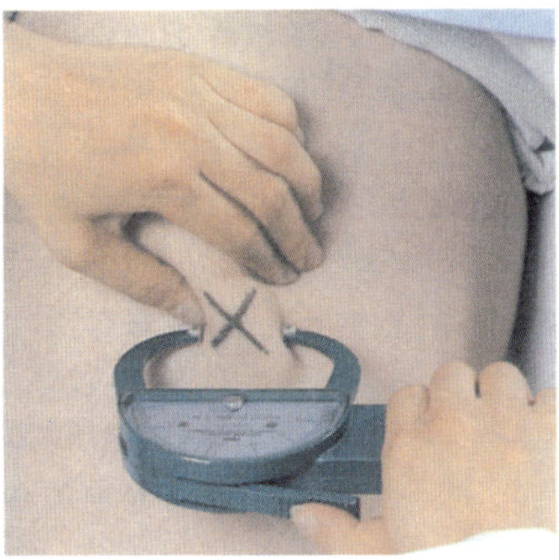

허벅지

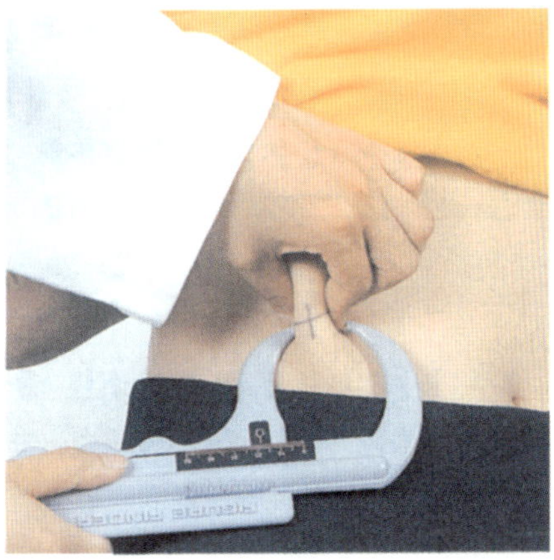

장골위

〈남자〉 〈여자〉

그림 3-16 **피부두겹 두께 측정부위**

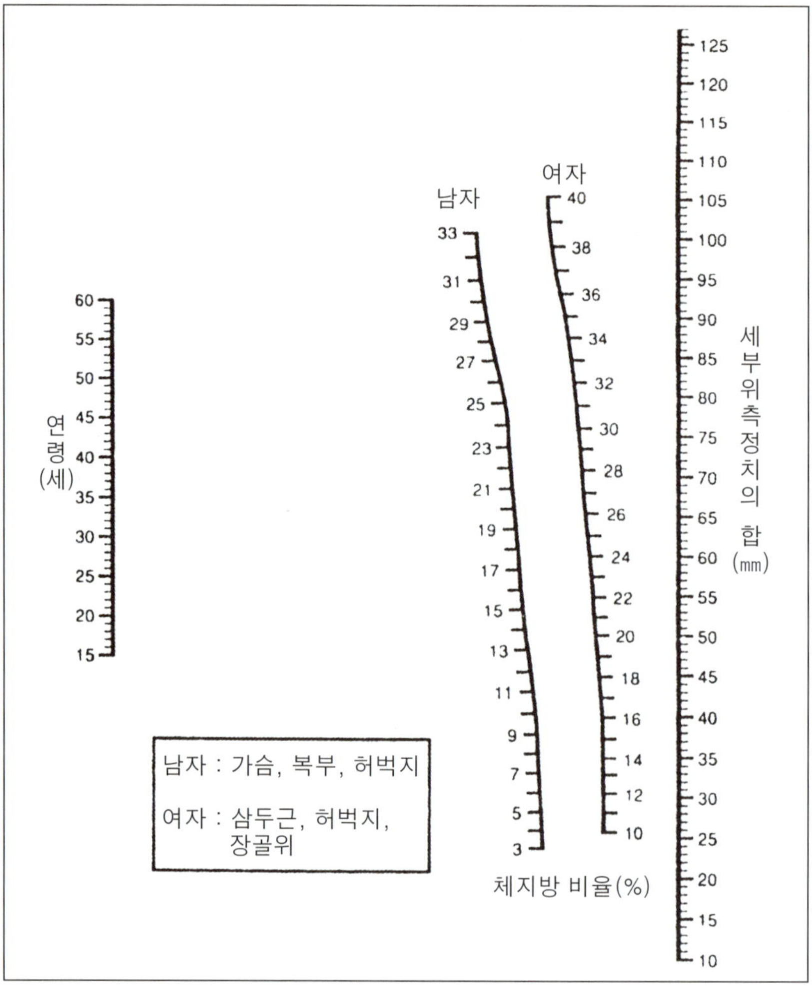

자료 : Baun WB 등, 1981.

그림 3-17 세부위 피부두겹 두께의 합에 의한 체지방비율 판정도표

(2) 신체 둘레(Circumference)에 의한 체지방량

체지방량 측정기구가 준비되지 않은 상태에서 신체 부위의 원주둘레를 측정하여 간단히 체지방 비율을 구할 수 있다. 원주둘레는 특수하게 제작된 줄자를 이용하여 측정하며, 측정부위는 〈표 3-31〉과 같으며 각 부위의 원주둘레를 측정하여 체지방 비율을 추정하는 방법은 〈그림 3-18〉과 같다. 35세 이하의 여성은 복부, 오른쪽 허벅지와 오른쪽 전완 부위를 측정하고 36세 이상의 여성은 복부, 오른쪽 허벅지와 오른쪽 장딴지를 측정한다. 남성의 경우는 35세 이하는 왼쪽 상완, 복부, 왼쪽 전완

표 3-31 신체 둘레 측정부위

- 복부(Abdomen) : 배꼽에서 약 1.3cm 위의 둘레
- 엉덩이(Buttocks) : 엉덩이의 가장 많이 튀어나온 부위의 둘레
- 허벅지(Thigh) : 엉덩이 바로 아래에 있는 위쪽 넓적다리 부위(사타구니와 평행한 선)의 둘레
- 장딴지(Calf) : 발목과 무릎사이의 둘레가 가장 큰 중간지점의 둘레
- 상완(Upper arm) : 팔을 똑바로 펴고 손바닥은 몸쪽으로 편 후 왼쪽팔의 어깨와 팔꿈치 중간 지점의 둘레
- 전완(Forearm) : 손바닥을 펴서 팔을 신체 앞쪽으로 쭉 폈을 때 둘레가 가장 큰 부분의 둘레

표 3-32 신체 둘레를 이용한 체지방비율 추정 예제

예제) 1주일에 5시간씩 규칙적으로 운동을 하는 25세 여성의 체지방 비율은?

그림 3-18을 보고 35세 이하의 여성에 해당하는 측정부위인 복부, 허벅지, 전완 둘레를 측정한 후 붉은색 부분에서 체지방 비율을 추정한다.
A step – 복부둘레 29 inch는 39
B step – 허벅지둘레 18 inch는 37
C step – 전완둘레 8 inch는 34
D step – 20
체지방 비율 = A + B – C – D = 22
E step – 1주일에 4시간 이상을 계속적으로 운동하는 경우 여자는 3, 남자는 4를 감해준다. 따라서, 대상자의 체지방 비율은 19%이다.

을 측정하고, 36세 이상은 엉덩이, 복부와 왼쪽 전완을 측정한다. 이 방법을 이용하여 체지방 비율을 산출한 예를 〈표 3-32〉에 제시하였다.

체지방 비율이 구해지면 이를 기준치와 비교하여 판정할 수 있으며, 성인의 체지방 함량에 따른 건강 위험도 분류는 〈표 3-33〉와 같다.

(3) 허리-엉덩이 둘레 비율(Waist-hip circumference ratio, WHR)에 의한 체지방 분포

엉덩이둘레에 대한 허리둘레의 비율은 피하와 복부내의 지방분포를 측정할 수 있는 방법이다. 연령과 체중이 증가할수록 이 비율이 증가하는 경향이 있으며 이

35세 이하 여성
36세 이상 여성
35세 이하 남성
36세 이상 남성

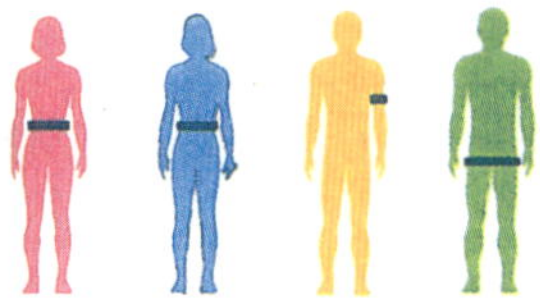

	35세 이하 여성	36세 이상 여성	35세 이하 남성	36세 이상 남성
7″			26	
8″			30	
9″			33	
10″			37	
11″			41	
12″			44	
13″			48	
14″			52	
15″			56	
16″			59	
17″			63	
18″			67	
19″			70	
20″	27		74	
21″	28		78	
22″	29		81	
23″	31			
24″	32			
25″	33	30		
26″	35	31		
27″	36	32		
28″	37	33		29
29″	39	34		30
30″	40	36		31
31″	41	37		32
32″	43	38		34
33″	44	39		35
34″	45	40		36
35″	47	42		37
36″	48	43		38
37″	49	44		39
38″	51	45		40
39″	52	46		41
40″	53	48		42
41″		49		43
42″		50		44
43″		51		45
44″		52		46
45″		53		47
46″				48
47″				49
48″				50
49″				51

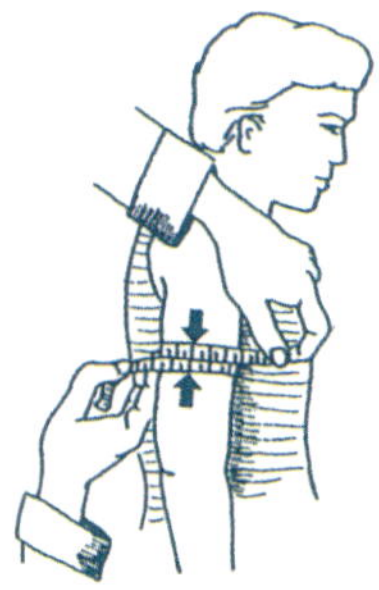

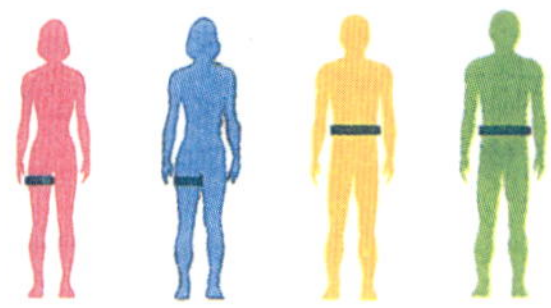

	35세 이하 여성	36세 이상 여성	35세 이하 남성	36세 이상 남성
14″	29	17		
15″	31	19		
16″	33	20		
17″	35	21		
18″	37	22		
19″	40	23		
20″	42	25		
21″	44	26	28	
22″	46	27	29	
23″	48	28	30	
24″	50	30	31	
25″	52	31	33	
26″	54	32	34	23
27″	56	33	35	24
28″	58	35	37	25
29″	60	36	38	26
30″	62	37	39	27
31″	65	38	41	28
32″	67	40	42	29
33″	69	41	43	30
34″	71	42	45	30
35″			46	31
36″			47	32
37″			49	33
38″			50	34
39″			51	35
40″			52	36
41″			54	37
42″			55	38
43″				39
44″				39
45″				40
46″				41
47″				42

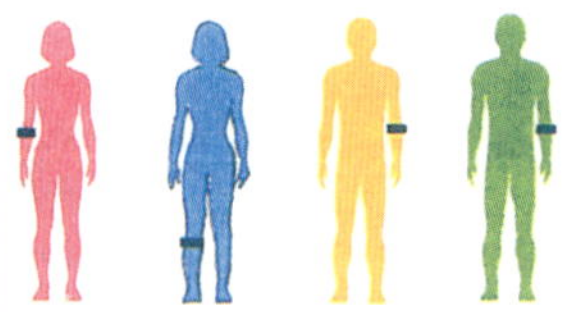

	35세 이하 여성	36세 이상 여성	35세 이하 남성	36세 이상 남성
6″	26			
7″	30		38	21
8″	34		43	24
9″	39		49	27
10″	43	14	54	30
11″	47	16	60	33
12″	52	17	65	36
13″	56	19	71	39
14″	60	20	76	42
15″	65	22	81	45
16″	69	23	87	48
17″	73	25	92	51
18″	78	26	98	54
19″	82	27	103	57
20″	86	29	109	60
21″	91	30	114	
22″		32	119	
23″		33		
24″		35		
25″		36		

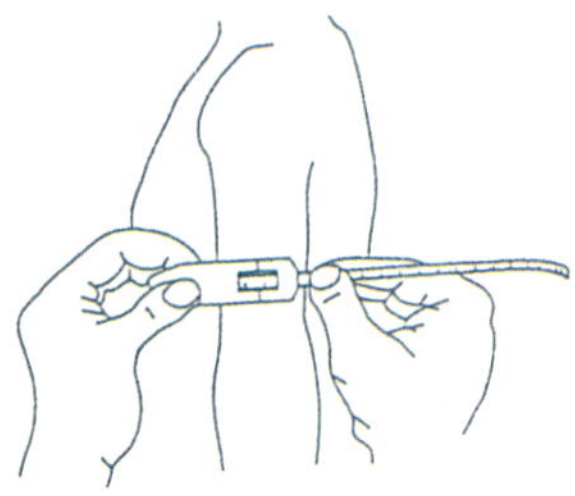

35세 이하 여성	36세 이상 여성	35세 이하 남성	36세 이상 남성
20	18	10	15

☐ + ☐ − ☐ − ☐ = ☐ % 체지방

그림 3-18 신체둘레를 이용한 체지방율 판정도표

표 3-33 성인의 체지방비율에 따른 건강 위험도 분류기준

분 류	남 자	여 자
건강하지 않음(too low)	≤ 5 %	≤ 8 %
적합함(lower end)	6 ~ 15 %	9 ~ 23 %
적합함(upper end)	16 ~ 24 %	24 ~ 31 %
건강하지 않음(too high)	≥ 25 %	≥ 32 %

자료 : Nieman DC, 1999.

표 3-34 허리와 엉덩이 둘레 측정방법

- 허리둘레 : 갈비뼈 맨 아래쪽과 엉덩이뼈 위쪽 각각과 옆 중앙선이 만나는 곳에 펜으로 표시한 후, 배꼽을 중심으로 측정한다.
- 엉덩이둘레 : 허리둘레 측정 시와 같으며 엉덩이의 가장 튀어나온 부분(buttocks)을 중심으로 수평이 되게 측정한다.

WHR은 비만지수로 많이 사용되는 BMI와도 매우 높은 상관관계를 보이는 것으로 알려져 있다. 이 비율이 남자의 경우 0.95 이상, 여자의 경우 0.85 이상인 경우 복부비만이다. 복부비만의 경우 순환기계 질환이나 대사성질환의 발생률과 이로 인한 사망률이 급격히 증가하는 것으로 보고되고 있다. 우리나라의 경우 1998 국민건강영양조사에 의하면 〈표 3-35〉와 같이 45세 이후 여자는 WHR의 평균치가 모든 연령층에서 모두 복부비만 수준으로 나타나 건강에 위험신호가 켜진 상태로 보인다.

측정할 때는 공복상태에서 가능한 한 얇은 옷을 입고 잰다. 똑바로 선 상태에서 복부의 힘을 빼고 양팔은 가볍게 떨어뜨린 상태로 발을 모은 후 양쪽 다리에 체중을 동일하게 실리도록 한 후 〈표 3-34〉과 같이 측정한다. WHR은 〈그림 3-19〉의 판정도표를 이용하여 쉽게 측정할 수도 있다.

그러나 허리둘레와 엉덩이 둘레가 모두 커지면 WHR이 변화하지 않으므로 복부비만의 평가시에는 WHR보다 허리둘레가 더 유용할 수 있다. 이는 체중의 변화 없이 허리둘레만 감소되어도 당뇨병, 고혈압, 심장순환기계 질환 등 비만과 동반되는 질환의 위험도가 저하되기 때문이다. 따라서 2000년 대한비만학회에서는 아시아 성인에 있어서 동반질환의 위험도가 증가하는 기준으로 허리둘레를 남자의 경우 90 cm, 여자의 경우 80cm로 제시하였다. 우리나라의 경우 2005국민건강영양조사에 의한

표 3-35 성별, 연령별 허리/엉덩이 둘레비의 분포

구분	평균	5th	25th	50th	75th	95th
남자						
20~24세	0.83	0.76	0.80	0.83	0.87	0.92
25~29세	0.85	0.76	0.81	0.85	0.88	0.95
30~34세	0.87	0.78	0.83	0.87	0.90	0.96
35~39세	0.88	0.80	0.84	0.88	0.92	0.97
40~44세	0.90	0.82	0.87	0.90	0.93	0.98
45~49세	0.90	0.81	0.87	0.91	0.94	0.99
50~54세	0.90	0.80	0.87	0.91	0.94	0.99
55~59세	0.91	0.82	0.88	0.91	0.95	0.99
60~64세	0.91	0.82	0.88	0.92	0.95	1.00
여자						
20~24세	0.78	0.69	0.73	0.77	0.82	0.89
25~29세	0.79	0.70	0.75	0.79	0.84	0.92
30~34세	0.80	0.72	0.76	0.80	0.84	0.91
35~39세	0.81	0.72	0.77	0.81	0.86	0.91
40~44세	0.83	0.73	0.79	0.83	0.88	0.94
45~49세	0.85	0.75	0.81	0.85	0.89	0.95
50~54세	0.87	0.77	0.82	0.87	0.91	0.98
55~59세	0.89	0.79	0.84	0.88	0.93	0.99
60~64세	0.89	0.79	0.85	0.89	0.94	1.00

*소수 세번째 자리에서 반올림한 수치입니다.

자료 : 보건복지부, 국민건강영양조사, 1998.

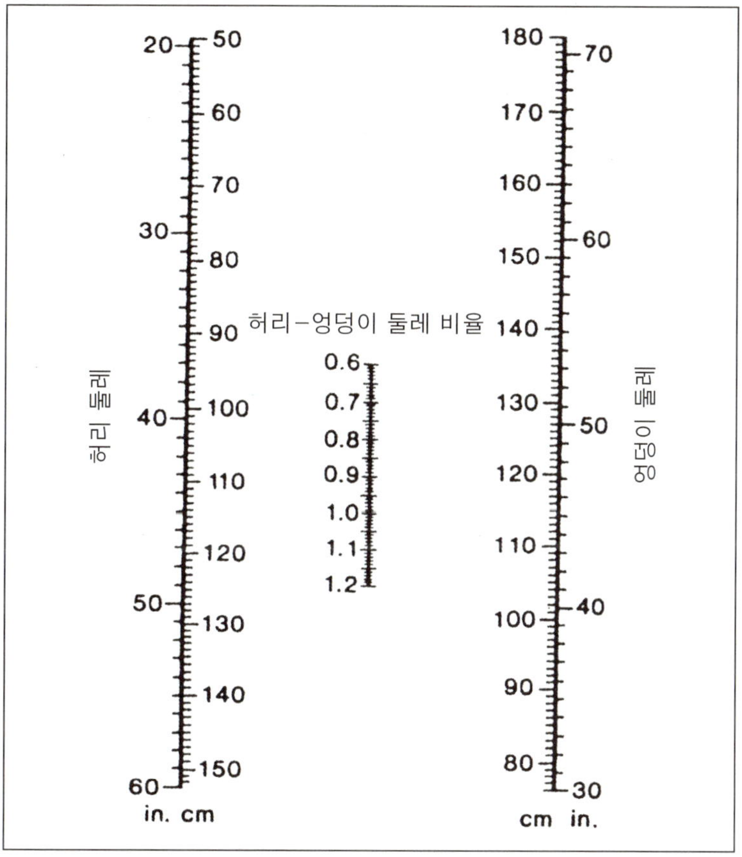

자료 : Bray GA, Gray DS, 1988.

그림 3-19 허리-엉덩이 둘레 비율의 계산도표

20세 이상 성별, 연령별 허리둘레 분포는 〈표 3-36〉과 같으며, 허리둘레를 기준으로 한 비만유병율은 〈표 3-37〉과 같다.

2) 무지방 조직(Fat-free mass) 측정

무지방 조직량(제지방조직, lean body mass)은 근육 신체질량이라고도 한다. 근육은 주된 단백질 저장소이므로 이 부위의 판정으로 신체 내 단백질의 저장 정도를 알 수 있다. 상완 근육둘레와 상완 근육면적은 총 근육량과 상관관계가 있어 단백질 영양상태를 예측하는데 좋은 지표가 된다. 즉 팔은 골격과 근육 및 피하지방으로 이루어져 있고, 그 중 골격은 비교적 일정하므로 상완위는 근육과 피하지방상태를 반영한다는 전제하에 판정지표로 이용된다. 그러나 상완 근육둘레나 근육면적의 총 골격근육량에 대한 비율, 그리고 상완 근육둘레나 근육면적의 무지방조직량에

표 3-36 허리둘레 분포 : 20세이상, 성별, 연령별

(단위 : cm)

연령	평균	백분위수						
		5	10	25	50	75	90	95
남자								
20세 이상	83.7	69.0	71.6	77.5	83.6	89.7	95.0	98.9
30세 이상	84.8	69.9	73.0	79.2	85.1	90.5	95.3	98.9
20~24세	78.9	67.6	69.3	72.5	78.0	83.1	90.0	98.2
25~29세	80.7	68.5	70.8	74.3	80.0	84.1	93.2	99.0
30~34세	82.8	67.8	71.2	76.5	82.5	89.3	95.0	99.2
35~39세	83.2	70.3	72.5	78.2	83.5	88.8	92.3	95.3
40~44세	85.1	70.2	74.6	80.7	84.6	90.2	95.2	97.8
45~49세	85.2	71.1	72.8	80.7	85.8	90.4	95.2	99.0
50~54세	86.4	72.0	76.0	81.3	87.0	92.3	95.5	98.7
55~59세	87.4	74.2	76.0	82.0	87.0	92.1	97.4	101.1
60~64세	84.6	69.0	72.2	80.0	85.3	90.9	94.6	97.1
65~69세	85.8	69.0	73.1	79.4	86.5	92.3	98.1	99.4
70~74세	84.9	63.7	71.2	79.2	87.5	91.3	96.4	100.1
75세 이상	85.0	71.6	72.6	78.5	84.7	91.0	99.0	100.7
여자								
20세 이상	77.9	64.1	66.3	70.6	77.1	84.2	91.0	94.6
30세 이상	79.4	65.7	68.0	72.5	78.6	85.5	92.0	95.2
20~24세	71.1	60.3	62.0	66.3	70.0	75.8	81.1	85.2
25~29세	73.0	61.3	62.6	66.1	71.3	78.0	87.0	90.0
30~34세	74.0	62.3	64.4	68.1	72.8	78.6	86.3	91.1
35~39세	76.3	64.5	66.1	69.8	75.0	80.9	89.0	93.2
40~44세	77.6	66.5	68.2	72.0	77.2	82.0	87.0	92.2
45~49세	78.9	67.4	69.2	73.7	78.2	83.5	90.2	92.9
50~54세	81.7	68.9	71.4	75.7	81.0	86.9	93.1	96.1
55~59세	83.2	69.6	72.5	77.4	83.5	89.0	93.0	94.8
60~64세	84.9	71.8	75.0	80.5	85.0	90.6	94.0	97.2
65~69세	83.8	69.8	71.5	75.8	83.6	91.7	95.4	99.0
70~74세	83.7	68.6	71.2	77.9	83.3	90.6	95.3	99.2
75세 이상	81.3	64.7	67.7	73.2	83.0	88.5	94.6	97.5

자료 : 보건복지부, 국민건강영양조사, 2006.

표 3-37 비만도* 유병률(허리둘레기준) : 20세이상, 성별, 연령별

(단위: %)

연 령	전체	남성	여자
	분율	분율	분율
20세 이상	24.0	24.5	23.5
30세 이상	27.8	28.2	27.3
20~24세	8.0	10.1	5.7
25~29세	12.0	12.8	11.2
30~34세	18.1	23.8	12.1
35~39세	17.2	19.7	14.7
40~44세	21.8	26.3	16.9
45~49세	24.6	27.0	22.2
50~54세	35.1	35.4	34.9
55~59세	39.4	37.5	41.4
60~64세	40.7	29.9	50.6
65~69세	39.6	35.8	42.9
70~74세	41.2	33.7	46.6
75세 이상	38.1	35.5	39.4

*비만 : 허리둘레 남자 90㎝ 이상, 여자 85㎝ 이상(대한비만학회 기준)

대한 비율은 일정하지 않고, 연령과 질병 상태에 따라 달라지므로 정확한 변화를 측정하기에는 많은 어려움이 따른다.

(1) 상완위(Mid-upper arm circumference : MAC) 측정

상완위의 측정은 단백질-에너지 등의 영양불량이나 장기간에 걸친 기아 상태를 측정하는데 이용되며, 체중과 정(positive)의 상관관계를 보이므로 영양상태 회복을 위하여 식사요법을 실시하는 동안 그 진행 정도를 진단하는 데도 사용된다.

상완위의 변화는 쉽게 측정할 수 있으며 최소한의 시간과 장비만 있으면 가능하다. 상완위 측정은 유리섬유나 금속으로 만든 늘어나지 않는 줄자를 사용하며, 조사대상자는 측정자를 향해 옆으로 똑바로 서서 시선은 정면을 향하고, 팔은 편안히 내리고, 다리는 조금 벌리고 선다. 만약 조사대상자가 소매 있는 옷을 입었다면 소매를 걷거나 옷을 벗고 측정해야 한다. 상완위는 어깨돌기와 팔꿈치 끝 사이의 윗팔뚝 가운데 주위로 줄자를 둘러 측정하며, 이때 줄자가 너무 당겨져 피부가 눌리지 않도록 조심하여 ㎜단위까지 읽는다(그림 3-18 참조). 보통 생후 6개월에서 5살까지는 상완위 값에 큰 변화가 없으므로 어린이의 연령을 잘 모를 경우 이용할 수 있으나, 반면에 작은 오차도 크게 해석될 수 있는 단점이 있다. 1999년 대한소아과학회에서 제시한 1～5세의 상완둘레 백분위수는 〈표 3-38〉과 같으며 국민건강영양조사에서 나타난 우리나라 사람들의 상완위에 대한 측정치는 〈표 3-39〉와 같다.

측정결과는 성별, 연령별 비교집단의 중앙치와 비교하거나 기준치의 백분위수 비교를 통해 판정한다.

표 3-38 1~5세 소아의 상완둘레 백분위수

(단위 : ㎝)

성별	연령(년)	5th	25th	50th	75th	95th
남자	출생시	8.8	9.8	10.4	11.0	12.7
	1/2	12.5	13.7	14.5	15.4	17.0
	1	12.7	14.1	15.0	16.0	17.6
	2	13.2	14.8	15.6	16.5	18.0
	3	14.2	15.1	15.9	16.8	18.1
	4	14.5	15.7	16.5	17.4	19.0
	5	14.9	16.0	16.9	17.8	19.6
여자	출생시	8.8	9.7	10.4	11.1	12.9
	1/2	12.0	13.3	14.1	15.0	16.5
	1	12.9	14.0	14.9	15.9	17.0
	2	13.2	14.3	15.1	16.0	17.5
	3	14.0	15.0	15.8	16.6	18.0
	4	14.5	15.5	16.4	17.4	19.0
	5	14.8	15.8	16.5	17.5	19.0

자료 : 대한소아과학회, 1999.

표 3-39 우리나라 사람들의 상완위 측정치

(단위 : cm)

연령	남자	여자	연령	남자	여자
0세	13.6±4.38	13.6±4.36	16세	26.2±8.32	24.1±7.67
1세	14.6±4.68	14.1±4.51	17세	27.4±8.77	25.3±8.02
2세	15.0±4.80	15.2±4.84	18세	27.7±8.79	24.4±7.78
3세	16.0±5.17	15.5±4.94	19세	27.4±8.69	24.7±7.85
4세	16.3±5.19	16.4±5.22	20세	27.6±8.75	25.1±8.06
5세	16.8±5.36	16.6±5.28	21세	27.8±8.83	24.6±7.83
6세	16.9±5.39	16.9±5.38	22세	28.0±8.90	24.9±7.90
7세	17.8±5.68	17.3±5.51	23세	28.1±8.96	24.8±7.85
8세	18.5±5.91	18.2±5.78	24세	28.0±8.89	24.9±7.88
9세	19.1±6.07	19.1±6.10	25세	28.0±8.91	25.4±8.07
10세	19.9±6.34	19.2±6.12	26~29세	29.0±9.23	25.6±8.12
11세	20.6±6.57	20.2±6.44	30~39세	29.1±9.25	26.5±8.43
12세	21.5±6.83	21.1±6.72	40~49세	28.9±9.18	26.7±8.48
13세	26.4±7.15	22.1±7.04	50~59세	28.0±8.90	26.5±8.42
14세	24.0±7.66	23.1±7.34	60~64세	27.1±8.62	25.5±8.29
15세	24.4±7.95	23.8±7.57	65세 이상	26.7±8.49	24.6±7.82

자료 : 보건복지부, 국민건강영양조사, 1998.

(2) 상완 근육둘레(Mid-upper-arm muscle circumference, MAMC)

상완 근육둘레의 측정은 신체내의 단백질 저장 정도를 분석하는데 비교적 예민한 방법으로 직접 측정할 수는 없고 상완위와 삼두근 피부두겹 두께 측정치로부터 간접적으로 구할 수 있다. 상완 근육둘레는 〈그림 3-20〉과 같이 팔의 횡단면을 보면, 가운데의 골격 부분을 둘러싸고 있는 근육량의 내부 원둘레를 나타낸다. 이 수치를 추정하여 신체 내 총 조직량의 환산에 이용하며 대규모 연구에서 많이 이용된다. 병원에서는 환자의 단백질 영양불량 추정에 이용하며 단기간의 영양상태를 반영하기보다는 장기간의 영양결핍, 영양보충의 결과를 판정하는데 적합하다.

상완 근육둘레를 추정하는 식은 〈표 3-40〉과 같으며, 이 식은 모든 측정치가 같은 단위인 mm로 측정되었을 때 적용 가능하다.

상완근육둘레의 측정치는 성별과 연령에 따른 중앙치와의 비교, 혹은 기준치의 백분위수 비교를 통해 판정하며 우리나라의 기준치는 〈표 3-41〉과 같다.

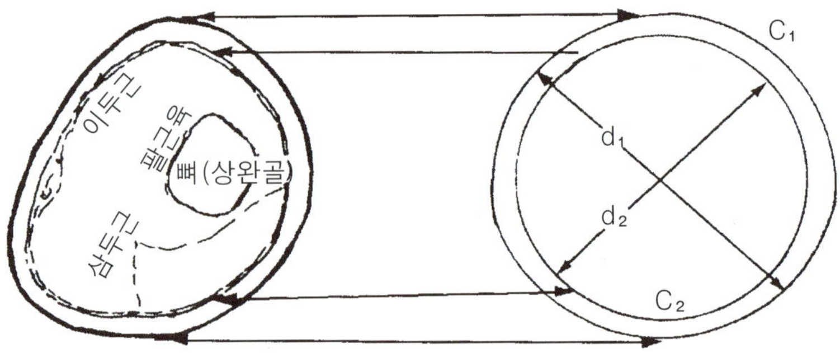

(C1 : 상완위, C2: 상완 근육둘레, d1 : 상완 지름, d2 : 상완 근육지름)

그림 3-20 상완의 단면도

표 3-40 상완 근육둘레 추정식

상완 근육둘레(C_2) = 상완위(C_1) − ($\pi \times$TSF)

근거 : TSF = 2× 피하지방두께 = $d_1 - d_2$

$C_1 = \pi d_1$

$C_2 = \pi d_2 = \pi[d_1 - (d_1 - d_2)] = C_1 - \pi TSF$

TSF = 삼두근 피부두겹 두께(triceps skinfold thickness)

표 3-41 우리나라 사람들의 상완근육둘레의 측정치

(단위: ㎝)

연령(세)	남자			여자		
	50th	15th	5th	50th	15th	5th
18~24	23.8	21.9	20.9	18.8	17.1	16.1
25~34	24.5	22.6	21.6	19.5	17.8	16.8
35~44	25.1	23.2	22.2	20.0	18.3	17.3
45~54	24.6	22.7	21.7	20.2	18.5	17.5
55~64	24.4	22.5	21.5	20.6	18.9	17.9
65이상	23.5	21.6	20.6	20.5	18.8	17.8

자료 : 대한영양사회, 1994.

(3) 상완 근육면적(Mid-upper-arm muscle area, AMA)

상완 근육면적은 근육조직 변화의 실제 크기를 상완 근육둘레보다 더 정확히 반영해주므로, 신체 총 근육질량을 나타내주는 좋은 지표이다.

상완 근육면적을 추정하기 위해서 이용되는 식은 〈표 3-42〉와 같다. 그러나 이와 같은 상완 근육면적 계산식은 상완 근육면적을 20~25% 정도 높게 추정해주며, 그 결과로 근육 위축의 심각성이 비교적 과소평가될 수 있다. 따라서 〈표 3-43〉과 같은 개정된 계산식이 소개되고 있는데, 이것은 근육부위가 실제로는 동그랗지 않아서 생기는 오차, 또는 비골격 근육조직(신경혈관조직과 뼈 등)을 포함시키는데서 생기는 오차들을 고려하여 만들어진 것이다. 이 개정된 계산식을 사용하면 상완 근육면적의 경우 75~78% 정도의 오차를 줄일 수 있으나, 단기간의 영양상태를 민감하게 반영하지 못하며, 이 식은 노인과 비만한 사람에게는 적합하지 않다. 한편 〈그림 3-21〉과 같은 계산도표를 이용하여 상완 근육둘레와 근육면적을 쉽게 추정할 수도 있으나 계산식보다 정확도가 다소 떨어지는 것으로 보고되고 있다. 이와 같이 추정된 상완 근육둘레와 근육면적은 지역적, 국제적인 참고치와 비교하여 〈표 3-44〉과 같이 해석하여, 3~5분위수에 속하면 영양불량에 대한 위험도가 높은 것으로 평가한다.

Heymsfield 등은 신장과 뼈를 보정한 상완근육량으로 체질량 예측 공식을 다음과 같이 만들었으며 오차 범위는 5~9% 이다.

Muscle mass(kg) = 신장(cm) × [0.0264 + (0.0029 × cAMA)]

cAMA(corrected arm muscle area) : 뼈를 보정한 상완근육면적

- **남자**

$$\text{cAMA}(\text{cm}^2) = \frac{[\text{MAC} - (\pi - \text{TSF})]^2}{4\pi} - 10.0$$

- **여자**

$$\text{cAMA}(\text{cm}^2) = \frac{[\text{MAC} - (\pi - \text{TSF})]^2}{4\pi} - 6.5$$

MAC = 상완위

TSF = 삼두근 피부두겹 두께

표 3-42 상완 근육면적 추정식

$$\text{상완 근육면적} = \frac{(\text{상완 근육둘레})^2}{4\pi} = \frac{[C_1 - (\pi \times TSF)]^2}{4\pi}$$

$$\text{근거 : 원의 면적} = \pi\text{반지름}^2 = \pi\left[\frac{\text{둘레}}{2\pi}\right]^2 = \frac{\text{둘레}^2}{4\pi}$$

C_1 = 상완위, TSF = 삼두근 피부두겹 두께

표 3-43 개정된 상완 근육면적 추정식

- **여자**

$$\text{상완 근육면적} = \frac{[C_1 - (\pi \times TSF)]^2}{4\pi} - 6.5$$

- **남자**

$$\text{상완 근육면적} = \frac{[C_1 - (\pi \times TSF)]^2}{4\pi} - 10$$

C_1 = 상완위, TSF = 삼두근 피부두겹 두께(모든 측정치는 ㎝로 적용한다)

표 3-44 상완 근육면적 측정치의 판정 기준

백분위수	분류
AMA ≤ 5th	Wasted
5th < AMA ≤ 15th	Below average
15th < AMA ≤ 85th	Average
85th < AMA ≤ 95th	Above average
AMA > 95th	High muscle

AMA: 상완근육면적(Mid-upper-arm muscle area)

자료 : Frisancho AR, 1990. (부록 6 참고)

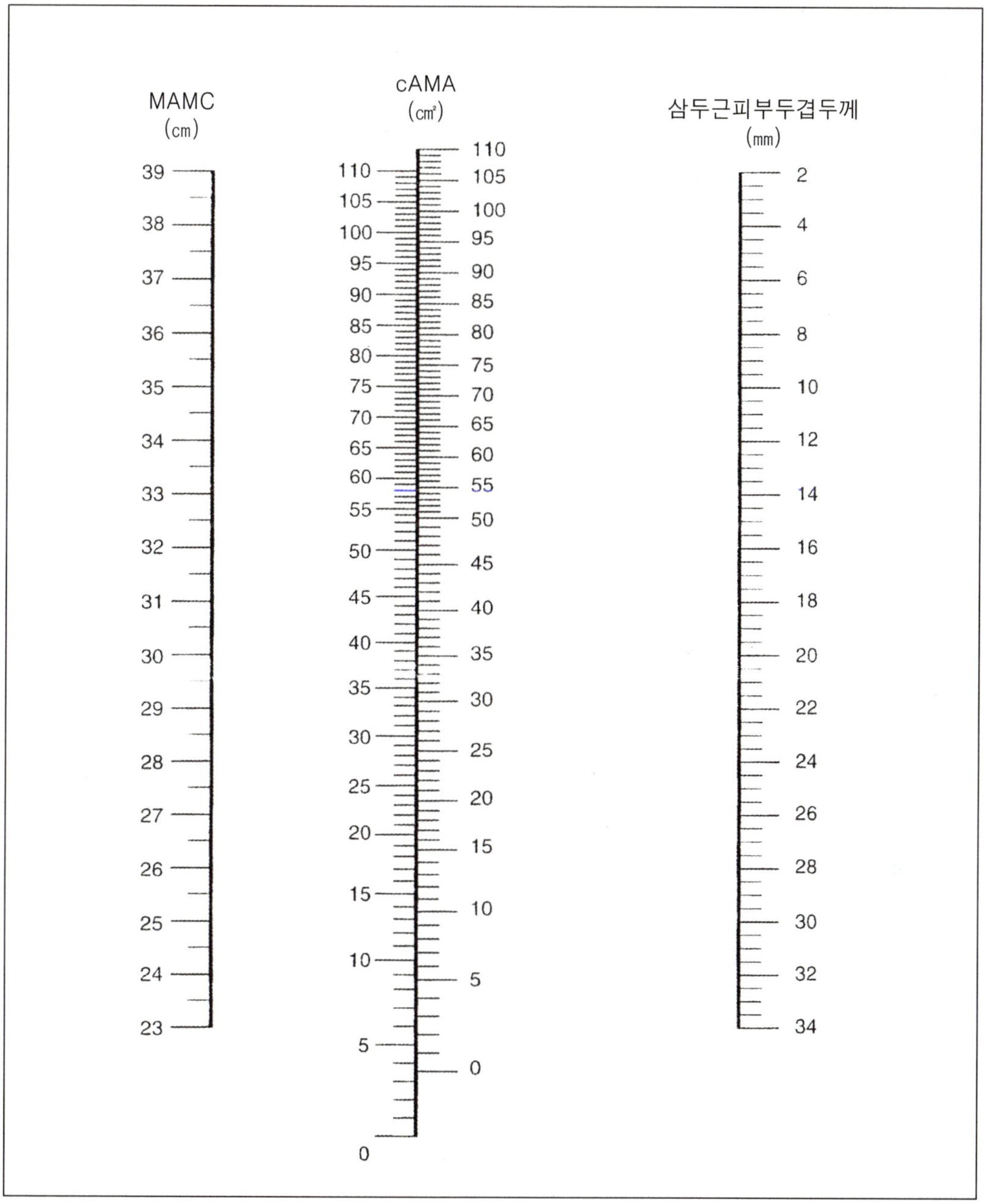

자료 : Chuwlea WC, Roche AF, Mukherjee D, 1989.

그림 3-21 성인의 상완 근육면적 계산도표

3) 신체 구성성분의 정밀 분석법

(1) 밀도측정법(Densitometry)

밀도측정법은 몸 전체의 밀도를 측정함으로써 신체 구성성분을 판정하는 방법이다. 밀도란 단위 부피당 질량으로 표현된다. 신체의 질량과 부피로 신체의 밀도를 계산하고, 그 다음 신체 밀도와 지방의 관계를 나타내주는 식을 이용하여 체지방 비율을 계산할 수 있다. 신체의 전체 밀도를 측정하는데 가장 많이 쓰이는 방법은 수중체중법(underwater weighing method)이다. 수중체중법은 조사자와 조사대상자가 훈련만 잘 되어 있으면 비교적 정확한 신체 밀도 측정치를 얻을 수 있으나, 8세 이전의 어린이나 노인, 비만한 사람과 환자에게는 적당하지 않다. 최근에는 공기치환 용적측정법(air displacement plethysmography)이 개발되었다. 이것은 특별히 고안된 통속에 사람이 들어가면 그 사람의 부피만큼 통속의 공기가 감소된다는 원리를 이용한 것이다. 이 방법은 수중 체중법보다는 측정이 쉽지만, 경비가 많이 드는 단점이 있다.

수중체중법에 의해 신체 밀도가 측정되면 〈표 3-45〉와 같은 Brozek의 계산식이나 Siri의 계산식에 의해 체지방 비율을 계산할 수 있으며, 체지방 비율(%)에 체중(kg)을 곱하고 100으로 나누면 신체 총지방량(kg)을 계산할 수 있다. 무지방 조직은 체중(kg)에서 신체 총지방량(kg)을 빼 줌으로써 구할 수 있다.

표 3-45 신체 밀도에 의한 체지방 비율 추정식

- **Brozek의 계산식**
  체지방 비율(%) = [(457÷신체밀도)−4.142]×100
- **Siri의 계산식**
  체지방 비율(%) = [(495÷신체밀도)−4.50]×100

(2) 신체 총 수분(Total body water) 측정법

수분은 인체 내에서 가장 많은 비율을 차지하는 신체구성성분이다. 대략 성인 남자는 체중의 60%, 여자는 50%, 신생아는 80~90%를 차지한다. 체지방에는 수분이 거의 없고 신체 내 수분은 대부분 무지방조직에 존재하는 것으로 간주할 때, 그 양은 일반적으로 무지방조직의 약 73%정도로 계산된다. 그러므로 신체 총 수분량을 측정하면 이것으로부터 무지방조직량(총 수분량/0.73)을 추정할 수 있다. 신체 총 수분을 측정하는 방법은 동위원소 희석법을 사용하여 모든 사람에게서 측정할 수 있다. 즉 동위원소를 투여하여 동위원소가 일정시간이 경과한 후 체내에서 평형을 유지하게 되었을 때 혈액이나 소변 등을 분석하여 동위원소의 농도를 측정함으로서 간접적으로 신체 총수분량을 측정할 수 있다.

무지방조직의 양이 추정되면 신체 총지방량(체중－무지방 조직량)과 체지방 비율(총 지방량×100/체중)은 쉽게 구할 수 있다.

(3) 신체 총 칼륨량(Total body potassium) 측정법

신체 내 총 칼륨량의 90% 이상은 무지방조직의 세포 내 이온으로 존재하며, 모든 칼륨의 0.012%는 천연적으로 ^{40}K 동위원소로서 검출이 가능한 극미량의 고에너지 감마선을 방출한다. 신체 총 칼륨을 측정하기 위해서는 다중 감마선 검출기가 필요하며 조사대상자로부터 방출되는 감마선은 매우 낮은 수준이므로 민감한 검출기를 사용하여야 한다.

현재 가장 널리 사용되고 있는 무지방조직 칼륨량에 관한 근거는, 남자 66mmol/kg, 여자 60mmol/kg에 두고 있다. 그러나 비만한 사람의 무지방조직은 마른 사람에 비해 칼륨량이 낮으므로 이 측정법으로만 비만한 사람의 체지방량을 추정하면 실제보다 높게 추정되기도 한다. 이 측정법은 비용이 많이 들 뿐만 아니라 방법상 여러 제한점이 있어 널리 사용되지는 않고 있다.

(4) 전기저항 분석법

무지방조직에는 나트륨, 염소, 칼륨, 중탄산염(bicarbonate)과 같은 전해질이 존재하는 반면 지방조직에는 이러한 이온들의 농도가 낮다. 체내 전해질은 전기를 전도할 수 있으므로 무지방조직은 지방조직보다 큰 전기전도도를 갖는다. 이러한 원리를 이용하여 신체 구성성분을 측정할 수 있으며, 주로 생체 임피던스 분석법과 전기전도법이 이용되고 있다.

① 생체 임피던스 분석법(Bioelectrical impedance analysis : BIA)

전류가 신체를 통해 흐를 때 전도가 안되는 조직(주로 지방과 세포막)에 의해서는 저항을 받게 되고, 물에 녹아 있는 전해질들(주로 무지방조직에 있음)에 의해서는 전달된다. 교류 전류에 대한 이 저항을 임피던스(impedance, 도체저항)라고 부르며, 이는 저항(resistance)과 유도저항(reactance)으로 구성된다.

생체 임피던스법은 두 팔과 두 다리에 장치한 네 개의 전극에 의해 온몸으로 약한 교류전류를 내보낸후 이 전류에 대한 신체의 저항을 전자계기에 측정하는 방법이며, 이 방법을 통해 신체 총 수분량, 제지방량 및 체지방 비율 등을 측정할 수 있다〈그림 3-22〉.

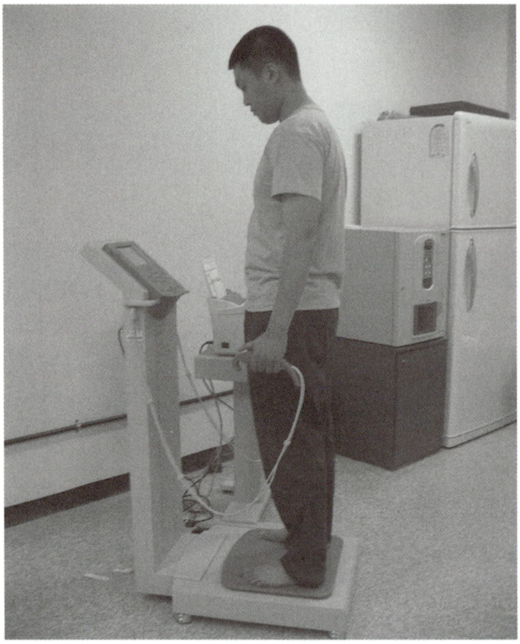

그림 3-22 생체 임피던스 분석법

장점으로는 재현성이 좋으며 신뢰도가 높아 체지방 비율을 예측하는 데 있어서 피부두겹두께 측정법만큼 좋은 결과를 얻을 수 있다. 또한 안전하고, 사용하기 쉬우며 빠르고, 조사대상자에게 부담을 주지 않아 최근 많이 이용하고 있는 방법이다.

② 전기전도법(Total body electrical conductivity : TOBEC)

전자기장(electromagnetic field)에 어떤 물체가 놓여 있다면 그 물체 중 전기가 전도되는 물질의 양에 따라 전자기장이 방해를 받을 것이다. 즉, 무지방조직 안의 전해질은 전기를 전도하므로 무지방조직의 양은 전자기장에 놓여 있는 신체가 그 전자기장을 방해하는 정도와 밀접하게 연관되어 있다. 이 방법은 성인들의 신체 구성성분 판정에 쓰일 수 있으며 조사대상자가 전자기장에 3분 정도만 있으면 가능하고 에너지에 노출되는 정도도 연속 노출 허용 기준치의 1/1000 정도밖에 되지 않으므로 비교적 안전한 방법으로 알려져 있다. 그러나 정확도가 조사대상자의 탈수여부에 따라 영향을 받고, 장치가 매우 비싸 비용이 많이 든다는 제한점이 있다.

(5) 초음파(Ultrasound) 이용법

초음파기계로부터 초음파가 방출되어 지방조직에 침투하면 지방조직과 근육조직의 경계면으로부터 초음파가 반사되는 원리를 이용하여 체지방조직의 두께를 측정하는 방법이다. 초음파가 밀도가 서로 다른 두 조직 사이의 경계면을 수직으로 칠 때 이 소리의 일부는 반향되어 수신기에 수신된다. 첫 번째 반향이 수신기-피부경계면에서 일어나면 반향의 강도는 환자의 조직 깊이에 의해 감소되며, 이 반향된 소리가 비디오 스크린에 시각적으로 나타난다.

초음파법을 이용할 때 주의할 점은 변환기를 피부 표면에 접촉시킬 때 지방조직과 연조직이 서로 다르게 눌리지 않도록 일정하고 균일한 압력으로 접촉시켜야 한다.

이 방법은 대상자에게 부담을 주지 않으며, 방사선을 사용하지 않고, 안전하며, 또 휴대하기도 편리하다. 또한 피부두겹두께 측정이 어려운 사람들의 신체 구성성분을 판정하는데 적합하다. 반면, 이 방법은 비용이 비싸며 작동시킨 후 결과를 해석하기 위해서는 많은 훈련이 요구되는 단점이 있다.

(6) 컴퓨터 단층 촬영법(Computerized tomography, CT)

컴퓨터 단층 촬영법은 서로 다른 밀도값을 가지고 있는 신체조직에 X-선을 투과시켜서 생긴 전도도의 차이로부터 고도로 상세하고도 단면적인 신체 이미지를 만들어내는 이미지 기술이다. CT는 피하지방과 복부지방의 상대적인 축적 정도 비율을 연구하는데 유용하며 폐경 전 여성의 체지방량을 추정할 경우 가슴 밑, 복부, 허벅지 중간에서 CT 스캔을 하는 것이 효과적이다. 이 방법의 단점으로는 방사선에 노출되는 것, 비싼 비용 등이 있으며, 특히 어린이와 가임기 여성이 이용하는 것은 방사선의 과다노출로 인해 바람직하지 않으므로 영양판정에 있어서 현재로서는 사용이 제한되어 있다.

(7) 자기 공명 이미지법(Magnetic resonance imaging, MRI)

자기 공명 이미지법은 조사대상자에게 해가 없이 신체의 이미지 분석과 신체 내 화학적인 분석을 모두 할 수 있는 방법이다. 이 방법을 통해 수소나 인이 쉽게 검출되며 신체조직의 ATP, 인산크레아틴, 무기인 등의 상대적인 양을 정량할 수 있다. 또한 이 기법을 통해서 여러 영양적인 요법과 치료 등에 대한 신체 내 조직과 기관의 대사적 기능 및 반응을 모니터링 할 수 있다.

이 방법은 조사대상자에게 부담이 없고, 방사선을 사용하지 않으며 고품질의 신체 이미지를 만들어낼 수 있다. 또한 신체 지방의 양과 분포상태 측정에 효과적이며, 재현성도 높고 조사 과정이 편리하므로 활용성이 높다는 장점이 있으나, 기계의 가격이 매우 비싼 것이 단점이다.

(8) DEXA(Dual-energy X-ray absorptiometry)

DEXA는 주로 골밀도 측정에 이용되는 도구이나, 제지방 조직량이나 지방량을 측정할 때도 이용된다. 방사선 사용량이 적어 안전하고 소요시간이 20~25분 정도로 짧게 걸리며, 조사과정이 편리하므로 활용성이 높다.

5. 체력 판정법

영양상태의 간접적인 판정법으로 체력을 판정하는 방법이 있으며, 비교적 쉽게 측정 할 수 있는 방법으로 step test를 들 수 있다. 판정방법은 〈그림 3-23〉, 〈표 3-46〉에 제시하였으며, step test에 의한 체력 판정기준은 〈표 3-47〉와 같다.

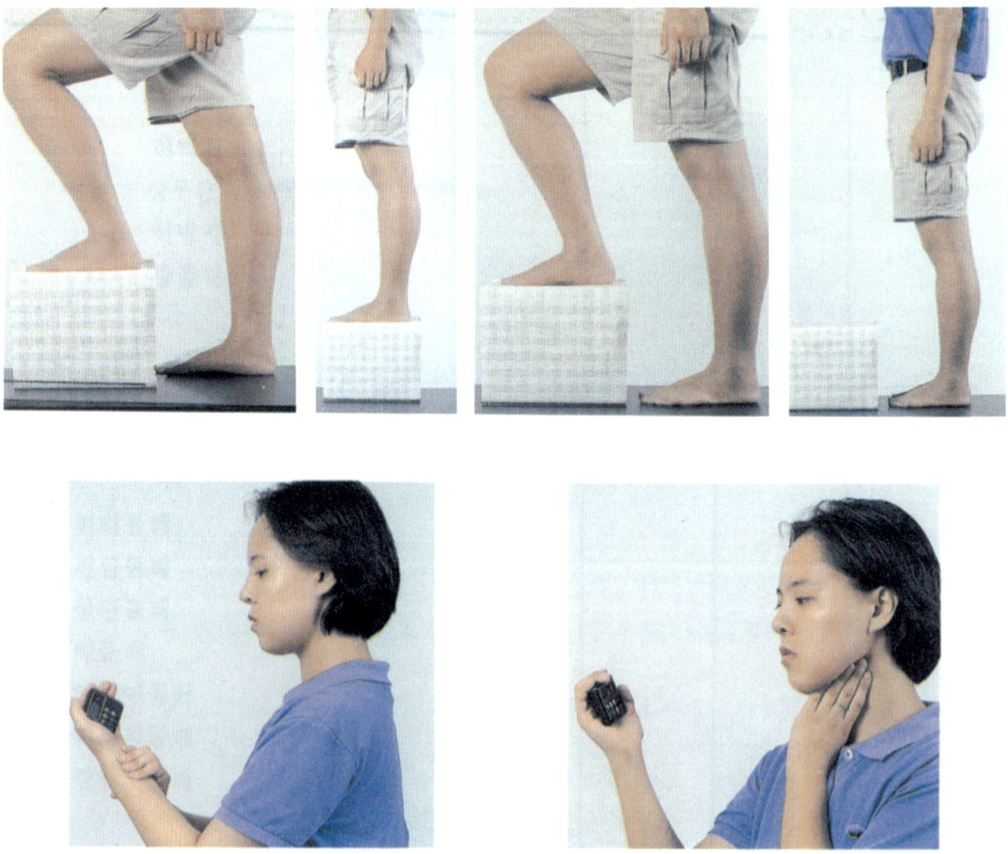

그림 3-23 체력판정 방법(Step test)

표 3-46 체력 판정방법(Step test)

- 약 20cm 높이 발판 위를 정확히 3분 동안 오르내림을 72회 반복한다.
- 30초 정지한 후 30초 동안의 맥박수를 측정한다.

표 3-47 Step test에 의한 체력 판정기준

판정	20~29세		30~39세		40~49세		50세 이상	
	남	여	남	여	남	여	남	여
우수함	< 37	< 43	< 39	< 43	< 40	< 44	< 41	< 45
양호함	38-42	44-46	40-43	44-47	41-44	45-47	42-45	46-49
보 통	44-50	47-55	44-50	48-56	45-52	48-57	46-52	50-58
불 량	> 51	> 56	> 51	> 57	> 53	> 58	> 53	> 59

실습예제 1

자신의 신체부위를 다음의 조사표를 이용하여 측정해 본다.
측정 후, 오차가 심하게 나타나는 부위를 확인하고 그 이유를 분석해 본다.

조사표 A. 다음의 신체 각 부위를 측정하시오.

계측치	1차 측정	2차 측정	평 균	% error
• 피부두겹두께(㎜) 남성 : 삼두근 가슴 복부 허벅지 여성 : 삼두근 허벅지 장골 위				
• 신체둘레(1㎜까지) 허리둘레 전완둘레 상완둘레 배둘레 엉덩이둘레 허벅지둘레 장딴지둘레				

% error = [(가장 큰 값−가장 작은 측정값) / 평균값] × 100

조사표 B.

조사표 A에 측정된 자료를 근거로 자신의 신체에 대한 다음의 항목을 계산한 후, 결과를 판정해 본다.

<table>
<tr><td>이름</td><td colspan="2"></td><td>나이</td><td>만 세</td><td>생년월일</td><td></td></tr>
<tr><td rowspan="4">몸무게
(0.1kg까지)</td><td colspan="2">평소체중 : kg</td><td colspan="2">키(0.5cm까지)</td><td colspan="2">cm</td></tr>
<tr><td colspan="2">실제 측정 체중 : kg</td><td colspan="2" rowspan="2">허리/엉덩이 둘레비
(WHR)</td><td colspan="2" rowspan="2"></td></tr>
<tr><td colspan="2">체중 변화량 : kg</td></tr>
<tr><td colspan="2">이상적인 체중 : kg</td><td colspan="2" rowspan="4">상완위 관련 자료</td><td>상완위 둘레</td><td></td></tr>
<tr><td rowspan="3">체중/신장
지수</td><td colspan="2" rowspan="3">Qutelet's Index(BMI) :</td><td>상완위 근육둘레</td><td></td></tr>
<tr><td rowspan="2">상완위 면적</td><td>a)</td></tr>
<tr><td>b)</td></tr>
</table>

a) 수식이용 b) 도표 이용

방법 계산항목	1	2	3	단위
체밀도[1](Body density)				g/cc
체지방율[2](% Body fat)				%
체지방량[3](Total body fat)				kg
제지방량[4](Lean body mass)				kg
신체수분총량[5](Total body water)				kg
최종 영양판정				

1) 체밀도
2) 체지방율은 교과서에 소개된 여러 종류의 체밀도 계산공식 및 체지방율 계산공식을 이용하여 각 공식별로 추정된 체밀도량과 체지방율을 계산하여 비교한다.
3) 체지방량은 신체의 체지방율로부터 환산 가능하다.
4) 제지방량 = 체중 − 체지방량
5) 신체수분함량(TBW)은 다음 수식으로부터 계산한다.
(남자) (TBW÷체중)×100 = 79.45−0.24(체중)−0.15×(나이)
(여자) (TBW÷체중)×100 = 69.81−0.26(체중)−0.15×(나이)
* 단위는 체중은 kg, 나이는 만 나이를 대입한다.

실습예제 2

자신의 신체부위를 다음의 조사표를 이용하여 측정한 후 판정하여 본다.

조사표 A.

성별 ______________________ 연령 ______________________ 세
병명(있는 경우) ______________ 신장 ______________________ cm
체중 ____________________ kg 혈압 ____________________ mmHg

골격크기 ______________
1. 팔꿈치 넓이(Elbow breadth) __________ mm
신장과 팔꿈치 넓이에 의한 골격 크기 판정(표 3-16) ____________
나이와 팔꿈치 넓이에 의한 골격 크기 판정(표 3-17) ____________
2. 손목둘레비(Wrist circumference) __________________
신장과 손목둘레비를 이용한 골격 크기 판정(표 3-18) ___________
신장과 손목둘레를 이용한 골격 크기 판정(그림 3-12) ___________

체지방(Body fat)
1. 피부두겹두께에 의한 체지방량
남자 삼두근 __________ mm 복부 __________ mm 허벅지 __________ mm
견갑골 밑 ________ mm 가슴 __________ mm
여자 삼두근 __________ mm 복부 __________ mm 허벅지 __________ mm
견갑골 밑 ________ mm 장골 위 ________ mm
판정 1) 성인을 위해 제안된 체지방 비율 추정식을 이용한 판정(표 3-28) ______ %
2) 삼두근과 견갑골 밑 피부두겹두께의 합을 이용한 판정(표 3-29) ______ %
3) 세부위 피부두겹두께의 합에 의한 판정(그림 3-17) ______ %
2. 신체둘레에 의한 체지방량
남성(35세 이하) 왼쪽 상완 ___ mm 복부 ______ mm 왼쪽 전완 ______ mm
남성(36세 이상) 엉덩이 ______ mm 복부 ______ mm 왼쪽 전완 ______ mm
여성(35세 이하) 복부 ______ mm 오른쪽 허벅지 ___ mm 오른쪽 전완 ____ mm
여성(36세 이상) 복부 ______ mm 오른쪽 허벅지 ___ mm 오른쪽 장딴지 ___ mm
신체둘레를 이용한 체지방율 판정(그림 3-18) ____________ %
3. 생체 임피던스 분석법(BIA)에 의한 체지방 판정 _________ %
표 3-32에 의한 체지방 판정 _______________

BMI(체질량 지수) _______________

허리 - 엉덩이 둘레 비율(Waist-hip ratio) _____________
허리 ________ cm 엉덩이 ________ cm

상완위 ________ cm
상완근육둘레(MAMC)(표 3-37) ________ cm
상완근육면적(AMA)(표 3-40) ________ cm²
상완근육면적 판정(표 3-41, 부록 6) __________ (그림 3-21) __________

Step test ________________ 맥박수 ________________
Step test에 의한 체력 판정(표 3-43) ________________

참고문헌

1. 김은경, 이기열, 손태열. 신체계측을 이용한 각종 체지방량 추정식의 타당성 평가. 한국영양학회지 23(2): 93-107, 1990
2. 대한소아과학회. 1998년 한국 소아 및 청소년 신체 발육 표준치 세부자료, 1999
3. 대한비만학회. 비만의 진단과 치료-아시아·태평양지역 지침, 2000
4. 대한영양사회. 임상영양관리 지침서, 1994
5. 보건복지부. 『1998 국민건강영양조사 결과보고서』. 1999
6. 보건복지부. 『2005 국민건강영양조사 결과보고서』. 2006
7. 신경희, 권정숙, 장현숙. 아동의 비만 실태 및 체지방율과 비만 판정에 사용하는 방법들간의 상관성에 관한 연구. 한국식품영양과학회지 25(6): 1037-1046, 1996
8. 한경희. 신체계측 방법에 의한 거동이 제한된 노인들의 신장과 체중 추정. 한국영양학회지 28(1): 71-83, 1995
9. 한국영양학회. 『한국인 영양섭취기준』. 2005
10 Baun WB, Baun MR, Raven PB. A nomogram for the estimate of percent body fat from generalized equations. Res Q Exerc Sport 52(3): 380-384, 1981
11. Blackburn GL, Bistrainn BR, Maini BS, Schlamm HT, Smith MF. Nutritional and metabolic assessment of the hospitalized patient. J Parenter Enteral Nutr 1(1): 11-22, 1977
12. Bray GA, Gray DS. Obesity. Part Ⅰ— Pathogensis. West Hed 149(4): 429-441, 1988
13. Chumlea WC, Roche AF, Mekherjee D. Nutritional assessment of the elderly through anthropometry. Ross laboratories, Columbus Ohio, 1987
14. Frisancho AR. New norms of upper limb fat and muscle areas for assessment of nutritional status. Am J Clin Nutr 34(11): 2540-2545, 1981
15. Frisancho AR. New standards weight and body composition by frame size and height for assessment of nutritional status of adults and the

elderly. Am J Clin Nutr 40(4): 806-819, 1984

16. Frisancho AR. Anthropometric standards for the assessment of growth and nutritional status. University of Michigan Press, 1990
17. Gibson RS. Nutritional assessment A laboratory manual. Oxford University Press, 1993
18. Gibson RS. Principle of nutritional assessment, 2nd ed., Oxford University Press, New York, 2005
19. Gibson RS. Nutritional assessment. Oxford University Press, New York, 1993
20. Gilmore CP. Exercising for fitness. Silver Burdett Company, 1981
21. Grant A, Dehoog S. Nutritional assessment and support, · 4th ed., Rev & Ex edition, 1991
22. Grant JP, Custer PB, Thurlow J. Current techniques of nutritional assessment. Surg Clin North Am 61(3): 437-63, 1981
23. Gurney JM, Jelliffe DB. Arm anthropometry in nutritional assessment nomogram for rapid calculation of muscle circumference and cross-sectional muscle and fat areas, Am J Clin Nutr 26(9): 912-915, 1973
24. Hahn O. Focus on health, 5th ed., McGraw-Hill Company, 2000
25. Himes JH, Roche AF, Webb P. Fat areas as estimates of total body fat. Am J Clin Nutr 33(10): 2093-2100, 1980
26. Jones PR, Hunt MJ, Brown TP, Norgan NG. Waist-hip circumference ratio and its relation to age and overweight in British men, Hum Nutr Clin Nutr 40(3): 239-247, 1986
27. Larsson B, Svardsudd K, Welin L, Wilhelmsen L, Bjorntorp P, Tibblin G. Abdominal adipose tissue distribution, obesity and risk of cardiovascular disease and death. Br Med J 12(288): 1401-1404, 1984
28. Lee RD, Nieman DC. Nutritional assessment, 4th ed., Mosby, St. Louis, 2007
29. Mehan LK, Escott-Stump S. Krause's food, nutrition & diet therapy. 10th ed., W.B. Saunders Company, 2004
30. Sizer FS, Whitney EN. Nutrition: Concepts and Controversies, 10th ed.,

Wadswarth Publishing Company, 2006

31. Waterlow JC. Classification and definition of protein-calorie malnutrition. Br Med J 3(826): 566-569, 1972

32. Whithey EN, Cataldo CB, Debruyne LK, Rolfes SR. Nutrition for health & health care, 2nd th., Brooks/cole publishing company, 2001

4 생화학적 조사

1. 생화학적 조사의 개요

생화학적 조사는 혈액, 소변, 조직 등의 시료를 이용하여 영양소나 대사산물을 측정함으로써 영양상태를 평가하는 방법으로 다른 영양상태 판정법들과 비교하여 볼 때 가장 객관적이며 신뢰도가 높고 장·단기의 영양섭취 상태를 판정할 수 있다.

영양상태를 판정하는 데 이용되는 생화학적 검사에는 두 종류가 있다. 식사의 적절성을 반영하는 혈액이나 소변 내 영양소 성분의 함유량을 측정하는 정적인 생화학 검사법(static biochemical test)과 체내 영양소 상태에 영향을 받는 비정상적인 대사산물이나 효소활성을 측정하는 기능적인 생화학적 검사법(functional biochemical test)이다. 즉 생화학적 조사는 신체의 혈액, 소변, 조직 등에서 특정 영양소의 함량이나 기능을 측정하게 된다.

생화학적 조사는 〈표 1-2〉와 같이 신체계측치의 변화나 임상적인 증상이 나타나기 이전의 영양불량을 조기에 발견할 수 있어 예방적 차원에서 그 중요성이 강조되고 있다. 또한 생화학적 조사는 식사섭취 조사법들의 타당성을 알아보는 데도 사용할 수 있다. 예를 들면 식사섭취 빈도법으로 단백질 섭취량을 정확하게 측정할 수 있는지의 여부를 알고자 할 때 24시간 소변 중의 요소 배설량을 측정하여 확인할 수 있다.

생화학적 조사는 영양상태를 평가하는 유용한 방법이지만 여러 가지 설비와 기술이 요구되며 비용과 시간도 많이 들어 많은 인원을 평가하기 어려운 단점이 있다. 또한 분석 결과의 해석상에도 다음과 같은 몇 가지 문제점을 가지고 있다. 첫째, 분석 결과로 얻어지는 영양소의 체내 수준은 영양상태 외에도 시료의 수집이나 분석에 필요한 기술 및 다른 영양소, 약물, 질병 상태에 영향을 받는다. 생화학적 조사결과의 해석에 영향을 주는 요인은 〈표 4-1〉과 같다. 둘째, 한 가지 영양소에 대해서만 특이하게 작용하지 않는 비특이성(nonspecificity)의 생화학적 검사방법들이 있다. 셋째, 한 가지 지표를 분석하거나 심지어는 여러 가지 분석을 해도 영양상태를 평가하는데 불충분한 경우도 있다.

표 4-1 생화학적 검사결과의 해석에 영향을 주는 요인

• 항상성 조절 • 최근의 식사섭취 • 일상의 변화 • 혈청이나 혈장의 용혈 • 시료의 오염 • 약물 • 생리적 상태 • 질병상태 • 감염	• 영양소간의 상호작용 • 호르몬 상태 • 염증에 의한 스트레스 • 운동량 • 체중감소 • 연령, 성, 인종 • 시료의 수집방법 • 조사방법의 정확성과 정밀성 • 분석방법의 민감성과 특이성

자료 : Gibson RS, 2005.

따라서 정확한 영양상태 평가결과를 얻기 위해서는 생화학적 조사에만 의존하기보다는 식사섭취 조사나 신체계측조사 또는 임상영양조사와 병행해서 사용해야 한다.

또한 정확한 생화학적 조사결과를 얻으려면 시료의 수집, 보관, 분석과정에서 오차가 생기지 않도록 주의해야 한다. 혈액성분을 측정하는 경우에는 식사의 영향을 가급적 배제하기 위하여 저녁식사 이후에는 금식을 하고 다음날 아침 공복상태에서 채혈하도록 하며, 혈액이나 소변 등의 시료는 수집하는 즉시 실험실로 옮기도록 하고 저온에서 냉동이나 냉장으로 보관해야 한다. 일단 저온에 보관한 시료라 할지라도 시간이 경과하면 변질되므로 가급적 빠른 시간 내에 분석해야 한다. 이와 같이 시료의 채취에서부터 분석, 해석까지 정확하고 표준화된 방법으로 자격을 갖춘 조사자에 의해 분석이 이루어져야 한다.

2. 생화학적 검사의 유형

1) 생화학적 검사 시료

(1) 검사 시료의 종류

생화학적 검사 시료로 대표적인 것은 혈액과 소변이며, 그 밖에 대변, 머리카락, 골수, 타액, 정액, 양수, 손톱, 피부, 땀, 근육, 지방조직 등과 같은 모든 생체조직 성분이 검사 시료로 사용될 수 있다.

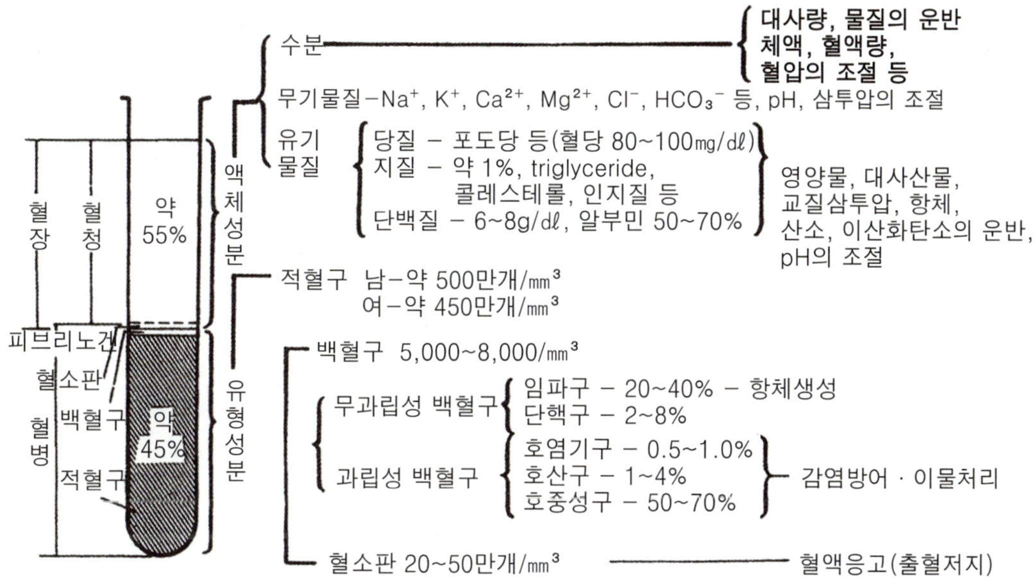

그림 4-1 혈액의 조성

① 혈 액

혈액은 비교적 용이하게 수집될 수 있으며 영양상태를 잘 반영하므로 생화학적 조사에서 일반적으로 사용되는 시료이다. 혈액은 흡수된 영양소를 운반하여 조직으로 이동시키므로 혈액 중의 영양소 수준은 최근의 영양상태를 반영하며, 분석항목이 무엇이냐에 따라 전혈, 혈청, 혈장 또는 혈구를 이용한다.

혈액은 크게 세포 성분과 혈장으로 구분되는데, 세포 성분은 혈액량의 45%로서 적혈구, 백혈구 및 혈소판 등으로 구성되며 대부분은 적혈구이다. 혈장량은 전체 혈액량의 55%에 해당하며, 이 중 90~91%가 수분이고 6.5~8%가 단백질, 나머지 1.5%는 무기염류(inorganic salt), 효소, 호르몬, 비타민, 지질, 당질 등으로 되어 있다. 혈액의 조성은 〈그림 4-1〉과 같다.

소량의 혈액이 필요한 경우에는 손끝 또는 귀끝에서 채혈하며, 일반적으로는 주사기를 사용하여 정맥혈을 채취한다. 생화학적 검사를 위해 가장 좋은 혈액은 아침밥을 먹기 전에 채취한 것이다(식후 12시간 이후의 혈액). 채취한 혈액은 곧 검사하는 것이 원칙이지만 그렇지 못할 때에는 채취한 혈액이 담긴 용기에 마개를 한 후 냉장고 속에 보관하여야 한다. 특히 혈당측정을 위해서는 가능한 한 단백질을 제거한 여과액을 만들어 한 방울의 톨루엔을 가한 후 냉장고 속에 보관한다.

전혈(whole blood)은 채혈 후 주사기속의 혈액을 빨리 항응혈제(헤파린, 구연산소다, EDTA 등)가 들어 있는 채혈병에 옮겨 넣고 채혈병을 자주 흔들어 혈액과 항응혈제가 잘 혼합하도록 하여 준비한다. 혈장(plasma)은 이와 같이 만든 전혈을 원심분리하여 상층액을 pasteur 피펫으로 옮겨 담는다. 혈청(serum)은 전혈 또는 혈장을 준비할 때와는 달리 채취한 혈액을 항응혈제가 들어 있지 않은 용기에 넣은 후 상온에서 혈액이 응고할 때까지 기다린 후 원심분리하여 pasteur 피펫으로 그 상층액을 다른 용기에 옮겨 준비한다.

② 소변

소변은 단백질, 수용성 비타민 및 무기질 등의 생화학적 검사를 위해 사용된다. 지용성 비타민은 섭취량, 흡수량 및 대사량에 비례적으로 배설되지 않기 때문에 소변을 시료로 사용하지 않는다. 소변을 통한 배설량은 최근의 식사 섭취상태를 반영하며, 일반적으로 체내 저장고가 고갈되면 소변 내의 영양소나 대사물의 배설량도 줄어들게 된다. 그러나 비타민 C와 같이 체내 저장고가 고갈되기 전에 소변으로의 배설량이 감소하는 경우도 있다. 또한 감염, 항생제의 사용, 음의 평형상태를 일으키는 조건하에서는 체내 영양소의 저장고가 고갈되었어도 소변 중의 배설량이 증가하는 경우도 있다.

소변시료는 수시(또는 임의)로 채취한 소변(casual or random urine)과 시간 소변(hour urine)으로 구별한다. 소변을 이용하여 영양상태를 평가할 때는 아침에 일어난 직후부터 24시간 동안 채취한 소변에 들어 있는 영양소의 양을 측정하는 것이 가장 바람직하다. 그러나 지역주민을 대상으로 24시간 소변을 수집하기란 쉬운 일이 아니기 때문에 임의로 채취한 소변을 사용하는 경우가 많은데, 이 경우에는 임의로 채취한 소변 중의 영양소 배설량을 크레아티닌 배설량으로 나누어 값을 산출하면 비교가 가능하다.

수시로 채취한 소변은 정성검사 및 기본적인 소변 성분검사에 사용된다. 이 검사 결과에 이상이 발견되면 필요에 따라 시간 소변, 즉 24시간 소변을 받아 정량검사를 실시한다. 수시 소변은 아침 기상 직후에 받는 것이 좋다. 이러한 소변은 농축되어 있으며 농·점액 및 기타 성분들이 쉽게 발견되는 경우가 많다. 그러나 검사 목적에 따라 채뇨의 시기를 결정해야 한다. 즉 당뇨의 검사는 식후 2~3시간이 지난 다음의 소변을, 우로빌리노겐(urobilinogen) 검사에는 오후 2~4시경의 소변이 적당하다.

아침 8시에 완전히 배뇨시킨 후부터 시작하여 다음 날 아침 8시까지 배설된 소변을 24시간 소변이라고 한다. 이 때 소변량을 정확히 측정하고, 잘 흔든 다음 그 일부분(약 120~240㎖)을 검사실로 보낸다. 소변은 오랫동안 방치하면 세균이 번식하여 소변 성분이 분해될 염려가 있으므로 깨끗하게 씻은 채뇨용기에 톨루엔 또는 크실렌 같은 방부제 2~3mℓ를 미리 넣어두는 것이 좋다. 소변 속의 혈액 원주(cast)들을 검사할 때는 소변 100mℓ에 포르말린을 0.5mℓ의 비율로 섞는다.

(2) 시료의 수집과 보관

영양판정에 사용할 시료는 수집이 가능한 것이어야 하며, 시료수집이 쉬워야 한다. 또한 조사목적을 위해서는 어떤 것을 시료로 채취하는 것이 가장 좋은 것인지를 결정해야 한다. 즉 시료는 조사하고자 하는 특정 영양소의 체내 상태를 정확하고 예민하게 반영할 수 있는 것이어야 한다.

한편, 시료 수집시간에 따라서 조사결과가 달라지는 경우가 많기 때문에 오차를 줄이려면 시료를 얻는 시간을 사전에 계획해야 한다. 예를 들면, 혈액 중 포도당이나 중성지방 농도는 식사 후 1~2시간이 경과한 후와 공복시의 수치가 매우 큰 차이가 나므로 시료 수집 시간에 특히 주의해야 한다.

시료를 채취하고 보관할 때도 역시 주의가 요구된다. 우선은 시료를 수집하는 장소와 분석하는 장소가 다른 경우가 많기 때문에 시료를 보관하는데 주의해야 한다. 현장조사를 통해 농촌지역이나 특정 장소를 방문조사할 때는 시료의 저장과 이동에 주의해야 하며, 특히 혈액이나 소변 등은 쉽게 변질되므로 보관을 위한 냉장고나 냉동시설이 반드시 필요하다.

2) 생화학적 검사법의 분류

생화학적 검사법으로 영양상태를 평가하는 검사항목은 〈표 4-2〉에서 보는 바와 같이 매우 다양하다. 다양한 생화학적 검사법을 특성면에서 크게 분류하면 정적 검사법(static tests)과 기능적 검사법(functional tests)의 두 가지로 분류할 수 있다.

(1) 정적 검사법

신체 내에서 영양소의 적절성을 반영하는 혈액, 소변, 또는 조직 내의 영양소 자체의 함량이나 영양소의 대사물질을 직접적으로 측정함으로써 영양상태를 평가하는 방법이다. 예를 들어 혈중 비타민 A, 칼슘, 알부민 농도 등을 측정하는 방법이다. 이 검사법은 측정 자체는 용이하지만 선택된 어떤 시료의 수준이 전반적인 체내 상태를 민감하게 반영하지 못하는 제한점이 있다. 한예로 혈청 칼슘은 전반적인 체내 칼슘 상태를 반영하지 못한다. 정적 검사법은 체액이나 조직의 영양소 함량을 측정하는 방법과 소변 중 영양소 배설량을 측정하는 방법으로 분류된다.

표 4-2 생화학적 검사항목

영양소	검사항목
단백질	아미노산 균형조사(혈중 아미노산) 혈중 단백질, 혈중 알부민 소변의 hydroxyproline 소변의 creatinine
지방	혈중 triglyceride 혈중 cholesterol 혈중 lipoproteins
비타민 A	혈중 retinol 혈중 carotene
비타민 D	혈중 alkaline phosphatase 혈중 1, 25-$(OH)_2$-D_3 혈액과 소변 중 calcium
비타민 E	혈중 비타민 E platelet 조사
비타민 B_1	혈중 pyruvate 적혈구의 transketolase 소변의 thiamine
비타민 B_2	혈액과 소변의 riboflavin
나이아신	소변의 N-methylnicotinamide 소변의 pyridoxine, tryptophan load test
비타민 B_6	혈액과 적혈구의 pyridoxal phosphate 소변의 pyridoxine
엽산 비타민 B_{12}	혈중 비타민 B_{12}와 folate hemoglobin
비타민 C	혈액과 소변의 비타민 C 백혈구 비타민 C
철	hemoglobin hematocrit 혈중 철 transferrin saturation
칼슘	혈중 alkaline phosphatase
요오드	소변의 iodine 갑상선 기능 조사

① 체액이나 조직의 영양소 함량 측정

전혈이나 분리한 혈액은 정적인 분석을 위해 가장 많이 사용되며 그 외에도 소변, 타액, 정액, 월경혈, 양수 등의 체액과 손톱, 피부, 머리카락, 간, 골수, 지방조직과 같은 신체조직의 영양소 농도를 측정할 수 있다.

혈장이나 혈청은 새로 흡수된 영양소를 운반하므로 최근의 영양상태를 반영한다. 그러나 혈액의 영양소 농도는 항상성에 의하여 조절되기 때문에 저장량이 고갈된 후에도 정상으로 유지되는 경우가 많으므로 보다 정확한 판정을 위해서는 혈액 이외의 다른 생화학적 지표가 같이 조사되어야 한다.

② 소변 중 영양소 배설량 측정

신장의 기능이 정상적인 경우에는 일부 무기질, 비타민 B군, 비타민 C, 단백질 등의 영양상태 판정에 소변으로의 배설정도를 측정하여 사용할 수 있다(이 방법은 비타민 A, D, E, K 등과 같은 지용성 비타민의 경우에는 일반적으로 사용하지 않는다). 소변을 통한 영양소 배설량은 최근의 식사 섭취상태를 잘 반영한다. 체내에 저장된 영양소가 줄어들게 되면 보상작용으로 인해 소변으로 배설되는 양도 줄어들게 된다.

(2) 기능적 검사법

특정 영양소에 의존하는 비정상적인 대사산물, 효소의 활성 또는 행동기능 등을 측정함으로써 영양상태를 평가하는 방법이다. 영양결핍은 단순히 혈액이나 조직 내의 영양소 수준을 저하시킬 뿐만 아니라 생리적 기능에도 장애를 나타내기 때문에 이와 같은 기능 변화를 측정함으로써 간접적으로 영양상태를 평가할 수 있다. 기능적 검사법에는 다음과 같은 종류가 있다.

① 혈액이나 소변 중의 비정상적인 대사산물 측정

비타민 B_6는 트립토판이 대사되는 과정에서 kynureninase의 조효소 역할을 하는데, 비타민 B_6가 결핍되면 kynureninase의 활성이 저하되어 xanthurenic acid의 생성량이 증가한다. 따라서 소변 중 xanthurenic acid 배설량을 측정하여 비타민 B_6의 영양상태를 평가할 수 있다.

② 혈액성분이나 효소 활성 변화 측정

혈액 중 헤모글로빈 측정은 철의 영양상태, transketolase 활성도는 비타민 B_1의 영양상태, glutathione reductase의 활성도는 비타민 B_2의 영양상태를, 적혈구의 glutathione peroxidase 활성도는 셀레늄의 영양상태를 판정한다.

③ 생체내 기능조사를 위한 생체외 검사

체내 기능을 생체외(in vitro)에서 조사하는 방법으로, 적혈구 용혈반응 검사로 비타민 E 영양상태를, 백혈구의 화학주성(chemotaxis) 검사로 단백질-에너지 영양상태를 판정할 수 있다.

④ 체내 유도반응과 투여반응검사

체내 특정 영양소나 물질을 투여한 후 체내에서의 반응정도를 측정하는 방법으로, 히스티딘 투여로 엽산 상태를, 트립토판 투여검사로 비타민 B_6의 영양상태를 판정한다.

⑤ 지속적인 생체내 반응검사

영양결핍으로 인한 체내 반응을 관찰하고 조사하는 방법으로, 암적응 반응 조사로 비타민 A 영양상태를, 맛의 민감도 측정으로 아연 영양상태 판정을, 근육의 기능측정으로 단백질-에너지 영양상태를 판정할 수 있다.

⑥ 성장과 발달 반응검사

성장, 발달과 같은 기능적인 능력을 조사함으로써 영양상태를 평가하는 방법으로, 성장속도를 측정하여 단백질-에너지, 아연, 요오드의 영양상태를, 성적 성숙도를 측정하여 아연 판정을, 인지 수행능력을 측정하여 철의 영양상태를 평가한다.

3) 생화학적 검사법의 선택

생화학적 검사는 시료의 채취, 운반, 보관, 분석의 각 단계마다 정확하고 표준화된 방법을 사용하여 이루어져야 한다. 다양한 생화학적 검사법마다 정밀도, 정확도, 예민도, 특이성, 예견치, 타당도 등에 차이가 있으므로 이를 고려하여 조사 목적에 맞는 검사방법을 선택해야 한다.

(1) 정밀도(Precision)

정밀도란 측정방법의 일관성과 안정성을 의미하는데, 같은 분석방법으로 반복 측정하였을 때 반복 측정치 간에 차이가 없는 방법이 정밀도가 높다.

(2) 정확도(Accuracy)

정확도란 참값과 측정치 간의 차이를 의미하며, 아는 양의 표준물질을 시료에 첨가하여 그 양을 측정함으로써(recovery tests) 정확도를 추정할 수 있다.

(3) 예민도(Analytical sensitivity)

분석 예민도란 검사방법이 0이 아닌 양을 얼마나 적은 정도까지 측정할 수 있는가를 의미하는 것으로 미량 영양소를 분석하는 검사법에서 매우 중요한 선택요인이 된다.

(4) 특이성(Analytical specificity)

분석 특이성이란 측정하고자 하는 물질만을 측정할 수 있는 능력을 의미한다. 분석 특이성은 분석 전 전처리에 의하여 향상될 수 있는데, 무기질 분석에 있어 유기물질을 제거하는 과정을 예로 들 수 있다.

(5) 예견치(Predictive value)

예견치는 검사법이 지표(index)로 사용되는 경우, 영양소의 결핍이나 질병에 의한 것인지 아닌지를 정확히 예견하는 능력을 의미한다. 분석 예민도, 특이성, 발병률 등이 검사지표의 예견치에 영향을 미친다.

(6) 타당도(Validity)

타당도는 검사법이 측정하고자 하는 영양소의 상태 변화를 얼마나 바르게 반영하는가를 의미하는 것이다.

4) 생화학적 지표의 평가

생화학적 지표의 평가를 위해서는 검사를 통해 얻은 값을 〈표 4-3〉에서 보는 바와 같이 기준이 되는 값과 비교하여야 한다. 기준이 되는 값에는 기준치와 한계값이 있는데, 기준치는 정상 집단으로부터 측정하여 얻은 값이며 한계값은 영양결핍 대상자들로부터 얻어진 값이다.

(1) 기준치(Reference values)

기준치는 건강한 사람들로 구성된 집단을 대상으로 하여 측정한 값이다. 기준치 설정을 위해서는 병력조사를 통하여 건강한 사람만을 대상으로 해야 하므로 현실적으로 기준치를 설정하는 것이 어렵다. 따라서 많은 생화학적 지표에 대해 아직 기준치가 설정되어 있지 못한 상태이다.

표 4-3 생화학적 검사의 판정기준

검사항목	연령(세)	판정기준		
		부족	약간부족	양호
Thiamine(소변) (㎍/g creatinine)[1)]	1~3	< 120	120~175	> 175
	4~5	< 85	85~120	> 120
	6~9	< 70	70~180	> 180
	10~15	< 55	55~150	> 150
	> 16	< 27	27~65	> 65
	임신부	< 21	21~49	> 50
Riboflavin(소변) (㎍/g creatinine)[1)]	1~3	< 150	150~499	> 500
	4~5	< 100	100~299	> 300
	6~9	< 85	85~269	> 270
	10~15	< 70	70~199	> 200
	> 16	< 27	27~79	> 80
	임신부	< 30	30~89	> 90
RBC transketolase-TPP effect (%)[2)]	모든 연령	> 25	15~25	< 15
RBC glutathione reductase-FAD effect(비)[2)]	모든 연령 성 인	> 1.2	–	< 1.2
Tryptophan load test (㎎ xanthurenic acid 배설량)[2)]	(dose : 100 mg/kg 체중)	>25(6시간) >75(24시간)	– –	< 25 < 75
Urinary pyridoxine (㎍/g creatinine)[2)]	1~3	< 90	–	> 90
	4~5	< 80	–	> 80
	6~9	< 60	–	> 60
	10~12	< 40	–	> 40
	13~15	< 30	–	> 30
	> 16	< 20	–	> 20
Urinary N-methyl nicotinamide (㎎/g creatinine)[1)]	모든 연령	< 0.2	0.2~5.59	> 0.6
	임신부	< 0.8	0.8~2.49	> 2.5
Urinary pantothenic acid(㎍)[2)]	모든 연령	< 200	–	> 200
Plasma vitimin E(㎎/100㎖)[2)]	모든 연령	< 0.2	0.2~0.6	> 0.6
Transaminase index(비)[2)]				
EGOT*	성 인	> 2.0	–	< 2.0
EGPT**	성 인	> 1.25	–	< 1.25
Hemoglobin(g/100㎖)[1)]	6~23개월	< 9.0	9.0~ 9.9	> 10.0
	2~5	< 10.0	10.0~10.9	> 11.0
	6~12	< 10.0	10.0~11.4	> 11.5
	13~16(남)	< 12.0	12.0~12.9	> 13.0
	13~16(여)	< 10.0	10.0~11.4	> 11.5
	> 16(남)	< 12.0	12.0~13.9	> 14.0
	> 16(여)	< 10.0	10.0~11.9	> 12.0
	임신부(6달후부터)	< 9.5	9.5~10.9	> 11.0

표 4-3 생화학적 검사의 판정기준(계속)

검사항목	연령(세)	판정기준		
		부족	약간 부족	양호
Hematocrit(%)[1]	2세까지	< 28	28~30	> 31
	2~5	< 30	30~33	> 34
	6~12	< 30	30~35	> 36
	13~16(남)	< 37	37~39	> 40
	13~16(여)	< 31	31~35	> 36
	> 16(남)	< 37	37~43	> 44
	> 16(여)	< 31	31~37	> 38
	임신부	< 30	30~32	> 33
혈중 albumin(g/100mℓ)[1]	1세까지	–	< 2.5	> 2.5
	1~5	–	< 3.0	> 3.0
	6~16	–	< 3.5	> 3.5
	> 16	< 2.8	2.8~3.4	> 3.5
	임신부	< 3.0	3.0~3.4	> 3.5
혈중 단백질(g/100mℓ)[1]	1세까지	–	5.0	> 5.0
	1~5	–	5.5	> 5.5
	6~16	–	6.0	> 6.0
	> 16	< 6.0	6.0~6.4	> 6.5
	임신부	< 5.5	5.5~5.9	> 6.0
혈중 ascorbic acid(mg/100mℓ)[1]	모든 연령	< 0.1	0.1~0.19	> 0.2
혈중 비타민 A(μg/100mℓ)[1]	모든 연령	< 10	10~19	> 20
혈중 carotene(μg/100mℓ)[1]	모든 연령	< 20	20~39	> 40
	임신부		40~79	> 80
혈중 철(μg/100mℓ)[1]	2세까지	< 30	–	> 30
	2~5	< 40	–	> 40
	6~12	< 50	–	> 50
	> 12(남)	< 60	–	> 60
	> 12(여)	< 40	–	> 40
Transferrin saturation(%)[1]	2세까지	< 15.0	–	> 15.0
	2~12	< 20.0	–	> 20.0
	> 12(남)	< 20.0	–	> 20.0
	> 12(여)	< 15.0	–	> 15.0
혈중 folic acid(ng/mℓ)[1]	모든 연령	< 2.0	2.1~5.9	> 6.0
혈중 비타민 B_{12}(pg/mℓ)[1]	모든 연령	<100	–	> 100

1) 미국의 영양조사 기준
2) 실험방법에 의해 기준이 달라짐
* Erythrocyte glutamic oxaloacetic transaminase
** Erythrocyte glutamic pyruvic transaminase

(2) 한계값(Cut-off point)

한계값은 임상적 혹은 기능적 영양결핍의 증상이 나타난 대상자들의 생화학적 지표를 측정하여 얻어진 값이다. 임상증상이 나타나는 경우는 그 사례수가 제한되어 있기 때문에 한계값은 일반적으로 3가지 범위로 나타낸다.

'위험도 높음(high risk)'은 영양결핍 증상이 이미 존재하는 상태이고, '위험도 보통(moderate risk)'은 결핍상태가 진전 중인 것을 의미하며, '위험도 낮음(low risk)'은 결핍상태로 진전될 가능성이 낮은 상태를 의미한다.

3. 단백질 영양상태

단백질 부족은 개발도상국가에서 성장기 어린이의 단백질-에너지 결핍으로 나타나고 있으며, 선진국에서는 입원환자들에게 빈번하게 나타난다. 체조직을 구성하는 단백질 중에서 결체조직과 연골 등에 존재하는 단백질은 신체의 영양상태에 거의 영향을 받지 않고 안정적으로 존재하나 근육, 혈액의 단백질은 영양부족에 의해 농도가 감소된다.

단백질의 영양상태를 평가하는 생화학적 검사에는 근육 단백질로부터 유래하는 대사산물을 측정하는 방법과 혈청 단백질을 포함하여 적혈구, 백혈구 등에 존재하는 내장 단백질을 측정하는 방법이 있다. 혈청 총 단백질, 혈청 알부민, 혈청 트란스페린, 혈청 크레아티닌, 크레아티닌-신장 지수 등이 단백질 영양상태 판정의 대표적인 지표들이다.

1) 근육 단백질의 측정

(1) 소변 중 크레아티닌 배설량

체내 크레아틴(creatine)의 98%는 크레아틴인산의 형태로 근육 내에 존재하며 크레아티닌(creatinine)으로 대사되어 소변을 통해 배설된다. 크레아티닌 배설량은 체내 근육량에 비례하므로 24시간 소변 크레아티닌 배설량을 측정하여 정상 기준치와 비교함으로써 체내 근육 단백질의 영양상태를 평가할 수 있다. 성인의 소변 중 크레아티닌의 정상범위는 남자 20~26mg/kg/24시간, 여자 14~22mg/kg/24시간이다.

소변 중 크레아티닌 배설량은 매일의 차이가 크므로 2~3일간 연속적으로 24시간 소변을 수집해야 한다. 소변 중 크레아티닌 배설은 격렬한 운동, 육류의 섭취, 감염, 발열, 외상, 월경주기 중 후반부에 증가하며 가령, 만성신부종, 월경직전과 월경 중에는 감소하므로 이와 같은 요인들을 잘 고려해야 한다.

(2) 크레아티닌-신장 지수(Creatinine-height index : CHI)

크레아티닌-신장 지수는 소변 중 크레아티닌 배설량과 신체계측을 통해 조사한 신장치를 동시에 적용하여 성인을 대상으로 단백질의 영양상태를 측정하는 방법이다.

신장은 장기적인 단백질 영양불량에서도 비교적 일정하게 유지되는 반면에 근육 단백질은 점차 고갈되며, 크레아티닌 배설량도 비례적으로 감소하여 결국 신장과의 비율(CHI)은 감소하게 된다. 크레아티닌-신장 지수의 산출방법과 판정 기준은 아래와 같고, 〈표 4-4〉는 성인 남녀의 신장별 표준적인 24시간 소변 중 크레아티닌 배설량이다.

$$\text{CHI}(\%) = \frac{\text{24시간 소변 중 크레아티닌 배설량(mg)}}{\text{신장에 부합되는 표준적인 24시간 소변 중 크레아티닌 배설량(mg)}} \times 100$$

판정기준 80~100% : 정상
60~80% : 가벼운 결핍
40~60% : 중등도 결핍
<40% : 심한 결핍

표 4-4 성별, 신장별 표준적인 24시간 소변 중 크레아티닌 배설량

남자		여자	
신장(cm)	크레아티닌(mg)	신장(cm)	크레아티닌(mg)
157.5	1288	147.3	830
160.0	1325	149.9	851
162.6	1359	152.4	875
165.1	1386	154.9	900
167.6	1426	157.5	925
170.2	1467	160.0	949
172.7	1513	162.6	977
175.3	1555	165.1	1006
177.8	1596	167.6	1044
180.3	1642	170.2	1076
182.9	1691	172.7	1109
185.4	1739	175.3	1141
188.0	1785	177.8	1174
190.5	1831	180.3	1206
193.0	1891	182.9	1240

자료 : Blackburn GL 등, 1977.

실험 · 실습 4-1. 소변 중 크레아티닌 배설량 측정

가. 원리(Jaffe reaction법)

피검재료에 제단백과 정색시약을 가해 원심분리한 후 상층여액에 완충액을 가하면 크레아티닌은 피크린산과 반응(Jaffe reaction)하여 등적색을 생성하며, 이것을 530nm에서 비색정량한다.

나. 시약

① 제단백 정색시약
200mℓ에 2,4,6-trinitrophenol 1.2g을 함유한다.

② 완충액
100mℓ에 sodium phosphate 1.7g을 함유한다.

③ 8mℓ 표준액(creatinine 5mg/dℓ)

다. 방법

① 24시간 소변의 일부를 취하여 10배 또는 20배 희석한 후 다음과 같이 조작한다.

	검 체(mℓ)	표 준(mℓ)	맹 검(mℓ)
피검재료	희석뇨 0.5	표준액 0.5	증류수 0.5
제단백 정색시약	4.0	4.0	4.0
완충액	1.5	1.5	1.5

② 각 시험관을 잘 혼합하여 실온에 방치한 후 30분 이내에 맹검을 대조로 하여 530nm에서 흡광도를 측정한다.

③ [(검체의 흡광도/표준의 흡광도) × 표준액의 농도 × 희석배수]로 크레아티닌 배설량(mg/dl)을 산출한다.

라. 판정

정상 성인의 경우 1일 남자는 14~26mg/kg(124~230mol/ℓ), 여자는 11~20mg/kg(97~177mol/ℓ)의 크레아티닌을 소변으로 배설한다.

(3) 소변 중 3-methylhistidine 배설량

3-methylhistidine은 히스티딘이 메틸화된 것으로 근육 단백질에 존재하며, 근육 단백질이 대사될 때 방출되어 대사되지 않고, 곧바로 소변을 통해 배설되기 때문에 신체내 근육량을 반영한다. 이것을 판정 지표로 이용하려면 식사에서 육류가 제거된 식사를 하면서 연속 3일간의 24시간 소변 채취가 필요하다. 소변 중 3-methylhistidine 배설은 성별, 연령, 성숙, 영양, 호르몬 상태, 운동, 상처, 질병 등에 의하여 영향을 받는다.

2) 내장 단백질의 측정

내장 단백질은 주로 혈청의 단백질 함량을 측정함으로써 판정한다. 내장 단백질은 간에서 합성되며, 단백질 섭취가 부족하면 간에서 혈청 단백질 생산도 줄어들어 혈청 단백질도 감소하게 되는 점에 근거하는 방법이다.

(1) 혈청 총 단백질

혈청 총 단백질은 비교적 측정이 간단하며 정확도가 높아 단백질 영양상태를 판정하는 가장 보편적인 방법으로 이용되고 있다. 혈청 총 단백질은 측정하기 쉽지만 민감도가 떨어지는 것이 단점이다. 즉 혈청 총 단백질은 임상적으로 단백질 결핍증이 분명하게 나타날 때가 되어서야 감소되며, 총 단백질 감소는 주로 알부민의 감소에 기인하므로 총 단백질보다는 알부민 농도를 측정하는 것이 단백질 영양상태 변화를 더 빨리 알 수 있다. 혈청 단백질은 단백질 결핍 외에도 체내 대사이상, 임신, 모세혈관의 투과성 변화, 격렬한 운동, 약물 등에 의해서도 영향을 받는다.

(2) 혈청 알부민

알부민(albumin)은 체내 풀(pool)이 비교적 크며 50% 이상이 혈관 내 존재하므로 혈액 내의 단백질 상태변화를 나타낸다. 저개발국가에서는 부종에 걸리기 쉬운 저영양 어린이를 선별하는데 사용하고 있으며, 수술 후 합병증 발생에 대한 예견지표(prognostic index)로 사용된다. 그러나 혈청 알부민 농도는 단기적인 단백질 상태변화를 민감하게 반영하지는 않으며 부적절한 단백질 섭취, 대사과정의 변화, 혈장 단백질의 특이적인 결핍현상, 단백질 합성의 감소, 임신, 모세관 투과성의 변화, 간질환(간경변증), 약물복용, 격렬한 운동 등의 요인들에 의해 영향을 받는다.

실험 · 실습 4-2. 혈청 단백질 측정

가. 원리(Kingsley법)

단백질은 polypeptide로 되어 있어 강알칼리 동시약(biuret reagent)과 반응하여 적자색(purple pink)을 나타내므로 비색정량하여 총단백질의 양을 구한다. Albumin은 Na_2SO_4용액으로 globulin을 염석(salting-out)시켜 제거한 후 biuret 반응에 의하여 측정한다.

나. 시약

① Saline(0.9% NaCl)

② Sodium sulfate(24.5%)

Sodium sulfate 245g을 증류수로 가열시켜 녹이고 총량이 1ℓ 되게 하여 25℃ 이상에서 보관한다.

③ Diethyl ether

④ Biuret시약

1ℓ volumetric flask에 0.2N NaOH 600mℓ를 넣고 sodium potassium tartrate 45g을 넣고 녹인다. $CuSO_4 \cdot 5H_2O$ 15g을 넣고 완전히 녹인 후 KI 5g을 넣어 총량이 1ℓ 되게 0.2N NaOH로 채운다.

⑤ 단백질 표준 혈청

⑥ 0.2N NaOH

1ℓ volumetric flask에 NaOH 8g을 넣고 총량이 1ℓ가 되게 증류수로 채운다.

⑦ 알부스트레이트 시약

다. 방법

1) 실험 1

① 혈청 총단백질 측정

ㄱ. 시험관에 혈청 0.1mℓ을 취한다.

ㄴ. Biuret시약 5mℓ 넣고 잘 섞어 sample을 만든다.

ㄷ. 시험관에 총단백 표준 혈청 0.1mℓ와 biuret시약 5mℓ를 넣고 잘 섞어 standard를 만든다.

ㄹ. 증류수 0.1mℓ와 biuret시약 5mℓ를 섞어 blank로 한다.

ㅁ. 혼합 후 실온에서 25분간 방치한 후, 545nm에서 흡광도를 측정한다.

ㅂ. 총단백질(g/dℓ) = 표준혈청 단백함량 × $\frac{\text{sample 흡광도 - blank 흡광도}}{\text{standard 흡광도 - blank 흡광도}}$

② 혈청 알부민 측정

ㄱ. 시험관에 혈청 0.5mℓ와 sodium sulfate 용액 7.5mℓ를 넣고 마개를 한 후 세게 진탕한다.

ㄴ. 시험관을 15분간 방치하고 3～4mℓ의 diethyl ether를 가한다.

ㄷ. 시험관을 엄지손가락으로 막고 세게 흔든 후 엄지손가락을 조심해서 뗀다.

ㄹ. 3,000rpm에서 15～20분간 원심분리하면 상층은 ether층, 가운데층이 글로불린 mat, 맨 아래층이 알부민 용액이다.

ㅁ. 이 시험관을 옆으로 조금 기울이고 가볍게 치면 글로불린 mat가 시험관 벽에서 떨어진다. 5mℓ 용량 피펫의 흡입구를 손가락으로 막은 후 ether층을 지나 글로불린 mat가 닿지 않도록 조심스럽게 피펫을 알부민 용액 속에 넣고 손가락을 떼고 하층 용액 5mℓ를 다른 시험관에 취한다.

ㅂ. ㅁ에 saline 5mℓ를 넣고 biuret시약 10mℓ를 넣어 섞는다.

ㅅ. 시험관에 sodium sulfate용액 5mℓ와 saline 5mℓ, biuret시약 10mℓ를 넣고 섞어 blank를 만든다.

ㅈ. 두 시험관을 water bath 30～32℃에서 30분간 방치한다.

ㅊ. blank에 대한 흡광도를 파장 555nm에서 구하여 표준선에서 값을 찾는다.

③ 표준곡선(calibration curve) 작성

ㄱ. 단백질 기지 농도(7g/dℓ)의 알부민 표준혈청 4mℓ를 100mℓ volumetric flask에 넣고 saline으로 희석하여 총량이 100mℓ되게 한다(2.8mℓ/mℓ).

ㄴ. 다음과 같이 시험관 5개에 넣고 조작한다.

시험관	표준액(mℓ)	Saline(mℓ)	Biuret시약(mℓ)
Blank	0.0	5.0	5.0
1	1.0	4.0	5.0
2	2.0	3.0	5.0
3	3.0	2.0	5.0
4	4.0	1.0	5.0

ㄷ. 잘 섞은 후 water bath 30～32℃에서 30분간 방치하여 555㎚에서 각각의 흡광도를 읽는다. 1～4 시험관의 각 흡광도는 알부민 1.79g/dℓ, 3.58g/dℓ, 5.38g/dℓ, 7.17g/dℓ 농도에 해당한다.

라. 판정

혈청 총 단백질량에서 알부민량을 빼면 글로불린량을 얻을 수 있다. 측정한 값을 정상치(혈청 알부민 4.0~5.5g/dℓ, 혈청 글로불린 2.0~2.9g/dℓ, A/G 1.5~2.5)나 아래의 판정표와 비교하여 평가한다. 혈청 알부민치가 올라가는 것은 탈수증 등에 의하여 혈액이 농축되었을 때 뿐이며, 알부민치가 떨어지는 것은 단백질의 섭취가 적을 때, 간에서의 합성이 적을 때, 소변으로 단백질이 빠져갈 때 등이다.

	부족	약간 부족	양호
혈청 총단백질(g/dℓ)	<6.0	6.0~6.4	≥6.5
혈청 알부민(g/dℓ)	<2.8	2.8~3.4	≥3.5

(3) 혈청 트란스페린

혈청 트란스페린은 주로 간에서 합성되는 철 운반 단백질이다. 반감기가 약 8~10일로 알부민에 비해 짧고 체내 저장량도 적기 때문에 단백질의 결핍 초기단계에서 양적인 변화를 보이는 민감한 지표이다. 그러나 단백질 이외에 철 영양상태에 영향을 받으며 임신, 감염, 위장질환, 신장질환, 간질환, 심장질환 등 다양한 요인에 의해 영향을 받기 때문에 단백질 판정지표로 사용할 때 주의해야 한다.

3) 질소평형(Nitrogen balance)

질소평형은 체내 총 단백질의 변화를 판정하는데 이용된다. 이 방법은 체내 모든 질소는 단백질 합성에 쓰인다는 전제에 기초를 둔다. 단백질은 평균 16%의 질소를 포함하고 있다. 즉 1㎎의 질소는 6.25(100/16)㎎의 단백질량에 해당한다. 따라서 측정한 질소량에 6.25를 곱하면 단백질량을 알 수 있다. 질소평형의 측정은 24시간 소변 수집을 필요로 하며 다음의 식에 의해 판정할 수 있다. 이때 요소로 배설되는 질소의 양은 소변 전체의 질소 배설량의 85~90%를 차지하는 것으로 알려져 있다.

$$\text{질소평형} = \frac{\text{단백질 섭취량(g)}}{6.25} - \text{소변 중 요소 질소량(g)} - 4$$

판정기준 0 : 단백질 섭취량이 배설량과 같을 때(성인기에 건강을 유지하고 있는 상태)

> 0 : 단백질 섭취량이 배설량보다 많을 때(성장기, 외상, 수술, 질병으로부터 회복 단계에 있는 환자의 상태)

< 0 : 단백질 섭취량이 배설량보다 부족할 때(단백질 섭취량 부족, 외상, 수술, 암, 화상 등의 상태)

실험 · 실습 4-3. 소변 중 질소 배설량 측정

가. 원리(Kjeldahl법)

Kjeldahl법은 반미량법(semimicro method)으로 단백질(또는 질소를 포함하는 다른 유기물)의 총 질소량을 정량하는데 널리 이용되는 방법이다. 단백질을 촉매제($CuSO_4$, SeO_2, HgO 등)의 존재 하에서 진한 황산과 함께 오랫동안 가열하면 질소는 모두 $(NH_4)_2SO_4$로 된다. 이 혼합물의 일정량에 과량의 NaOH를 넣고 증류하여 이때 발생되는 암모니아를 H_3BO_3 용액에 흡수시킨 후 표준 산용액으로 적정하여 암모니아의 양, 나아가서는 질소의 양을 측정할 수 있다.

나. 시약

① H_3BO_3
H_3BO_3 1g을 끓는 물에 녹인다.

② 지시약
Bromcresol green과 methyl red를 각각 95% 에탄올에 녹인 후(0.1%용액) 두 용액을 같은 부피로 섞어서 사용한다.

③ 0.01N HCl

④ 진한 황산

⑤ NaOH(40%)

⑥ 분해촉매제
$CuSO_4$ 1g과 K_2SO_4 9g을 혼합한다.

⑦ H_2O_2(30%)

다. 방법

① 1 : 50의 비율로 희석한 소변 5mℓ(1~2mg의 질소에 해당하는 양)를 Kjeldahl flask에 취한 후 1g의 분해촉매제, 7mℓ의 진한 황산, 1mℓ의 H_2O_2용액을 차례로 가하여 처음 5분간은 약한 불로 서서히 가열하고, 그 다음부터는 액이 투명한 푸른색이 될 때까지 1~2시간 동안 세게 가열한다.

② 가열이 끝난 분해액을 냉각시킨 후 20mℓ의 증류수를 조심스럽게 깔때기를 통해 증류관 속에 넣고(이 깔때기에 묻은 시료 용액을 소량의 물로 잘 씻어 넣는다) 트랩을 장치한 수증기 발생기에 연결한다.

③ 삼각플라스크에는 3방울의 혼합 지시약을 탄 붕산용액(H_3BO_3) 15mℓ를 넣어둔다.

④ 깔때기를 통해 40% NaOH 30mℓ를 가한 후 10mℓ의 증류수로 씻어 넣고 재빨리 깔때기의 핀치콕을 잠그고 수증기를 보내어 암모니아를 증류한다. 이 때 냉각기 끝이 붕산 용액 속에 잠기도록 주의한다.

⑤ 80～100mℓ의 증류액을 받은 다음에, 냉각기 끝이 플라스크의 액면 위에 오게 하여 몇 분간 증류를 계속하고, 마지막으로 냉각기 끝을 소량의 물로 씻어 넣는다.

⑥ 증류액이 핑크색으로 변하기 시작할 때까지 0.01N HCl로 적정하고(적정값 χ mℓ) 증류수를 blank로 한 적정값(y mℓ)을 측정하여 t = χ- y 값을 구한다.

⑦ 총 질소량과 총 단백질량을 산출한다. 즉, 1mℓ의 0.01N HCl 적정량은 14/100mg 질소량에 해당하므로, 시료 1mℓ당 질소량은 [(14/100)×t]mg이며, 단백질량은 [(14/100)×t×6.25]mg이다.

라. 판정

정상 성인의 24시간 소변 중에는 10～12g의 질소가 배설된다.

4) 면역검사법

면역검사법은 단백질 영양상태를 평가하는 기능적 검사법으로 총 임파구의 수를 측정하는 방법, 지연성 피부과민반응 검사법, 혈청 보체와 면역글로불린 측정법 등이 있다. 이들 검사의 결과는 단백질 영양상태 이외에 질병, 약물복용, 생리상태에 따라서도 영향을 받기 때문에 유의해야 한다.

4. 지질 영양상태

식생활이 서구화되면서 고지혈증, 동맥경화증, 심장병 등 심혈관계 질환이 증가하고 있으며, 이러한 질병의 조기진단을 위해서 혈청을 이용한 생화학적 검사가 이루어지고 있다. 식이지방의 종류와 양은 혈액의 지질수준에 영향을 주고 이는 심장질환과 밀접한 관계가 있기 때문에 심장질환과 관련된 위험인자의 유용한 지표로 혈청 지질과 지단백질 조성을 측정한다. 혈중 지질과 지단백질 중에서 심장질환과 양의 상관관계가 있는 것으로 알려진 중성지질, 총 콜레스테롤 및 LDL-콜레스테롤, 그리고 심장질환과 음의 상관관계가 있는 것으로 알려져 있는 HDL-콜레스테롤을 측정하는 방법이 많이 이용된다.

가. 원리(Acetylacetone법)

혈청의 isopropanol 추출물을 alumina로 처리하여 phospholipid와 glucose를 제거한 후 검화(saponification)시킴으로써 glycerol을 얻는다. 이것을 sodium metaperiodate로 산화시켜서 얻은 formaldehyde는 acetylacetone과 반응하여 황색의 dihydrolutidine 유도체를 형성한다. 이 물질은 파장 405nm에서 최대 흡광을 나타내며 그 흡광도는 중성지질 농도와 비례한다.

나. 시약

① Washed alumina(aluminum oxide)
Alumina(ICN pharmaceuticals, Germany)를 증류수로 약 10회 세척하여 아주 고운 가루는 제거하고 100~110℃의 oven에서 하룻밤 건조시킨다. 이 때 oven에 18시간 이상 두어서는 안 된다. 16×150㎜ cap tube에 약 0.7g의 건조 alumina를 넣고 실온에 보관하여 사용하며 1개월간 안정하다.

② Isopropanol(aldehyde free, GR급)

③ Saponification reagent
증류수 75㎖에 KOH 10g을 용해하고 isopropanol 25㎖를 첨가한다. 갈색병에 보관하면 실온에서 2개월간 안정하다.

④ Acetylacetone reagent
Isopropanol 100㎖에 2,4-pentanedione 0.4㎖를 가한다. 갈색병에 보관하면 실온에서 2개월간 안정하다.

⑤ Sodium metaperiodate reagent
증류수 700㎖, ammonium acetate 77g, CH_3COOH 60㎖, sodium metaperiodate 650㎎을 증류수로 1000㎖ 되게 한다.

⑥ Triglyceride stock standard solution(1.0g/dℓ)
100㎖ volumetric flask에 isopropanol 50㎖정도 넣고 olive oil이나 triolein 1.0g을 용해한 후 증류수로 100㎖가 되게 잘 혼합한다. 갈색병에 보관하면 냉장고(4~7℃)에서 1개월간 안정하다.

⑦ Triglyceride working standard solution(200㎎/dℓ)
10㎖ volumetric flask에 stock standard 2.0㎖를 넣고 isopropanol로 희석한다.

다. 방법

① Cap tube 3개에 각각 B(blank), S(standard) 및 T(test)로 표시하고 alumina 0.7g씩을 넣는다.

실험 · 실습 4-4. 혈청 중성지질 측정

② 각 시험관에 isopropanol을 5mℓ씩 넣고 B에는 증류수, S에는 working standard solution, T에는 혈청을 각각 0.2mℓ씩 넣는다.
③ 15분간 mechanical rotator로 흔든 후 10분간 원심분리한다.
④ 다른 시험관 3개에 상등액을 각각 2.0mℓ씩 옮긴다.
⑤ Saponification reagent 0.6mℓ를 모든 시험관에 넣고 vortex mixer로 혼합하여 실온에 5~15분 동안 방치한다.
⑥ Periodate reagent 1.5mℓ를 가하고 vortex mixer로 혼합한다.
⑦ Acetylacetone 1.5mℓ를 가하고 vortex mixer로 다시 혼합한 후 parafilm으로 마개를 한다.
⑧ 약 15분간 65~70℃ water bath에 세워둔다.
⑨ 5~10분간 실온에서 식힌 다음 B에 대한 S와 T의 흡광도를 파장 450nm에서 읽는다.
혈청 중성지질 농도(mg/dℓ)는 [(T의 흡광도/S의 흡광도)×200]으로 산출한다.

라. 판정

측정값은 측정법에 따라 다소의 차이는 있으나, 식사섭취의 영향이 더 크기 때문에 적어도 12~14시간 이상 금식시킨 후에 검체를 채취하는 것이 좋다. 다음의 판정기준에 의하여 평가하며, 정상치 이상은 죽상경화증, 관상동맥질환 등과 밀접한 관계가 있다.

< 150mg/dℓ – 정상
150–199mg/dℓ – 경계수준(약간 높음)
≧200mg/dℓ – 위험수준(높음)

자료 : 고지혈증치료지침제정위원회, 고지혈증치료지침, 2003.

실험 · 실습 4-5. 혈청 총 콜레스테롤 측정

가. 원리(Zak-Henly법)

콜레스테롤은 sulfuric acid(또는 acetic acid) 중에서 ferric chloride와 반응하여 적갈색을 띠며(Kiliani reaction), 이를 이용하여 비색정량한다.

나. 시약

① Ferric chloride-acetic acid 용액

ㄱ. Stock solution

Ferric chloride 4.0g을 acetic acid, glacial 50mℓ에 녹여 냉장고에 보관한다.

ㄴ. Working solution

Stock solution 5mℓ를 500mℓ volumetric flask에 넣고 표선까지 acetic acid, glacial로 희석한다. 이 용액은 실온에서 약 1개월 사용 가능하다.

② Sulfuric acid(98～99%)

③ 표준액

콜레스테롤 100㎎을 acetic acid, glacial로 녹여 100mℓ가 되게 한다. 이 용액은 냉장 보관한다.

다. 방법

① 혈청 0.1mℓ에 ferric chloride-acetic acid working solution 8.0mℓ를 가하여 잘 섞고, 10～15분 방치한 후 여과 혹은 원심분리한다.

② 상층액(여액) 3.0mℓ를 시험관에 넣고 시험관을 비스듬히 기울인 후 sulfuric acid 2.0mℓ를 시험관벽을 따라 흘러 내려가도록 가하여 vortex mixer로 곧 세게 섞는다(이 때 상층액과 황산이 중첩되도록 넣고, 단번에 섞이도록 세차게 흔든다).

③ 직사광선을 피해 실온에서 20～30분 발색시킨 후 증류수를 blank로 하여 파장 565nm에서 흡광도를 읽는다.

④ 시험관 4개를 준비하고 각 시험관에 0.1mℓ의 증류수와 표준액 0.1mℓ, 0.2mℓ, 0.3mℓ, 0.4mℓ씩 가하고 다시 ferric chloride-acetic acid working solution을 8.1mℓ가 되도록 첨가하여 섞는다. 또한 시험관 1개에 0.1mℓ의 증류수와 ferric chloride-acetic acid working solution 8.0mℓ을 넣어 blank를 만든다. 각 시험관에서 3mℓ를 각각 다른 시험관에 옮기고 황산 2.0mℓ를 가하여 반응시킨다. 20분 후에 blank를 사용하여 흡광도를 읽고 표준곡선을 그린다. 이는 각각 콜레스테롤 농도

100mg/dℓ, 200mg/dℓ, 300mg/dℓ, 400mg/dℓ에 해당한다.

⑤ 표준곡선에서 검체의 콜레스테롤 농도를 구한다.

라. 판정

< 200mg/dℓ – 정상
200~240mg/dℓ – 경계수준(식사, 운동, 생활치료 필요)
≧240mg/dℓ – 위험수준(약물치료 필요)

자료 : 고지혈증치료지침제정위원회, 고지혈증치료지침, 2003.

실험 · 실습 4-6. 혈청 지단백-콜레스테롤 측정

가. 원리

혈청단백분획용 cellulose acetate막이나 agarose 등을 지주체로 하여 혈청을 전기영동한다. 다음에 효소법에 의한 콜레스테롤 발색시약으로 발색시킨 후 505nm에서 densitometry하여 혈청 총 콜레스테롤치에 대한 %를 산출한다.

나. 시약

① 영동막
시판되고 있는 cellulose acetate막

② Buffer(영동용)
Tris-barbital buffer, ionic strength 0.07, pH 8.8

③ Buffer(습윤용)
Phosphate buffer, 0.5mol, pH 6.7

④ 콜레스테롤 발색시약(Corning, Helena 제품 등)

Sodium cholate	58.0mℓ	4-aminoantipyrine	8.0mℓ
Phenol	106.0mℓ	Peroxidase	≥20.0U/mℓ
Cholesterol oxidase	≥0.75U/mℓ	Cholesterol esterase	≥0.30U/mℓ

다. 방법

① Cellulose acetate막을 습윤용 buffer에 충분히 습윤시키고 여과지로 물기를 제거한다.

② 혈청단백의 전기영동술식과 같이 180V, 35분간 영동한다.

③ 사용하지 않은 cellulose acetate막을 발색시약에 습윤시킨 후 전기영동이 끝난 막에 겹쳐놓는다.

④ 이것을 37℃ incubator에서 30분간 incubate하여 효소반응으로 발색되게 한다.

⑤ 반응종료 후 505nm filter를 사용하여 densitometry를 행한 후 각 분획의 백분율을 측정한다.

⑥ 각 분획의 콜레스테롤치(mg/dℓ)를 다음의 공식으로 산출한다.

$$\text{HDL-콜레스테롤(mg/d}\ell) = \frac{\text{HDL(\%)} \times \text{총콜레스테롤(mg/d}\ell)}{100}$$

$$\text{LDL-콜레스테롤(mg/d}\ell) = \frac{\text{LDL(\%)} \times \text{총콜레스테롤(mg/d}\ell)}{100}$$

$$\text{VLDL-콜레스테롤(mg/d}\ell) = \frac{\text{VLDL(\%)} \times \text{총콜레스테롤(mg/d}\ell)}{100}$$

* Friedwald 공식에 의한 LDL-콜레스테롤 산출법

$$\text{LDL-콜레스테롤(mg/d}\ell) = \text{총 콜레스테롤(mg/d}\ell) - \frac{\text{중성지질(mg/d}\ell)}{5} - [\text{HDL-콜레스테롤(mg/d}\ell)]$$

라. 판정

	HDL-콜레스테롤(mg/dℓ)	LDL-콜레스테롤(mg/dℓ)
정상수준	>40	<130
경계수준	35~40	130~159
위험수준	<35	160~189
매우 위험수준	-	≥190

· HDL - 콜레스테롤의 증가
: 마른 사람, estrogen, nicotinic acid, alcohol, heparin 투여, familial hyperalphalipoproteinemia

· HDL - 콜레스테롤의 감소
: 비대한 사람, estrogen 투여, hypertriglyceridemia, 고당질식사, 당뇨병, analphalipoproteinemia

5. 빈혈 관련 영양소의 영양상태

빈혈과 관련된 영양소는 철, 단백질, 비타민 B_{12}, 엽산, 비타민 B_6, 비타민 C, 구리 등이다. 그 중 빈혈과 관련된 영양소를 판정할 때 철과 엽산, 비타민 B_{12}에 대한 측정을 많이 하고 있다.

빈혈의 종류에는 소적혈구성 빈혈, 거대혈구성 빈혈, 저색소성 빈혈 등이 있다. 소적혈구성 빈혈(microcytic anemia)은 평균 적혈구용적이 80fL 이하로 적혈구의 크기가 비정상적으로 작아진 경우이다. 거대혈구성 빈혈(macrocytic anemia)은 평균 혈구용적이 100fL 이상인 거대 적혈구를 나타낸다. 저색소성 빈혈(hypochromic anemia)은 평균 혈구혈색소가 320g/ℓ 이하이거나 27pg 이하인 경우를 말한다. 빈혈의 가장 큰 원인중 철 결핍이 가장 많지만 감염, 만성질병, 엽산 결핍이나 비타민 B_{12} 결핍 등에 의해서 나타날 수도 있다.

1) 철 영양상태

철은 전 세계적으로 영양결핍의 발생빈도가 높은 영양소이며, 특히 어린이, 가임기 여성, 임신부들에서 결핍이 일어나기 쉽다. 국민건강·영양조사결과에 의하면, 우리나라는 1987년 이래로 권장량 이상의 철을 섭취하고 있지만 헤모글로빈 조사를 실시했을 때 빈혈의 발현율이 상당히 높은 것으로 보고되고 있다.

철의 영양상태를 나타내는 지표로 가장 널리 사용되는 것은 헤모글로빈과 헤마토크릿이다. 이 밖에도 혈청 페리틴, 혈청 철, 혈청 총 철결합능력(total iron binding capacity), 트란스페린 포화도(transferrin saturation), 적혈구수, 적혈구 분포도(red cell distribution width) 등 다양한 판정지표들이 있다.

(1) 철 영양상태의 단계별 변화

① 철 저장고의 고갈(Iron depletion) 단계

간의 저장철 양이 점차로 감소하는 단계로서 이동철의 양과 헤모글로빈은 영향을 받지 않고 정상치를 나타내며 혈청 페리틴만 감소한다.

② 철 결핍성 조혈(Iron-deficient erythropoiesis) 단계

간의 저장철 양이 고갈되어 적혈구 신생을 위한 혈장 철 공급량이 점차 감소하는 단계이다. 이때 heme 합성의 전구체인 protoporphyrin이 적혈구 내에 증가하게 되고 헤모글로빈 수준은 점차 감소하게 된다.

③ 철 결핍성 빈혈(Iron-deficient anemia) 단계

철 부족의 마지막 단계로서 철 저장량과 순환량이 모두 감소하여 저색소성 소적혈구성 빈혈(microcytic, hypochromic anemia)이 나타나는 단계이다. 빈혈 판정지표인 헤모글로빈, 헤마토크릿, 적혈구 지표(MCH, MCHC, MCV), 혈청 철, 총 철결합능, 트랜스페린 포화도 등이 모두 감소하게 된다. 〈그림 4-2〉에는 철 결핍단계에 따른 철 영양상태 지표의 변화를 나타내었다.

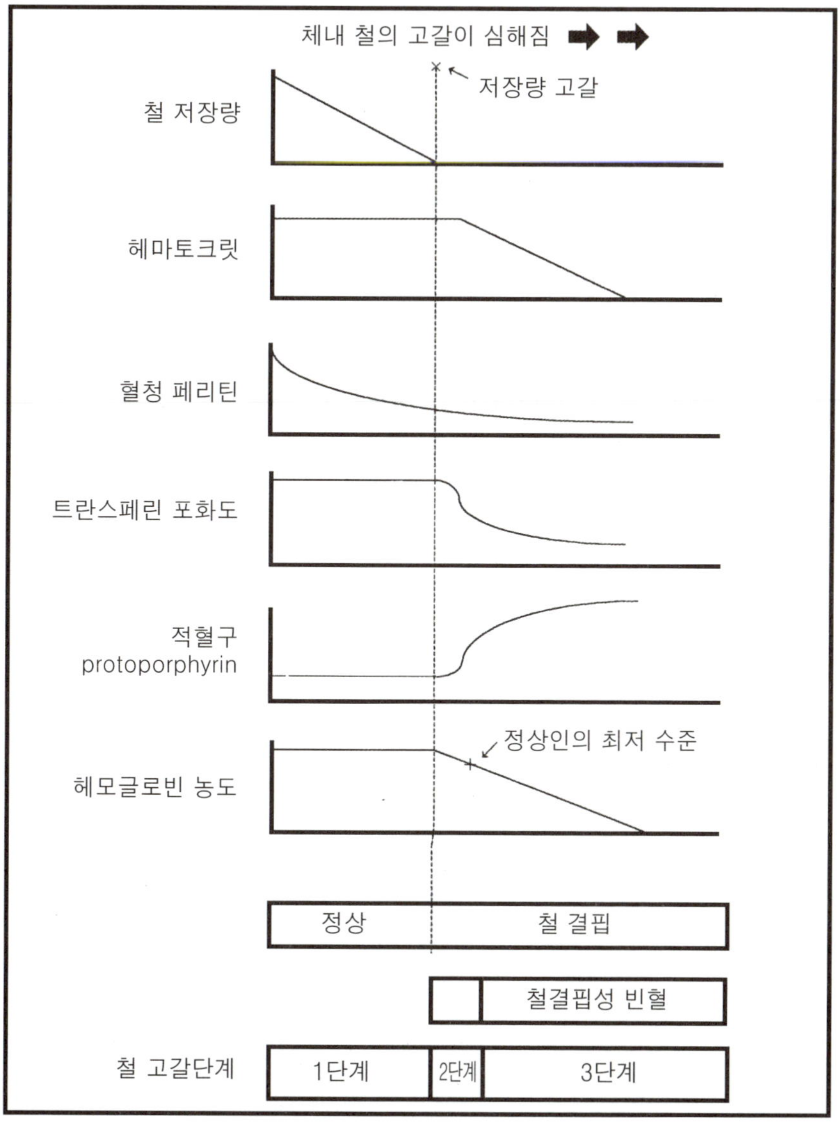

그림 4-2 철 결핍단계에 따른 철 영양상태 지표의 변화

(2) 헤모글로빈

헤모글로빈(hemoglobin, Hb)은 철 영양상태를 평가할 때 가장 많이 사용하는 지표로서 적은 양의 혈액으로 쉽게 측정할 수 있다는 장점을 가지고 있다. 그러나 이것은 연령, 성별, 인종에 따라 차이를 보이며 민감도와 특이성이 낮은 것이 단점이다. 헤모글로빈은 감염, 염증, 출혈, 단백질-에너지 부족, 혈장량 증가, 수분과잉 등에서 감소하며 탈수, 다혈구증에서는 증가한다.

실험 · 실습 4-7. 헤모글로빈 측정

가. 원리(Cyanmethemoglobin법)

Drabkin solution에 혈액을 희석하여 hemoglobin을 cyanmethemoglobin으로 전환시키면, 이것은 상당히 안정한 색소일 뿐 아니라 그 색조도 혈색소의 양과 비례한다.

Hemoglobin + $K_3Fe(CN)_6$ → methemoglobin

Methemoglobin + KCN → cyanmethemoglobin

나. 시약

① Drabkin solution

$NaHCO_3$ 50mg, KCN 25mg, $K_3Fe(CN)_6$ 100mg을 증류수로 500mℓ 되게 만든다. 이 용액은 갈색병에 보존하면 수개월 동안 쓸 수 있으나 혼탁이 생기면 버리며, 하수도에 다량 버릴 때는 충분한 수도물과 함께 버리도록 하여 위험한 hydrocyanic acid 가스의 발생을 예방하도록 한다.

② Hb 표준액

다. 방법

① 샤리 Hb pipette(또는 Lambda pipette)을 사용하여 아래와 같이 혈액을 시약과 혼합하고 피펫에 묻은 혈액을 2~3회 씻어낸다.

	검 체	표 준
Drabkin solution	5.0mℓ	5.0mℓ
피검재료	혈액 0.02mℓ	표준액 0.02mℓ

② 실온에서 5분 방치한 후 파장 540nm에서 검체 및 표준의 흡광도를 읽는다.

③ [(검체의 흡광도/표준의 흡광도)×표준액의 Hb농도]로 검체의 Hb 농도(g/dℓ)를 산출한다.

④ Hb 표준액을 다음과 같이 희석하고 ①, ②를 실시한 후 표준곡선을 작성하여 Hb 농도를 산출할 수도 있다.

구분 (Tube)	S1	S2	S3
Hb 표준액(mℓ)	0.25	0.5	1.0
증류수(mℓ)	0.75	0.5	0
Hb 농도(g/dℓ)	3.75	7.5	15

라. 판정

측정값을 연령별 판정기준치(표 4-3)와 비교하거나 16세 이상의 여성은 아래의 표를 이용하여 평가한다.

	부족	약간 부족	양호
Hb(g/dℓ)	10	10~11.9	≥12
Hct(%)	31	31~37	≥38

(3) 헤마토크릿

헤마토크릿(hematocrit, Hct)은 전체 혈액의 부피 중에서 적혈구가 차지하는 비율을 나타내는 것으로서 측정이 간편하고 혈액량도 많이 필요하지 않아 헤모글로빈과 함께 철 영양상태 평가에 가장 보편적으로 사용되는 지표이다. 헤마토크릿은 대개 적혈구의 수에 따라 달라지며 일부는 적혈구의 평균 크기에 의해 영향을 받는다. 그러나 헤마토크릿은 헤모글로빈 합성이 저하되고 난 후에 감소하므로 심한 철 결핍상태에서만 저하되기 때문에 예민한 지표가 되지 못한다.

실험 · 실습 4-8. 헤마토크릿 측정

① 항응혈제가 들어있는 혈액이면 plain capillary tube에, 그리고 손끝에서 직접 검사할 때는 heparinized capillary tube에 혈액을 2/3가량 채운다.

② 그 한쪽 끝을 불꽃으로 태우거나 인조 찰흙으로 막는다.

③ Microhematocrit용 원심분리기에 capillary tube를 배열하고 12,000rpm에서 2~4분간 원심분리한다.

④ 혈액 전체의 부피와 원심분리된 적혈구층의 부피를 각기 자로 재어 %를 산출한 후 평가기준치 〈표 4-3〉과 비교하여 평가한다.

(4) 적혈구지표(Red cell indices)

① 평균 혈구부피(Mean corpuscular volume : MCV)

적혈구의 평균 크기를 나타내는 것으로 헤마토크릿치를 적혈구수로 나누어 계산한다. MCV는 철 결핍증이 심한 경우에만 감소하며 엽산이나 비타민 B_{12} 결핍시, 만성 간질환, 알코올 중독, 화학요법(chemotherapy)시 증가한다. 성인 남녀 모두 정상 범위는 80～120fL이다.

$$\text{평균 혈구부피(fL)} = \frac{\text{헤마토크릿}}{\text{적혈구수}(10^{12}/\ell)}$$

② 평균 혈구혈색소 농도(Mean corpuscular hemoglobin concentration : MCHC)

적혈구의 평균 헤모글로빈 농도를 의미하며 헤모글로빈을 헤마토크릿치로 나누어 계산한다. 연령의 영향은 적지만 철 결핍증이 심해진 다음에 감소하기 때문에 예민도는 낮다. 거대적아구성 빈혈에서는 정상치를 나타내며 정상수준은 320～360g/ℓ 이다.

$$\text{평균 혈구혈색소농도}(g/\ell) = \frac{\text{헤모글로빈}(g/\ell)}{\text{헤마토크릿}(\%)} \times 100$$

③ 평균 혈구혈색소(Mean corpuscular hemoglobin : MCH)

각 적혈구의 평균 헤모글로빈 농도를 의미하며 헤모글로빈을 적혈구수로 나누어 계산한다. 철 결핍성 빈혈에서는 감소하지만 거대적아구성 빈혈에서는 증가하며 기준치는 약 26～34pg이다.

$$\text{평균 혈구혈색소(pg)} = \frac{\text{헤모글로빈}(g/\ell)}{\text{적혈구수}(10^{12}/\ell)}$$

표 4-5 빈혈의 종류별 적혈구지표의 변화

적혈구지표	철 결핍성 빈혈 (소적혈구성, 저색소성)	거대적아구성 빈혈 (정상 색소성)	만성질병으로 인한 빈혈 (정상 적혈구성, 정상색소성)
MCV	낮음	높음	정상
MCHC	낮음	정상	정상
MCH	낮음	높음	정상

자료 : Gibson RS, 2005.

(5) 혈청 철, 총 철결합력, 트란스페린 포화도

① 혈청 철(Serum iron)

철은 철 운반 단백질인 트란스페린에 의해 운반되기 때문에 혈청 철 수준은 트란스페린과 결합된 철의 양과 같다. 혈청 철 농도는 밤낮의 변화가 상당히 있으며 매일의 변화도 있다.

② 총 철 결합력(Total iron binding capacity)

트란스페린(transferrin)은 분자량이 80,000인 철 운반 단백질이다. 철은 이동하기 위해서 트란스페린과 결합하여 철을 필요로 하는 부위로 이동하게 되며 한 분자의 트란스페린은 두 분자의 철을 운반할 수 있다.

총 철 결합력은 트란스페린의 철 결합 부위가 얼마나 비어있는가를 나타내는 지표로 트란스페린과 결합할 수 있는 철의 양을 말한다. 총 철 결합력은 철 저장고가 고갈되었을 때 증가하며 철 과잉과 감염시에 감소한다.

③ 트란스페린 포화도(Transferrin saturation)

트란스페린 포화도는 철에 의해 포화된 트란스페린의 비율로 총 철 결합력에 대한 혈청 철의 비율로 산출한다. 철 결핍성 빈혈의 경우 혈청 철 수준은 감소하며 총 철 결합력은 증가하여 결국 트란스페린 포화도는 감소하게 된다. 그러나 만성질환, 감염, 염증, 암 등에서는 저장 철의 양에는 변화가 없으나 골수나 트란스페린으로부터 철의 유출에 결함이 생기게 되어 혈청 철, 총 철 결합력, 트란스페린 포화도가 낮아지게 되므로 철 결핍과 감염을 구분할 수 있다.

$$\text{트란스페린 포화도(\%)} = \frac{\text{혈청 철(mol/}\ell\text{)}}{\text{총 철 결합력(mol/}\ell\text{)}} \times 100$$

표 4-6 철 결핍과 과잉 단계별 철 영양상태 지표들의 변화

	철 과잉	정상	철 고갈	철 결핍성 조혈	철 결핍성 빈혈
골수의 철	≥4+	2~3+	0~1+	0	0
총 철 결합력(μg/dℓ)	<300	330±30	360	390	410
혈장 페리틴(μg/ℓ)	>300	100±60	20	10	<10
철 흡수율(%)	>15	5~10	10~15	10~20	10~20
혈장 철(μg/dℓ)	>175	115±50	115	<60	<40
트란스페린 포화도(%)	>60	35±15	30	<15	<15
Sideroblasts(%)	40~60	40~60	40~60	<10	<10
적혈구 프로토포피린(μg/dℓ)	30	30	30	100	200
적혈구	정상	정상	정상	정상	소적혈구성/저색소성

자료 : Gibson RS, 2005.

(6) 혈청 페리틴

페리틴(ferritin)은 체내에서 철의 주요 저장형태로 철 결핍증을 판정할 때 가장 민감한 지표이다. 그러나 철 저장고가 고갈되면 혈청 페리틴 수준은 더 이상 철 결핍 정도를 반영하지 못한다. 혈청 페리틴은 철 과잉뿐만 아니라 감염, 염증, 손상, 종양에서도 증가한다.

(7) 적혈구 프로토포피린

프로토포피린(protoporphyrin)은 헴(heme)의 전구물질로 정상 적혈구에는 매우 소량 들어있다. 그러나 철 결핍의 2단계에서 철 저장량이 고갈되어 헴 합성이 원활하지 않을 때 적혈구에 축적되므로 적혈구 프로토포피린 농도는 철 부족을 나타내는 민감한 지표로 사용된다. 적혈구 프로토포피린은 감염, 염증, 종양에서도 증가하여 철 결핍과 구분되지 않는 것이 단점이다.

(8) 철결핍증의 판정 모델

철 영양상태의 변화를 정확하게 나타내는 단일 지표는 없기 때문에 철 영양상태를 판정하기 위해서는 몇 가지 지표를 함께 사용하는 것이 바람직하다. 따라서 철 영양상태를 판정하기 위한 복합적인 생화학적 지표 사용모델이 제시되고 있는데,

여기에는 4가지가 있다. 페리틴 모델(ferritin model)은 혈청 페리틴, 트란스페린 포화도, 적혈구 프로토포피린을 사용하며 철 결핍의 2, 3단계를 알아낼 수 있으나 과대평가하는 경향이 있다. 평균혈구부피(MCV model) 모델은 MCV, 트란스페린 포화도, 적혈구 프로토포피린을 사용하며 철 결핍의 2, 3단계를 알아낼 수 있다. 네가지 변수를 이용한 모델(four-variable model)은 MCV나 혈청 페리틴, 트라스페린 포화도, 적혈구 프로토포피린을 사용하며 철 결핍과 다른 원인에 의한 빈혈을 구분하는데 좋은 모델이다. 헤모글로빈 백분위수 전이 모델(hemoglobin-percentile shift model)은 헤모글로빈, 트란스페린 포화도, 적혈구 프로토포피린을 사용하며 역학연구에 유용한 방법이다.

2) 엽산 영양상태

엽산은 아미노산 대사와 핵산 합성과정에서 단일탄소를 운반하는 데 관여하는 조효소로서 결핍되면 DNA 합성의 저하, 세포분화와 단백질 합성이 지연되며 거대적아구성 빈혈이 나타난다. 엽산은 푸른잎 채소, 곡류, 콩 등에 많이 들어있어 채소 섭취가 적은 서양인들의 경우 결핍증이 가장 흔한 비타민이다. 엽산 결핍의 위험집단은 조숙아, 임신부, 노인, 알코올 중독자 등이다. 또한 경구피임약은 엽산의 흡수를 억제하므로 이들 약물을 복용하는 여성도 엽산 결핍증에 걸릴 위험이 높다. 엽산의 영양상태 판정을 위해서는 혈청과 적혈구의 엽산 농도를 직접 측정하는 방법이 가장 많이 쓰이고 그 외 히스티딘 부하검사, 디옥시유리딜 억제시험과 같은 기능검사법이 있다.

(1) 혈청 엽산

혈청 엽산 농도는 엽산 결핍에 의한 빈혈을 초기에 판정하기 위한 예민한 지표이며 엽산의 저장량을 나타내지는 못한다. 혈청 엽산 농도가 3ng/㎖ 이하이면 결핍상태, 3~5.9ng/㎖이면 한계 결핍상태, 6ng/㎖ 이상이면 적정수준으로 평가한다.

(2) 적혈구 엽산

적혈구 엽산 농도는 적혈구가 형성되는 시기의 체내 엽산 저장량을 반영하므로 체내 엽산 저장량의 고갈을 알려주는 유용한 지표이며, 최근의 섭취량에 따른 변화는 적다. 비타민 B_{12} 결핍일 경우에도 적혈구 엽산 농도가 감소하므로 엽산 결핍증을 정확하게 판정하기 위해서는 적혈구 엽산과 비타민 B_{12} 농도를 동시에 측정해야 한다. 적혈구 엽산 농도가 140ng/㎖ 이하이면 결핍상태, 140~160ng/㎖이면 한계 결핍상태, 160ng/㎖ 이상이면 적정수준으로 평가한다.

(3) 히스티딘 부하검사(Histidine load test)

히스티딘 부하검사는 히스티딘을 투여하면 엽산이 결핍되었을 때 formiminoglutamate(FIGLU)의 소변 중 배설량이 증가한다는 원리를 이용한다. 2~15g의 히스티딘을 투여하면 정상인은 소변으로 FIGLU가 5~20㎎ 정도 소량 배설되지만 엽산이 부족한 사람은 다량 배설하게 된다.

(4) 디옥시유리딘 억제시험(Deoxyuridine suppression test)

디옥시유리딘 억제시험은 DNA 합성이 잘 일어나는 세포를 이용하여 배양액에 디옥시유리딘을 첨가했을 때 세포들의 DNA 합성정도를 측정하는 방법이다.

(5) 엽산의 단계별 결핍 상태

엽산의 결핍상태는 4단계로 구분한다. 1단계는 엽산이 음의 평형상태로 혈청 엽산수준이 3ng/㎖ 이하로 감소한다. 2단계는 엽산의 고갈상태로 적혈구와 혈청 엽산수준의 저하가 나타난다. 3단계는 엽산 결핍성 조혈작용이 나타나는 단계로 디옥시유리딘 수치가 비정상이며 간의 엽산이 감소한다. 4단계에서는 적혈구의 크기가 커지고 적혈구의 형태가 타원형으로 변하는 엽산 결핍성 빈혈이 나타난다.

3) 비타민 B_{12} 영양상태

비타민 B_{12}는 코발트를 함유하고 있고 박테리아에 의해 동물 체내에서 합성된다. 사람의 경우 섭취량이 부족하여 생기는 결핍증은 흔치 않으며 대부분은 내인성인자(intrinsic factor)의 부족으로 인한 흡수불량이 원인이 되어 거대적아구성 빈혈이 나타난다. 내인성인자는 위의 벽세포에 의해 합성되는 당단백질로 위점막이 위축되었을 때 합성되지 않는다. 따라서 내인성인자 부족으로 인한 비타민 B_{12}의 결핍은 노인에서 흔히 나타나며, 위 절제수술이나 위점막에 심각한 손상을 입었을 때 나타날 수 있다.

비타민 B_{12}의 영양상태를 판정하는 가장 일반적인 방법은 혈청 비타민 B_{12}의 농도를 측정하는 것으로 체내 저장고가 고갈되면 혈청 수준이 감소한다. 혈청 비타민 B_{12}가 100pg/㎖ 이하이면 결핍증으로 판정한다. 비타민 B_{12}의 결핍이 일차적으로 판정되었을 때 실링검사(Schilling test)를 통해 결핍의 원인을 파악할 수 있다. 이 검사는 공복상태에서 비타민 B_{12}를 경구투여하고 소변으로 배설되는 양을 측정함으로써 비타민의 흡수부족으로 인한 악성빈혈을 판정할 수 있는 방법이다.

6. 무기질 영양상태

1) 칼슘 영양상태

칼슘은 뼈와 치아의 형성, 근육 수축, 혈액 응고 및 세포막의 유지에 필수적인 영양소이다. 성인의 체내에는 약 1,200g의 칼슘이 있으며 이중 약 99%는 뼈에 존재하고 나머지 1%만이 세포외액에 존재한다. 체액 중의 정상 칼슘농도는 〈표 4-7〉과 같다.

우리나라에서 칼슘은 가장 부족되기 쉬운 영양소이며, 최근 골다공증과 같은 칼슘의 영양문제에 대한 관심이 증가되고 있지만 현재 칼슘의 영양상태를 판정하는데 적합한 생화학적인 방법은 없다. 혈청 칼슘농도는 성인의 경우 평균 8.7~10.7mg/dℓ로 매우 안정되어 있어 체내 수준을 잘 반영하지 못하며, 오히려 체내 대사적 문제와 더 관련이 있다. 부갑상선저하증에서는 혈청 칼슘농도가 감소하며 부갑상선기능항진증, 갑상선기능항진증, 비타민 D 과잉증에서는 혈청 칼슘이 증가한다. 소변으로의 칼슘 배설은 혈액 칼슘에 비해 식사 칼슘 섭취량의 변화를 보다 잘 반영하지만 식사 중의 칼슘, 인, 단백질, 나트륨 등의 섭취와 관련이 있으며 혈청 칼슘농도의 영향을 받는다. 최근에는 골밀도를 측정함으로써 간접적으로 체내 칼슘 영양상태를 판정하는 방법이 많이 이용되고 있다.

표 4-7 체액 중의 정상 칼슘농도

	평균	정상범위
혈장		
총 칼슘(mmol/L)	2.5	2.3 ~ 2.75
칼슘이온(mmol/L)	1.18	1.1 ~ 1.28
복합칼슘(mmol/L)		0.15~0.30
단백질과 결합된 칼슘(mmol/L)		0.93~1.08
24시간 소변 중 칼슘 배설량(mmol/L)		
남자	6.22	1.25~12.5
여자	4.55	1.25~10
공복시 칼슘:크레아티닌 비(몰농도)		
남자	0.169±0.099	
폐경 후 여자	0.341±0.183	

자료 : weaver CM, 1990.

2) 아연 영양상태

아연은 많은 효소의 구성성분으로서 단백질 합성, 상처회복, 면역기능, 조직의 성장과 유지 등 다양한 대사과정에 관여한다. 체내에는 약 1.5~2.5g의 아연이 있으며 임신부와 아동에게 아연 부족이 나타날 수 있다.

혈청 아연농도는 아연의 영양상태를 평가할 때 많이 사용하는 지표로 70㎍/dℓ 이하이면 아연 부족이라고 판정한다. 그러나 혈청 아연은 신체의 아연에 대한 항상성 조절기능으로 섭취량 변화에 잘 적응하기 때문에 경미한 아연결핍의 판정방법으로 적합하지 않고 스트레스, 감염, 식사여부, 약물복용 등의 다른 요인들에 의해 영향을 받는다.

혈장이나 적혈구의 메탈로티오넨(metallothionen) 농도는 아연의 체내상태와 비례하여 아연 영양상태 판정에 사용된다. 특히 스트레스, 감염 등에 의해 혈청 아연은 감소하지만 메탈로티오넨은 증가하기 때문에 혈장 아연과 함께 측정하여 둘 다 감소할 때 아연 결핍으로 판정할 수 있다. 그밖에 소변 중 아연 배설량이나 머리카락의 아연농도를 측정함으로써 아연 영양상태를 판정할 수 있으나 아직까지 아연의 영양상태를 특별하고 민감하게 나타내는 생화학적 단일지표는 없다.

7. 비타민 영양상태

1) 지용성 비타민의 영양상태

지용성 비타민은 필요 이상의 과량을 섭취한 경우에도 배설되지 않고 체내 저장되기 때문에 수용성 비타민처럼 배설량을 측정해서 영양상태를 평가하지 않는다. 지용성 비타민의 영양상태는 일반적으로 혈청 비타민이나 대사물질의 농도를 측정함으로써 판정한다.

(1) 비타민 A 영양상태

비타민 A는 전세계적으로 결핍이 우려되는 영양소 중의 하나이며 우리나라에서도 섭취가 부족한 것으로 나타나고 있다. 비타민 A의 영양상태는 결핍(deficient), 한계상태(marginal), 적정상태(adequate), 과잉상태(excessive), 독성상태(toxic)의 5단계로 분류할 수 있다. 결핍이나 독성상태는 임상적 증상이 명백하여 임상적 진단에 의해 판정할 수 있으나 한계상태나 과잉상태는 다음과 같은 생화학적 검사를 통해 판정한다.

① 혈청 비타민 A

정상인의 경우 혈청 비타민 A의 95%는 레티놀의 형태로 레티놀 결합 단백질(retinol binding protein : RBP)과 결합되어 있으며 나머지 5%는 레티닐 에스터(retinyl ester)로 단백질과 결합되지 않고 유리상태로 존재한다. 체내 비타민 A 중에서 약 1%만이 혈장에 존재하기 때문에 혈청 레티놀 농도를 측정하는 방법은 체내 비타민 A의 상태를 민감하게 반영하지 못한다. 일반적으로 혈청 비타민 A 농도가 〈10㎍/dℓ이면 결핍상태, 10～20㎍/dℓ이면 약간 부족한 상태, 30～100㎍/dℓ이면 충분한 상태, 〉100㎍/dℓ(반 이상이 레티닐 에스터)이면 과잉상태로 평가한다. 혈청 레티닐 에스터의 수준은 정상인의 경우 매우 낮으나 비타민 A의 과잉 축적시 증가하는 것으로 알려져 있어 비타민 A의 과잉 축적을 판정하는 지표로 사용된다.

$$\text{RDR}(\%) = \frac{\text{5시간 경과 후의 혈청 레티놀} - \text{경구투여 당시의 혈청 레티놀}}{\text{5시간 경과 후의 혈청 레티놀}} \times 100$$

판정기준 〉50% : 심한 결핍 20～50% : 한계상태 〈 20% : 적정상태

② 상대적 투약반응(Relative dose response : RDR)

상대적 투약반응검사는 체내 레티놀 저장량이 많을 때는 비타민 A를 경구투여하여도 혈청 레티놀 농도에 별 변화가 없지만 저장량이 낮을 때에는 비타민 A를 경구투여하면 혈청 레티놀 농도는 증가하여 5시간 후에는 최고치에 도달한다는 원리에 근거한다. 이 방법은 간의 비타민 A 저장량을 측정하는데 사용되며 경미한 초기 결핍상태(한계상태)를 알 수 있다.

③ 암적응검사(Dark adaptation test)

암적응검사는 비타민 A가 부족하면 시자홍(rhodopsin)의 양이나 재생이 충분치 못하게 되어 눈이 밝은 곳에서 어두운 곳으로 쉽게 적응할 수 없다는 원리를 이용한 기능적 검사법이다. 비타민 A 결핍의 초기 발현인 야맹증을 판별하는데 사용될 수 있으며 비교적 짧은 시간에 적은 비용으로 측정할 수 있으나 재현성이 낮다는 단점이 있다.

(2) 비타민 D 영양상태

비타민 D는 장내 칼슘과 인의 흡수와 뼈의 석회화를 위해 필수적인 영양소로 식품을 통해 섭취하거나 자외선 조사를 통해 피부에서 합성된다. 비타민 D 영양상태는 섭취량과 햇빛에 노출되는 기회가 적은 노인들에서 저하될 수 있다. 비타민 D 결핍은 유아에서 구루병(rickets)으로 나타나며 성인에서는 골연화증(osteomalacia)으

로 나타난다.

비타민 D 영양상태를 평가하는데 사용되는 지표로는 혈청 25-OH-비타민 D_3, 혈청 알칼린 포스파테이즈 활성(alkaline phosphatase activity) 등이 있다. 혈청 25-OH-비타민 D_3는 가장 보편적으로 사용되며 간의 비타민 D 저장량을 반영해 주는 유용한 지표이다. 일반적으로 3ng/㎖ 이하이면 비타민 D 결핍, 3~10ng/㎖이면 한계결핍, 200ng/㎖ 이상이면 과잉상태로 평가한다. 혈청 알칼린 포스파테이즈(alkaline phosphatase)는 비타민 D에 비례적으로 증가하지만 다른 질병상태에 영향을 받는 단점이 있다.

(3) 비타민 E 영양상태

비타민 E는 항산화제로 작용하여 세포막의 손상을 막고 유리기의 발생을 억제한다. 비타민 E 영양상태를 평가하는 지표로는 혈청이나 조직의 비타민 E 농도를 측정하는 방법과 적혈구 용혈검사와 같은 기능적 검사법이 있다.

혈중 비타민 E는 LDL에 의해 운반되며 혈중 콜레스테롤, 총 지질 농도와 상관관계가 높다. 혈청 비타민 E 측정은 가장 보편적인 방법이지만 지질 농도의 영향을 받는다. 따라서 혈중 지질 농도를 함께 측정하여 혈청 중 총 토코페롤(mg)/총 지질(g)이 0.6 이상이면 양호한 것으로 판정한다. 적혈구 용혈검사는 혈청 토코페롤 농도와 반비례하는 것으로 알려져 있으나 특이성은 낮다. 적혈구를 세척하여 2% 과산화수소용액에 배양시킨 후 5% 이하의 용혈이 나타나면 정상으로 판정한다.

2) 수용성 비타민의 영양상태

수용성 비타민은 다량 섭취시 체내 저장되지 않고 소변을 통해 배설되므로 소변 중 배설량을 측정하여 영양상태를 평가할 수 있다. 수용성 비타민은 지용성 비타민에 비해 결핍증이 빠르게 나타나지만 임상진단보다 생화학적 검사를 통해 결핍상태를 보다 정확히 확인할 수 있다.

(1) 비타민 C 영양상태

비타민 C는 콜라겐 합성, 골격과 치아 및 모세혈관 유지에 중요한 역할을 하며, 철 흡수의 증진, 항산화작용을 하는 비타민으로서 결핍되었을 때는 괴혈병이 나타난다. 비타민 C의 영양상태를 평가하기 위한 지표로는 혈청이나 백혈구의 비타민 C 농도, 소변 중 비타민 C 배설량을 측정하는 방법이 보편적으로 사용된다. 혈청 비타민 C 수준이 0.1mg/dℓ 이하이면 결핍, 0.2mg/dℓ 이상이면 정상, 백혈구 비타민 C는 8 mg/dℓ 이하이면 결핍, 15mg/dℓ 이상이면 정상으로 판정한다. 그 밖에 기능적 검사법으로 비타민 C 포화시험, 모세혈관 취약성 시험 등이 있다.

실험 · 실습 4-9. 비타민 C 포화도검사(Ascorbic acid saturation test)

가. 원리

비타민 C 포화시험은 과량의 비타민 C를 공급한 후 소변으로 배설되는 양을 측정하는 방법으로, 비타민 C가 부족한 사람은 배설량이 적고, 반대로 비타민 C가 충분한 사람은 배설량이 증가하게 된다.

2,6-dichlorophenol이 ascorbic acid와 반응시 ascorbic acid가 산화되어 dihydroascorbic acid가 생성되는 원리를 이용하여 비타민 C의 영양상태를 판정할 수 있다.

나. 시약

① Stock indophenol solution(3.4M/ℓ)
100mg의 2,6-dichlorophenol indophenol의 sodium salt를 증류수에 녹여 100mℓ가 되게 한다. 이 액은 냉장보관 시 몇 달간 안정하다.

② Working indophenol solution(0.34M/ℓ)
5mℓ stock solution을 50mℓ volumetric flask에 넣어 증류수로 표선을 채운다. 이 액은 안정하지 못하므로 실험 직전에 만드는 것이 좋다.

③ Sodium citrate solution(0.15M/ℓ)
2.2g의 sodium citrate anhydrous를 증류수에 녹여 50mℓ가 되게 한다.

④ Mercuribenzoate solution(5.5mM/ℓ)
200mg의 *ρ*-hydroxy mercuribenzoate sodium salt를 증류수에 녹여 100mℓ가 되게 한다.

⑤ Metaphosphoric acid solution(0.38M/ℓ)
3g의 metaphosphoric acid(35%의 HPO_4^{2-} 함유)를 증류수에 녹여 100mℓ가 되게 한다. 이 용액은 냉장보관 시 1주일 정도 안정하다.

⑥ Stock standard solution(40mg/dℓ, 2.3mM/ℓ)
40mg ascorbic acid를 40mℓ의 증류수에 녹이고, metaphosphoric acid solution으로 100mℓ가 되게 한다. 냉장보관 시 한 달간 안정하다.

⑦ Working standard solution(0.8mg/dℓ, 45.4μM/ℓ)
1mℓ의 stock standard solution을 metaphosphoric acid solution과 증류수를 3 : 2의 비율로 섞은 혼합액으로 50mℓ가 되게 희석한다.

다. 방법

① Ascorbic acid 11mg/kg을 120~180mℓ 증류수에 녹인 후 경구투여한다.
② 섭취 후 4시간까지의 소변을 제 1용기에 수집하고, 그 후 4시간에서 6시간의 소변을 제 2용기에 수집하여 냉장보관한다(섭취 후 4~6시간 소변 중의 ascorbic acid 배설량이 최대치이다).
③ 수집한 소변의 총량을 측정한다.
④ 소변 2mℓ에 metaphosphoric acid 3mℓ를 넣어 잘 혼합한 후 10분간 원심분리한다.
⑤ 상층액 3mℓ에 mercuribenzoate solution 1mℓ를 넣어 잘 혼합한 후 10분 정도 방치하고 원심분리한다.
⑥ 3개의 test tube를 준비하여 각각 sample, standard, blank로 표시한 후 다음과 같이 넣고 각각 잘 혼합한 다음 indophenol solution으로 적정하여 소비된 mℓ수를 기록한다.

Sample 시험관	상등액 2mℓ + 0.5mℓ sodium citrate solution
Standard 시험관	표준액 2mℓ + 0.5mℓ sodium citrate solution
Blank 시험관	증류수 0.8mℓ + 1.2mℓ metaphosphoric acid solution + 0.5mℓ sodium citrate solution

⑦ 다음과 같은 공식에 의해 소변 중 ascorbic acid 배설량을 산출한다.

$$T(\text{mg/d}\ell) = \frac{\text{sample의 적정량} - \text{blank의 적정량}}{\text{standard의 적정량} - \text{blank의 적정량}} \times 0.8(\text{mg/d}\ell) \times \frac{5}{2} \times \frac{4}{3}$$

$$\text{Ascorbic acid 배설량} = T(\text{mg/d}\ell) \times \text{소변량}(\text{d}\ell)$$

라. 판정

정상인은 50mg(0.8mg/kg 체중) 이상의 비타민 C를 배설하며 결핍시에는 10mg 이하를 배설한다.

(2) 비타민 B_1 영양상태

비타민 B_1 영양상태 판정 지표에는 적혈구 transketolase 활성도, 혈청이나 적혈구의 비타민 B_1 농도, 소변 중 비타민 B_1 배설량 측정법이 있다. 적혈구 transketolase 활성도의 측정원리는 티아민을 필요로 하는 효소의 활성도를 측정하여 영양상태를 평가하는 것이다. 적혈구에 존재하는 transketolase 활성도를 측정하고 동일한 환경 조건하에서 TPP를 첨가하여 효소를 포화시킨 후에 활성도를 측정하여 활성도의 차이를 비교한다. 활성계수가 1.25 이상이면 결핍, 1.14~1.24이면 한계결핍, 1.15 이하이면 정상으로 평가한다.

$$\text{활성계수(Ac)} = \frac{\text{TPP를 포화시킨 transketolase의 활성도(+TPP)}}{\text{기본 transketolase의 활성도(−TPP)}}$$

(3) 비타민 B_2 영양상태

비타민 B_2의 영양상태를 판정하는데 사용되는 방법으로는 적혈구 glutathione reductase 활성도, 소변 중 리보플라빈 배설량 측정법이 있다. 적혈구 glutathione reductase 활성도의 측정 원리와 방법은 transketolase 활성도 측정과 동일하다. Glutathione reductase 활성계수가 1.4 이상이면 결핍, 1.2~1.4이면 한계결핍, 1.2 미만이면 정상으로 평가한다.

(4) 비타민 B_6 영양상태

비타민 B_6는 단백질 대사에 관여하는 아미노기 전이효소의 보조효소로서 pyridoxal 5'-phosphate(PLP) 형태로 주로 존재한다. 비타민 B_6의 영양상태를 나타내는 지표로는 혈장 PLP, 소변의 4-pyridoxic acid, 소변의 비타민 B_6, 적혈구 transaminase 활성도, 트립토판 부하검사(tryptophan load test) 등이 있다. 트립토판 부하검사는 트립토판이 나이아신으로 전환되는 과정에 PLP가 필요하며 비타민 B_6 결핍상태에서는 이상 대사산물인 xanthurenic acid의 소변 중 배설량이 증가한다는 원리를 이용한 방법이다. 2g의 트립토판을 경구 투여한 후 24시간 소변 중 xanthurenic acid 배설량이 20~30㎖ 이하이면 정상, 50㎖ 이상이면 결핍으로 판정한다.

(5) 나이아신 영양상태

나이아신의 영양상태는 소변으로 배설되는 N'-methyl nicotinamide 또는 N'-methyl nicotinamide에 대한 2-pyridon의 비율을 측정하여 판정한다. 이 비율이 1.0 이하이면 결핍, 1.0~4.0이면 정상으로 판정한다. 그밖에 혈액으로부터 추출한 나이아신을 성장성분으로 하는 *Lactobacillus plantarum*의 성장을 관찰함으로써 나이아신의 영양상태를 판정할 수 있다.

8. 혈액학적 기본검사

1) GOT, GPT

좋지 않은 영양상태나 다양한 질환에 의해 간기능은 저하될 수 있으며, 간기능 이상에 민감하게 반응하는 효소를 측정하여 간기능을 평가할 수 있다. GOT(glutamic oxaloacetic transaminase)는 간, 심장, 근육 등에 많이 존재하는데, 이들 기관이 손상되면 혈액으로 이 효소가 방출되어 혈중 활성도가 증가하게 된다. GPT(glutamic pyruvic transaminase)는 간에 특히 많이 존재하며, 신장, 근육, 심장 등에도 많이 들어있다. 간염, 간경변, 담관폐쇄 등으로 간이 손상되면 혈액으로 이 효소가 방출되어 혈중 활성도가 증가하게 된다. 따라서 혈청 GOT, GPT의 활성을 측정함으로써 간기능 상태를 판정할 수 있으며, 그 측정방법은 다음과 같다.

실험 · 실습 4-10. 혈청 GOT, GPT 측정

가. 원리 (Reitman-Frankel법)

$$\text{L-Aspartate} + \alpha\text{-Ketoglutarate} \xrightarrow{\text{GOT}} \text{Oxaloacetate} + \text{Glutamate}$$

$$\text{Oxaloacetate} \downarrow \text{Pyruvate}$$

$$\text{DL-Alanine} + \alpha\text{-Ketoglutarate} \xrightarrow{\text{GPT}} \text{Pyruvate} + \text{Glutamate}$$

위의 반응으로 생성된 pyruvate에 발색액을 넣으면 hydrazone이 되고, 여기에 NaOH를 섞으면 등적색으로 발색된다. 이 발색농도를 Karmen이 지정한 조건에서의 실험치인 GOT 및 GPT 효소단위에 의하여 작성한 표준검량선으로 읽어서 GOT 및 GPT 효소단위를 정량한다.

나. 시약

① GOT 기질액 100mℓ

② GPT 기질액 100mℓ

③ 발색액(2,4-dinitrophenylhydrazine) 100mℓ

④ 4N NaOH 100mℓ
증류수로 10배 희석하여 0.4N NaOH액을 만든다.

⑤ 기준액(2mM pyruvate) 5mℓ

다. 방법

① 2개의 시험관 tGOT, tGPT에 기질액을 0.5㎖씩 취하고 37℃ 수조에서 2~3분간 가온한다.

② 피검 혈청 0.1mℓ를 넣고 37℃ 수조에서 GOT는 60분, GPT는 30분 가온한다.

③ 발색액 0.5mℓ를 넣고 실온에서 20분간 방치한다.

④ 0.4N-NaOH 5.0mℓ를 넣어 충분히 혼합한 후 증류수를 blank로 하여 파장 505㎚에서 흡광도를 읽는다.

⑤ 다음과 같이 조작하여 표준곡선을 작성한 후 검체의 GOT, GPT값을 산출한다. GOT, GPT값의 단위는 Karmen unit이며, 1 Karmen unit은 25℃에서 1cm의 light path를 가진 cuvet 내에 3mℓ의 반응용액이 1분간에 340nm의 파장에서 흡광도가 0.01씩 변화하는 것으로 정의한다.

시험관	1	2	3	4	5
기준액(mℓ)	0	0.1	0.2	0.3	0.4
기질액(mℓ)	1.0	0.9	0.8	0.7	0.6
증류수(mℓ)	0.2	0.2	0.2	0.2	0.2
발색액(mℓ)	1.0	1.0	1.0	1.0	1.0
실온에서 20분 방치					
0.4N NaOH(mℓ)	10.0	10.0	10.0	10.0	10.0
충분히 혼합 후 증류수를 blank로 하여 505nm에서 각 시험관의 흡광도를 읽는다.					
GOT효소 단위	0	24	61	114	190
GPT효소 단위	0	28	57	97	150

라. 판정

		GOT 활성치	GPT 활성치	비 고
	정 상 치	8~40단위	5~35단위	
	경 계 치	40~50단위	35~45단위	
	증 가	50단위 이상	45단위 이상	
간질환	급성간염, 중독성 간염	뚜렷이 상승	뚜렷이 상승	GOT < GPT
	만성간염, 간경변증	빈도수가 경도 또는 중등도 상승	빈도수가 경도 상승	GOT > GPT
	폐쇄성 황달, 간암	경도, 중등도 상승	경도 상승 또는 정상	GOT > GPT
근육질환	심근경색	상승(100~500단위)	정상	발작 후 24시간 이내에 상승, 3~6일이면 정상화, 250단위 이상 예후불량
	진행성 디스트로피	상승(250단위 이하)	정상	
	피부근염			

2) Alkaline phosphatase

Alkaline phosphatase(ALP)는 간, 골격, 태반, 소장 등에서 발견되며, 이들 기관의 질병 가능성을 진단하는데 사용된다. 부갑상선 호르몬의 과다분비나 간질환에서 혈중 ALP는 증가하여 골격으로 칼슘의 침착이 증가한다. 성인의 정상치는 13~39units/ ℓ 이다.

3) 빌리루빈

빌리루빈은 담즙을 구성하는 주요 색소로서 간, 비장에서 생성되거나 골수에서 헤모글로빈이 분해되어 혈액으로 유출된다. 빌리루빈 농도가 2㎎/dℓ 이상이면 황달로 판정하며, 정상치는 0.1~1.2㎎/dℓ이다.

4) 혈액요소질소(Blood urea nitrogen : BUN)

요소는 단백질 대사의 최종 산물이며 간에서 생성되어 신장을 통해 배설된다. BUN은 신장기능의 손상을 나타내는 척도이며 탈수, 위장관 출혈, 울혈성 심부전, 고단백 식사시에도 증가한다. 반면 간질환, 영양불량, 스테로이드제 사용시에는 감소한다. 성인의 정상치는 10~18㎎/dℓ이다.

실험 · 실습 4-11. BUN 측정

가. 혈액의 제단백 원리 및 시약

① 원리(Folin-Wu법)

Sulfuric acid와 sodium tungstate를 작용시켜 얻은 tungstic acid는 protein과 결합하여 응고 침전된다.

$$H_2SO_4 + Na_2WO_4 \rightarrow H_2WO_4 + Na_2SO_4$$
$$H_2WO_4 + \text{protein} \rightarrow \text{protein precipitate(침전)}$$

② 시약

ㄱ. Sodium tungstate dihydrate($Na_2WO_4 \cdot 2H_2O$)

Sodium tungstate dihydrate 10g을 100㎖ volumetric flask에 넣어 용해시키고 표선까지 증류수로 채워 잘 흔든다.

ㄴ. Sulfuric acid(2/3N)

$1N-H_2SO_4$ 666㎖에 증류수 334㎖를 가한다.

나. BUN의 측정 원리 및 시약

① 원리(Oxime법)

Urea와 diacetyl monoxime을 반응시키면 다음과 같은 반응이 일어난다(Fearon reaction).

$$\text{Diacetyl monoxime} + H_2O \longrightarrow \text{Diacetyl} + \text{Hydroxylamine}$$

$$\text{Diacetyl} + \text{Urea} \xrightarrow{H^+} \text{Diazine derivative(Yellow)} + 2H_2O$$

그러나 thiosemicarbazide와 같이 반응을 시키면 붉은 빛깔의 안정된 물실을 생성하며, Beer의 법칙이 잘 성립되어 요소에 특이적인 반응이라고 할 수 있다.

② 시약

ㄱ. Oxime 용액

1g의 diacetyl monoxime과 0.2g의 thiosemicarbazide와 9g의 sodium chloride를 증류수에 녹여 1ℓ로 만든다. 갈색병에 보관하면 냉장고에서 1개월간 안정하다.

ㄴ. 산용액

60㎖의 진한 sulfuric acid와 10㎖의 진한 phosphoric acid를 약 800㎖의 증류수에 서서히 섞으면서 넣고 0.1g의 ferric chloride를 넣어 녹이고 총량이 1ℓ 되게 증류수로 채운다.

ㄷ. Folin-Wu 제단백시약

· Sodium tungstate dihydrate($Na_2WO_4 \cdot 2H_2O$)(10%)

· Sulfuric acid(2/3N)

ㄹ. 표준액

· 보존표준액(Stock solution)

2g의 sodium benzoate를 1ℓ의 증류수에 녹여 놓고 여기에 0.8㎖의 진한 황산을 넣는다. 이 용액을 사용하여 322㎎의 urea를 500㎖의 용량플라스크에 녹여 눈금을 맞춘다 → 30㎎% urea nitrogen액

· 사용표준액(Working solution)

10㎖의 보존표준액을 용매로 희석하여 100㎖ 되게 한다. → 3㎎% urea nitrogen액

다. 방법

① 혈액 0.5mℓ를 시험관에 취하고 증류수 3.5mℓ를 넣어 섞은 후 10% Na_2WO_4 0.5 mℓ를 가하여 섞고 ⅔N-H_2SO_4 0.5mℓ를 서서히 섞으면서 넣은 후 세게 다시 섞는다. 3분간 방치 후 여과하거나 원침한다.

② 3개의 시험관을 준비하여 T(test), B(blank), S(standard)로 표시하고 T관에는 제단백액 1mℓ, B관에는 증류수 1mℓ, S관에는 표준액 1mℓ를 넣는다.

③ 3개의 각 시험관에 3mℓ의 oxime 용액과 3mℓ의 산용액을 넣는다.

④ 시험관을 끓는 물에 정확히 15분간 담가 발색시킨다.

⑤ 냉각시킨 후 파장 520nm에서 B 시험관을 맹검관으로 T 시험관과 S 시험관의 흡광도를 읽는다.

⑥ 다음과 같은 공식에 의해 혈액 요소질소량(BUN)을 계산한다.

$$\text{Blood urea(mg/d}\ell) = \text{BUN} \times 2.14(\text{단백계수})$$

$$\text{BUN(mg/d}\ell) = \frac{A_T}{A_S} \times 3(\text{mg/d}\ell) \times 10(\text{혈액 희석배수})$$

라. 판정

정상치는 10~18 mg urea nitrogen/dℓ blood(22~40mg urea/dℓ blood)이다.

5) 유산 탈수소효소(Lactate dehydrogenase : LDH)

LDH는 근육, 심장, 간, 췌장, 비장, 뇌 등의 조직세포가 손상되었을 때 혈액으로 방출되어 혈액 농도가 증가한다. 성인의 정상치는 45~90units/L이다.

6) 혈당

혈당은 당뇨병의 진단 및 관리에 매우 유용한 지표이며 신뢰도는 비교적 높지만 경증의 당뇨병인 경우에는 민감도가 떨어지는 지표이다. 공복 시 혈당의 정상 범위는 60~115mg/dℓ이다. 혈당치가 200mg/dℓ 이상이고, 당뇨병의 전형적인 증상인 다음, 다식, 다뇨, 체중감소, 잦은 감염 등이 나타나면 당뇨병이라고 진단한다. 이러한 임상적 증상이 없는 경우에 공복 혈당을 두 번 측정하여 각각 126mg/dℓ 이상으로 나타나면 당뇨병으로 진단할 수 있다.

실험 · 실습 4-12. 혈당 측정

가. 원리

제단백 혈청 중의 glucose는 alkaline copper tartarate 용액 중에서 가열하면 동이 환원되는데, 여기에서 생긴 아산화동(Cu_2O)은 arsenomolybdic reagent나 phosphomolybdic acid와 작용하여 안정한 청색을 나타낸다. 이 청색은 glucose의 농도에 비례하므로 glucose의 양을 알 수 있다.

나. 시약

① Alkaline copper tartarate

500mℓ erlenmeyer flask에 sodium carbonate 24g과 tartarate 12g을 넣어 약 200mℓ의 증류수로 완전히 녹인 후 10% copper sulfate 40mℓ를 흔들면서 넣는다. 그 위에 sodium bicarbonate 16g을 넣어 완전히 녹인다. 다른 1ℓ erlenmeyer flask에 sodium sulfate 180g을 넣어 600mℓ의 끓인 증류수에 녹이고 식힌 후, 1ℓ volumetric flask에 옮기고 copper sulfate 희석액을 합쳐서 증류수로 표선까지 채운다. 빈 flask는 증류수로 몇 번 씻어 넣도록 한다.

② Arsenomolybdate solution

Ammonium molybdate 50g을 900mℓ 증류수에 녹이고 42mℓ의 진한 황산을 넣어 잘 흔든다. Disodium ortho-arsenate 6g을 따로 50mℓ 증류수에 녹여서 붓고 1ℓ volumetric flask의 표선까지 증류수로 채운다. 이것을 37℃ water bath에서 48시간 incubation한 후 갈색병에 옮겨 실온에 보관한다.

③ Stock standard solution(10mg/mℓ)

Pure glucose 1.0g을 0.2% benzoic acid로 100mℓ 되게 한다.

④ Working standard solution(0.1mg/mℓ)

Stock standard solution 1mℓ를 0.2% benzoic acid로 100mℓ 되게 한다.

⑤ Working standard solution(0.2mg/mℓ)

Stock standard solution 2mℓ를 0.2% benzoic acid로 100mℓ 되게 한다.

다. 방법

① 4개의 test tube에 각각 T(test), S_1(standard, 0.1mg/mℓ), S_2(standard, 0.2mg/mℓ), B(blank)로 표시하고 다음과 같이 한다.

	T	S_1	S_2	B
제단백 혈청	1mℓ			
Standard(0.1mg/mℓ)		1mℓ		
Standard(0.2mg/mℓ)			1mℓ	
Distilled water				1mℓ
Alkaline copper tartarate	1mℓ	1mℓ	1mℓ	1mℓ
Boiling water bath에서 15분간 끓인 후 식힌다.				
Arsenomolybdate solution	1mℓ	1mℓ	1mℓ	1mℓ
잘 흔들고 25mℓ 표선까지 증류수로 채우고 다시 잘 섞는다.				

② 파장 520nm에서 B를 blank로 T, S_1, S_2의 흡광도를 읽는다.

③ S_1을 이용할 때는 [(T 흡광도/S_1 흡광도)×100], S_2를 이용할 때는 [(T 흡광도/S_2 흡광도)×200]으로 검체의 혈당농도(mg/dℓ)를 산출한다.

라. 판정

공복 시 혈당이 110mg/dℓ미만이면 정상, 126mg/dℓ 이상이면 당뇨인 것으로 판정한다.

7) 포도당 내성검사(Glucose tolerance test : GTT)

포도당 내성검사란 성인의 경우 75g, 어린이는 1.75g/kg에 해당하는 양의 포도당 용액을 마시고 정맥혈을 3시간 동안 일정 시간 간격으로 채취하여 혈당의 변화를 관찰하는 것으로 혈당 검사법보다 당뇨병 진단에 대한 민감도가 높은 검사법이다.

실험 · 실습 4-13. 포도당 내성검사

가. 원리

일정량의 포도당을 경구 투여하면 정상인은 포도당을 준 후 30~60분에 최고 혈당치를 나타내고, 그 후 간의 glycogen 합성, insulin의 작용 및 말초 조직의 포도당 이용 항진 등으로 혈당은 떨어지기 시작한다. 2시간 경에는 포도당을 주기 전보다 더 낮은 혈당치를 보이다가 다시 점차 올라가서 처음과 같아진다.

나. 방법

① 검사 전날 저녁 식사는 보통대로 하고, 다음날 아침 공복상태(12~18시간 공복)에서 채혈한다.

② 포도당 100g을 200~300mℓ의 물에 녹이고 마시기 좋게 레몬주스 등을 몇 방울 떨어뜨린다. 이 포도당용액을 섭취한 후 30분, 60분, 120분 및 180분마다 채혈하여 혈당을 측정한다.

다. 판정

정상인은 포도당을 주면 1시간 후에 그 혈당이 100~150mg/dℓ로 올라가고 2시간 안에 정상으로 떨어지는데 당뇨병 환자는 혈당이 더 높게 올라가고 2시간 후에도 정상으로 떨어지지 않는다. 공복 시 혈당이 126mg/dℓ 이상이고 포도당 공급 1~2시간 후의 혈당이 200mg/dℓ 이상이면 당뇨병으로 진단한다.

참고문헌

1. 대한생화학?분자생물학회, 『실험생화학』, 1995
2. 이삼열. 『임상병리실험법』. 연세대학교 출판부, 1987
3. 한국지질동맥경화학회 고지혈증 치료지침 제정위원회. 고지혈증 치료지침 「고지혈증과 동맥경화」, 2003
4. Blackburn GL, Bistrainn BR, Maini BS, Schlamm HT, Smith MF. Nutritional and metabolic assessment of the hospitalized patient. J Parenter Enteral Nutr 1(1): 11-22, 1977
5. Friedewald WT, Levy RI, Fredricson DS. Estimation of concentration of low density lipoprotein cholesterol in plasma, without use of the preparative ultracentrifuge. Clin Chem 18(6): 499-502, 1972
6. Gibson RS. Principle of nutritional assessment, 2nd ed., Oxford University Press, New York, 2005
7. Jelliffe DB, Jelliffe EFP. Community nutritional assessment: With special reference to less technically developed countries. Oxford University Press, New York, 1989
8. Lee RD, Nieman DC. Nutritional assessment, 4th ed., Mosby, St. Louis, 2007
9. Weinsier RL, Morgan SL, Perrin VG. 『Fundamentals of clinical nutrition』, 1993
10. Weaver CM. Assessing calcium status and metabolism. J Nutr 120(Suppl 11): 1470-3, 1990

5 임상영양조사

1. 임상영양조사의 개요

임상적인 영양판정은 영양상태의 변화에 의해 나타나는 신체 징후의 유무와 정도를 조사하는 것으로, 병력(medical history), 식사력(dietary history) 조사 및 임상진단(physical examination)을 통해 조사한 영양불량 징후(sign)와 조사대상자가 호소하는 증상(symptom)에 대한 종합적인 해석으로 이루어진다. 임상영양조사를 위해서는 조사대상자를 직접 보고 임상적 증상을 진단할 수 있는 의료 전문인이나 적절한 훈련을 받은 조사자가 필요하다. 이 조사방법은 특별한 장비나 채취한 시료의 분석을 위한 특별한 분석장치를 갖춘 실험실이 필요한 것이 아니므로 다른 판정방법에 비해 상대적으로 비용이 적게 드는 이점이 있다. 한편, 임상적 조사는 질병이 분명하게 나타나거나 영양불량 상태가 상당히 진전되었을 때 유용한 방법이다. 그러나 영양상태의 평가는 신체에 심각한 증세가 나타나기 이전에 즉, 영양불량이 시작되려는 한계적 시점(marginal point)에서 영양불량을 찾아내야 한다. 또한, 임상적 증상은 특정 영양소의 결핍으로만 나타나는 것이 아니며 복합적이고, 여러 가지 영양 결핍증이 동시에 나타나기 때문에 임상조사 결과는 식사섭취조사, 신체계측 및 생화학적 분석 결과와 함께 검토되어야 한다.

2. 병력 및 식사력 조사

1) 병력조사(Medical history)

임상영양조사의 첫 단계는 대상자의 병력을 조사함으로써 영양불량의 위험 요인을 파악하는 것이다.

병력에 관한 정보는 의무기록을 검토하거나 개인면담 및 질문지를 통해 수집할 수 있다. 병력조사에는 다음과 같은 사항이 포함되어야 한다. 첫째, 조사대상자의 병력에 관한 내용으로 과거와 현재의 영양상태와 관련된 진단명과 진단과정, 수술경력, 약물복용 등이다. 둘째, 영양상태에 영향을 주는 다른 요인들도 조사해야 하는데 씹거나 삼키는 능력, 식욕, 구토나 설사, 변비, 부종, 복부팽만, 소화불량 등이다. 셋째, 사회심리적인 요인으로 조사대상자의 연령, 직업, 교육수준, 결혼유무, 수입정도, 주거상태 등이다. 기타 자세한 병력의 조사내용은 〈표 5-1〉과 같다. 또한 조사된 내용은 기록으로 남겨야 하는데 두 가지 형태의 기록 방법이 사용된다.

표 5-1 병력과 식사력의 조사내용

구 분	조사 내용
병 력	• 최근의 체중변화 • 평소체중과 표준체중 비교 소아의 경우 : 연령에 따른 발육정도 평가 • 임산부의 경우 : 정상적인 체중증가 여부 평가 • 대사 요구량이 증가되는 질환의 유무 확인 발열, 감염, 외상, 화상, 갑상선 기능항진증, 유아기, 임신 여부 • 영양소 손실이 증가되는 질환의 유무 확인 만성 신투석(renal dialysis), 누공(draining fistula), 상처, 농양(draining abscesses), 삼출성 장질환(단백질 손실) • 만성질환의 유무 확인 당뇨병, 고혈압, 고지혈증, 만성 폐질환, 만성 신질환, 만성 간질환, 폐질환, 순환기 장애 또는 심부전, 암, 간질, 류마티스성 관절염, 정신질환, 소화성 궤양 • 최근 수술 및 질환 여부 확인 • 장기간의 혼수상태 유무 확인 • 소화기 질환 유무 확인 선천성 기형, 췌장 기능부전, 심한 설사, 장피누공(enterocutaneous fistula), 흡수불량 상태(실리악병, 크론병, 기생충 감염, 악성빈혈) • 소화기 수술 여부 위 또는 장 절제술, 장우회술(intestinal bypass)
사 회 력	• 수입정도 • 식품구매능력 • 가족구성원 • 신체 장애 여부 • 약물 또는 알코올중독 • 조리기구 구비 여부 • 흡연 • 노인 : 환경에 따른 적응 여부, 주거환경, 정신적 문제, 빈곤 여부

식사력	• 섭취량의 적정 여부 • 식욕저하 여부 • 음주 여부 • 의치 사용 여부 • 다양하지 못한 식사나 유행식품의 사용 여부 • 질병에 따른 식사제한 여부 • 신경성 식욕부진 여부 • 입맛의 변화(미각상실증 포함) • 두경부의 외상 및 수술 여부 • 저작 및 연하능력 문제 여부 • 문화 및 종교에 따른 식품 선택의 제한 여부 • 외식의 빈도 • 장기간(10일 이상)의 금식 여부(IV투여 및 항생제 과다사용 여부) • 약과 영양소의 상호작용 • 노인 : 장기간의 부적절한 식습관, 불충분한 영양지식, 유행식품의 남용 여부
약물상태	• 처방된 약물의 과다사용 여부 • 약물의 중복 복용 • 약물 중독 • 장기간 약물 복용 • 영양 보충제 및 종합 영양제의 사용 여부 • 변비약 남용 여부 • 제산제 남용 여부

자료 : 대한영양사회, 2000.

(1) 급원중심적 기록방법(Source-oriented medical record : SOMR)

건강관리과정에서 얻어지는 정보의 급원에 따라 정리하는 방법이다. SOMR은 환자의 기본자료, 입원기록, 의사의 처방, 검사결과, 약물에 대한 기록, 상담기록 등으로 구성된다.

(2) 문제중심적 기록방법(Problem-oriented medical record : POMR)

POMR은 새로운 기록체계로 자료수집 과정에서 얻어지는 문제에 따라 기록되며 건강진료팀의 모든 구성원의 활동을 조정해준다. 이것은 기초자료와 완전한 문제 리스트, 초기치료 계획과 진행과정의 4단계로 기록되며, flow sheet 등이 포함된다.

이렇게 조사된 정보는 영양 결핍증이 일차적으로 부적합한 식사섭취 때문인지 혹은 이차적인지를 밝혀준다. 이차성 결핍의 경우에는 식사섭취는 충분하지만 약물이나 다른 식이요인, 혹은 질병 등 다른 요인이 영양소의 소화, 흡수, 운반, 이용과 배설을 방해하는 경우이다.

2) 식사력조사(Dietary history)

영양불량 상태는 영양소의 섭취, 소화, 흡수, 대사, 배설 및 요구량에서의 변화 등에 기인한다. 따라서 조사대상자에 대한 정보를 얻을 때는 반드시 식습관에 대한 내용이 포함되어야 한다. 식사력 조사내용에는 일상적인 식사형태, 기호도, 알러지, 식품구매력, 음식 조리능력, 비타민과 무기질 및 영양보충제의 사용여부 등이 포함되어야 한다. 예를 들면, 식욕이나 포만감 혹은 식사시의 불편함에 대해 질문할 때 식품기호가 변했는지, 식사와 관련된 통증이나 불편함이 있었는지를 물어야 한다. 씹고 삼키는 능력에 대한 질문은 매우 중요하며 특히 나이든 노인에서는 반드시 물어보아야 한다.

3. 임상평가표

임상적인 징후로 영양상태를 판정하는 것은 임상적 징후가 비특이적으로 나타나고 판정의 기준이 불분명하기 때문에 어렵다. 따라서 이러한 문제를 줄이고 보다 표준화된 임상평가를 하기 위해서 평가표를 이용하여 영양상태의 임상적 평가를 하게 된다. 조사대상자의 과거의 건강상태와 신체적인 조사를 통해 조사대상자의 영양상태를 평가하는 임상적인 기법인 주관적이고 종합적인 평가표(subjective global assessment : SGA)를 사용하여 임상평가를 할 수 있다〈표 6-7 참조〉.

4. 임상징후 조사

Jelliffe에 의하면 임상진단이란 '영양불량으로 인하여 피부, 눈, 머리카락, 점막 등 상피조직이나 기관에 나타나는 변화를 관찰하는 것' 이다.

영양소의 섭취가 부족하거나 과다하여 이 영양소의 이용에 장애가 생기게 되면 영양소의 체내 저장량에 변화가 오며 그 결과, 영양소의 혈중 농도나 조직에 해부학적인 변화로 발생되는 기능장애로 말미암아 다양한 신체 징후가 나타나게 된다. 영양불량과 관련된 신체적 변화는 〈표 5-2〉와 같다.

표 5-2 영양상태를 나타내는 신체적 징후

신체부위	건강한 상태	영양불량 상태	결핍 영양소
목	갑성선이 비대하지 않음	갑상선비대	요오드
피부	부드럽고 약간 촉촉하며 피부의 혈색이 좋음	• 창백 • 각화증(keratosis) • 박편피부염 (flaking dermatitis) • 피부침착변화	• 엽산, 철, 비타민 A, 비타민 B_{12} • 비타민 A • 단백질, 에너지, 나이아신, 비타민 B_2 • 나이아신, 단백질, 에너지
안구	맑고 반짝임, 눈가에 무른 곳이 없고 점막은 물기가 있고 충혈되지 않음	• 야맹증 • 수명, 흔들림, 결막충혈	• 비타민 A • 비타민 B_2, 비타민 A
구강	혀 : 보기좋은 분홍색이거나 붉은색, 붓거나 상처난 부위가 없고 표면이 오돌오돌함 잇몸 : 선명한 분홍색으로 붓거나 피가 나지 않음	• 설염 • 구순구각염(cheilosis) • 미각감퇴(hypogeusia) • 혀갈라짐 • 혀 위축 • 잇몸출혈	• 비타민 B_2, 엽산, 나이아신 • 비타민 B_2 • 아연 • 나이아신 • 비타민 B_2, 철, 나이아신 • 비타민 C
손톱	윤기가 있고 연분홍색	• 스푼형 • 횡행선	• 철 • 단백질
복부	혹 같은 것이 만져지지 않고 복수가 없음	복부팽만, 복수, 간비대	단백질, 에너지
머리카락	윤기가 있음	숱이 적고 잘 빠짐	단백질, 에너지
팔, 다리	자세가 바르고 팔다리가 곧음, 근육이 잘 발달되었고 단단함	• 부종 • 골연화증 • 관절통 • 근육쇠약 • 근육연화, 근육통	• 단백질, 비타민 B_1 • 비타민 D • 비타민 C • 단백질, 에너지, 비타민 C • 비타민 B_1
신경	주의력이 좋고 침착함 반사작용이 정상이고 정서적으로 안정됨	경련(tetany), 강축증, 지각이상(paraesthesia), 반사상실, 팔다리 떨림	칼슘, 마그네슘, 비타민 B_1
일반 외형	키, 나이에 적당한 체중, 원기가 왕성하며 숙면을 취함	• 마르고 지쳐 보임 • 식욕부진	• 에너지 • 단백질, 에너지

자료 : 대한영양사회, 2000.

임상진단은 피하지방의 손실, 근육의 손실 및 영양평가의 3단계로 이루어진다. 피하지방의 손실은 어깨, 삼두근, 가슴, 손의 4곳에서 피부가 꽉 차지 않고 헐거워진 느낌이 있는지를 검사하여 정상(0), 경미한 손실(1+), 중등정도의 손실(2+), 심한 손실(3+) 등으로 분류한다. 근육의 손실은 어깨 옆 근육의 손실이 얼마나 있는가와 발목, 천골(sacrum : 요추 바로 하방의 삼각형의 골)에서 나타나는 부종을 검사한다. 부종의 여부는 한 부위를 눌렀을 때 5초 이상 눌려진 자리가 없어지지 않으면 부종으로 간주한다. 마지막 단계의 영양평가는 조사자의 주관적이고 종합적인 분석을 통해 이루어진다. 대상자가 10% 이상의 체중 감소가 계속되거나 식사 섭취가 불충분하거나 피하지방과 근육 손실이 나타나면 영양불량 상태로 분류한다(C등급). 최소한 5%의 체중감량과 식사 섭취량의 감소가 나타나고 경미하거나 중등 정도의 피하지방과 근육의 손실이 있을 때는 중등 정도의 영양불량으로 분류한다(B등급). 6개월간 평균 체중이 5~10% 정도 감소되었더라도 최근에 체중증가가 있고 식욕이 증가하거나 다른 조사항목이 좋아지면 영양상태가 좋은 것으로 분류한다(A등급).

임상진단의 해석을 돕기 위해 특정 영양소의 결핍으로 나타나는 신체적 징후들을 그룹으로 나누어 분류하기도 한다. 즉, 특정 영양소의 결핍으로 나타나는 신체적 징후는 한 가지 이상이므로 여러 가지 징후가 관찰되면 특정 영양소의 결핍 확률이 높은 것으로 평가한다. 여러 가지 징후의 발현 정도를 관찰하여 징후가 많이 관찰되면 영양소 결핍의 위험률이 높은 것으로, 1~2가지 징후만 관찰되면 위험을 다소 내재하고 있는 것으로, 그리고 징후가 관찰되지 않으면 위험이 낮은 것으로 판정한다.

5. 임상영양조사의 제한점과 한계

임상적 진단을 이용한 영양상태 평가는 조사비용이 저렴하며 손쉽게 평가할 수 있는 장점이 있는 반면, 다음과 같은 몇 가지 제한점을 가지고 있다. 첫째, 신체에 나타나는 여러 증상은 오랜 기간에 걸쳐 일어나는 복합적인 작용에 의하여 나타나는 것이므로 영양문제 발생시 조기 발견에 어려움이 있다. 둘째, 신체의 임상적인 징후는 특정 영양소의 결핍 또는 과잉으로 발생된 것이라고 판단하기 어렵다. 즉, 영양소의 결핍 또는 과잉으로 발생되는 증상은 연령, 신체적 기능이나 환경요인에 의해서도 영향을 받기 때문이다. 셋째, 신체적으로 나타나는 임상적 징후는 결핍증이 진전되면서 혹은 결핍증이 치료되면서도 유사하게 나타날 수 있는 이중성(two-directional)을 가지고 있다. 넷째, 조사자의 경험과 주관에 따라 대상자의 영양상태 평가에 차이를 가져올 수 있다. 그러므로 임상적 진단은 오랜 경험으로 정확한 판정을 할 수 있는 숙련된 조사자에 의해 식사섭취조사, 신체계측조사, 생화학적 검사 등의 결과와 함께 분석되어야 하며, 앞으로 신체증상에 대한 확실한 정의와 표준화가 마련되어야 한다.

6. 영양불량의 임상적 판정

1) 단백질-에너지 영양불량의 임상진단

전세계적으로 미개발지역이나 개발도상국에서는 에너지와 단백질 섭취량이 낮아서 성장지연 및 저해와 질병이 나타나기 쉽다. 단백질과 에너지가 부족한 식사를 하면 단백질-에너지 영양불량(protein-energy malnutrition, PEM) 또는 영양부족증(undernutrition)이 나타난다. 단백질 결핍증은 어른보다는 어린이에게서 더 많이 나타나는데, 이는 성장을 위하여 단백질의 요구량이 증가되기 때문이다. WHO의 조사에 의하면 전 세계의 약 5억 정도의 어린이가 PEM으로 고통받고 있다고 한다. 성인의 경우에는 주로 병원에 입원한 환자들로서 에이즈, 암, 결핵, 흡수불량증, 신장과 간질환, 식욕감퇴증 등과 같은 질환의 2차 증세로 PEM이 나타난다. 〈표 5-3〉은 ICD-9-CM(International classification of disease, 9th revision) codes에 의한 PEM을 영양불량 정도에 따라 분류한 것이다.

콰시오커는 단백질 결핍일 때 많이 나타나며, 마라스무스는 주로 에너지 부족일 때 발생한다. 〈그림 5-1〉, 〈표 5-4〉는 콰시오커와 마라스무스에서 나타나는 임상적 징후와 특징을 비교한 것이다.

(1) 콰시오커(Kwashiorkor)

콰시오커는 단백질 영양결핍증으로 1~4세까지의 어린이들에게서 이유 후에 영양이 부족하거나 또는 급속한 성장에 필요한 영양섭취가 부족할 때 잘 나타난다. 콰시오커는 여러 가지 증상들이 단계별로 나타난다. 초기에는 신경과민 경향을 보이며, 성장이 지연되고 부종, 부종에 의한 달덩이 같은 얼굴(moon face), 피하지방의 축적, 지방이 침윤되어 간이 비대해진 모습을 나타낸다. 피부는 부스럼 같은 것이 생겨 거칠어지고 탈색되며, 다리나 발에 비늘 같은 것이 생기고 머리카락은 뻣뻣해진다. 이와 같은 증상 외에도 빈혈, 식욕부진, 설사와 구토가 나타난다. 고당질 식사와 계속적인 저단백 식사에서 비롯된 심각한 콰시오커 증세를 보이는 자메이카 어린이를 슈거 베이비(sugar baby)라고도 하며, 콰시오커 어린이들은 가능한 빨리 영양상태를 평가하여 적절한 식사요법을 행하면 치료될 수 있다.

표 5-3 단백질-에너지 영양불량(Protein-Energy Malnutrition : PEM)의 분류

ICD-9-CM	진단	범주 및 특성
260.0	콰시오커(Kwashiorkor) 피부 및 머리카락 탈색과 더불어 영양성 부종을 나타냄	1. 체중은 정상체중의 90% 이상 2. 내장단백질은 저하 : 혈청 알부민 < 3.0g/dℓ transferrin < 180mg/dℓ 3. 단백질 섭취부족시 또는 상처나 질병으로 인한 과대사에 기인 4. 부종, 근육조직 분해, 신경조직 변화, 이차 감염, 아동의 경우 성장저지, 머리카락 변색
261.0	마라스무스(Marasmus) 영양성 쇠약, 심한 열량 결핍 및 영양불량	1. 체중은 표준체중의 80% 미만 근육소모와 더불어 지난 6개월간 평상시 체중보다 10% 이상 감소 2. 내장단백질은 비교적 보유됨 : 혈청 알부민 > 3.0g/dℓ 3. 만성적인 에너지 섭취 부족에 기인 4. 지방과 근육조직의 분해로 약해 보임
262.0	심한 혼합형 PCM(Other severe protein-calorie malnutrition) 피부 및 머리카락 탈색은 없으나 영양성 부종을 나타냄	1. 체중은 표준체중의 60% 미만 2. 내장단백질 저하 : 혈청 알부민 > 3.0g/dℓ 3. 마라스무스 환자가 스트레스(패혈증, 수술 등)시 발생 4. 마라스무스와 콰시오커의 복합 증상 감염의 위험이 매우 높음 상처의 회복이 더딤
263.0	중정도 영양불량 (Malnutrition of moderate degree)	1. 체중은 표준체중의 65~75% 2. 내장단백질은 비교적 보유 : 혈청 알부민 3.0~3.5g/dℓ
263.1	가벼운 영양불량 (Malnutrition of mild degree)	1. 체중은 표준체중의 70~90% 2. 내장단백질의 보유 : 혈청 알부민 3.5~5.0g/dℓ

자료 : American Dietetic Association, 1992.

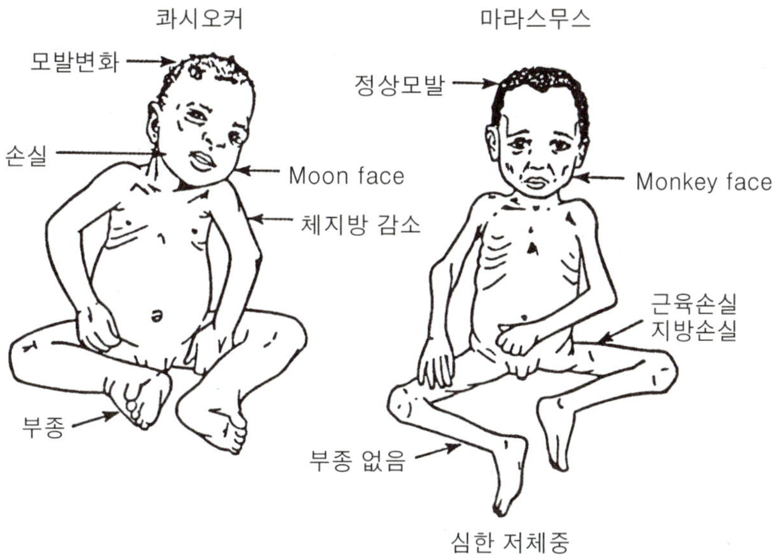

그림 5-1 콰시오커와 마라스무스의 임상적 징후

표 5-4 콰시오커와 마라스무스의 특징

신체적 특징	콰시오커	마라스무스
골격근육	뚜렷한 감소 없음	감소
혈청 단백질	유의적인 감소	상대적으로 유지됨
지방조직	유지됨	감소
체 중	상대적으로 정상 유지	감소
부 종	누르면 들어가는 부종이 흔함	나타나지 않음
질병의 원인	단백질 섭취 부족, 단백질 없는 빈 열량식품의 섭취	기아상태, 단백질과 총 에너지 섭취의 부족

(2) 마라스무스(Marasmus)

마라스무스는 단백질과 에너지가 함께 결핍되었을 때 나타나며, 단백질이 본래의 기능을 수행하기에도 부족할 뿐 아니라 에너지를 내는데도 부족하므로 영양적으로 매우 심각한 상태이다. 마라스무스의 가장 큰 특징은 근육과 피하지방의 손실이다. 신장과 체중이 감소하여 어린아이들에게는 심각한 성장부진을 나타내며, 극도의 쇠약한 증세는 어린아이가 스스로 서 있을 수 없을 정도이다. 머리카락은 비교적 정

상에 가깝지만 얇고 뻣뻣하며, 피부는 거칠고 주름이 많다. 특히, 후슬개지방(bichat fat pads)의 결핍으로 뺨이 움푹 패인 얼굴(monkey face)을 보이며 심박수, 혈압, 체온도 낮고 급성위염, 탈수증, 호흡계질환, 시각의 이상 등을 나타낸다.

(3) 마라스무스성 콰시오커(Marasmic－kwashiorkor)

단백질-에너지 영양불량 및 소모성 질환을 앓고 있는 사람의 경우 콰시오커나 마라스무스에서 볼 수 있는 것과 같은 복합적인 증상이 나타난다.

마라스무스성 콰시오커 환자는 콰시오커성 부종, 피부병변, 근육소모, 피하지방 감소 같은 주된 증상을 보이나 외형은 마라스무스 환자의 모습과 유사하다.

2) 비타민과 무기질 영양불량의 임상진단

영양소의 섭취량이 감소하거나 체내 요구량이 높아지면 체내 저장되어 있는 영양소를 이용하게 된다. 체내 저장량이 점차 줄게 되면 조직은 불포화상태가 되고 세포내의 영양소가 점차 고갈되며 이 상태가 오래 계속되면 생화학적 장애가 나타난다. 이 시기를 초기 준임상적(subclinical) 상태라고 하며, 이 단계에서는 임상적 증세가 나타나지 않는다. 그러나, 결핍상태가 계속되면 영양소 결핍의 뚜렷한 임상증세가 나타나게 된다. 한편, 필요량 이상으로 과량의 영양소를 섭취하게 되면 신체의 저장량이 포화되고 과잉 축적된 영양소가 신체에 불리한 영향을 미쳐 영양소 부족시와 마찬가지로 여러 가지 임상증세를 유발한다. 비타민과 무기질의 결핍과 과잉에 따른 임상 증세는 〈표 5-5, 5-6〉에 제시하였다.

(1) 비타민

① 비타민 A

비타민 A는 세계적으로 섭취가 부족한 비타민으로, 우리나라에서도 그 섭취량이 부족한 것으로 나타나고 있다. 비타민 A는 정상적인 시력의 유지, 생식기능과 정상적인 성장, 상피조직의 건강 유지와 생체막 조직의 구조와 기능을 조절하는 역할을 한다. 비타민 A 결핍시에는 야맹증(night blindness), 결막건조증(xerophtalmia), 각막연화증(keratomalacia) 및 상피조직의 퇴화(xerosis)가 나타난다. 비타민 A의 중독시에는 구토와 오심, 두통으로 인한 두개골 사이의 혈압 증가, 창백한 피부, 체중 감소, 체온 저하 및 장골과 두개골의 변화를 보인다. 카로틴의 과다섭취로 얼굴, 눈, 손바닥 등에 황색이 나타나는 카로틴축적증(hypercarotenosis)이 나타나며, 이 증세는 카로틴 섭취를 중단하면 진정된다.

표 5-5 비타민 결핍과 과잉에 따른 신체적 징후

영양소	결 핍 증 세	과 잉 증 세
비타민 A	각막건조증, 야맹증, 세포성장 장애	피로, 두통, 만성적인 구토, 설사, 식욕부진, 체중감소, 자연유산, 기형아 출산
비타민 D	구루병, 골연화증, 저칼슘증	구토, 체중감소, 과민성, 고칼슘혈증, 과칼슘뇨증, 석회화로 인한 신장과 심장혈관계 손상
비타민 E	저체중아, 용혈성 빈혈, 미숙아	두통, 설사, 빠른 맥박, 심한 피로, 지방간, 고지혈증, 항응고제 섭취시 출혈시간의 연장
비타민 K	혈액응고시간 지연, 신생아 출혈	과잉수준은 알려져 있지 않음 : 항응고제 섭취시 조심할 필요가 있음
비타민 C	괴혈병, 빈혈, 출혈, 치은염 (gingivitis), 무력함	구토, 설사, 복통, 요의 산성화, 신석, 통풍, 과잉 섭취 중단시 결핍증 유발
비타민 B_1	식욕감퇴, 신경장애, 심장기능장애	과잉수준이 알려져 있지 않음
비타민 B_2	위장염, 피부염, 구순염(cheilosis)	과잉수준이 알려져 있지 않음
나이아신	Scarlet tongue, 위장염, 피부염, 설사, 치매(dementia), 사망	혈관 확장, 피부충혈, 저지질혈증, 고혈당증, 간의 손상, 빠른 심장 박동
비타민 B_6	저색소성, 소적혈구성 빈혈 (hypochromic, microcytic anemia) 체중감소, 우울증, 혼란증	운동실조, 심한 지각신경 장애
비오틴	식욕감퇴, 구토, 오심, 피부염, 탈모증(alopecia)	악성 빈혈증세, 신장의 비대 및 손상
엽산	대적혈구빈혈, 거대적아구성 빈혈, 위장염, 설염 (glossitis), 위장관질환	다혈구혈증, 여드름성 발진
비타민 B_{12}	대적혈구빈혈, 거대적아구성빈혈, 식욕감퇴, 체중감소, 신경전달체계 변화	과잉수준이 알려져 있지 않음

② 비타민 D

비타민 D는 칼슘과 인의 소장 내 흡수를 촉진하고 혈청 농도를 최상으로 유지시켜 골격의 정상적인 석회화가 일어나는 것을 돕는다. 비타민 D 결핍증으로 유아에서 구루병(rickets)이 나타나는데, 이 질환에서는 어린이들이 보행을 시작하면서 다리가 활모양(bowleg)으로 휘게 된다. 성인에서는 성인 구루병이라고 불리는 골연화증(osteomalacia)이 나타난다.

③ 비타민 C

비타민 C는 항산화 작용과 콜라겐(collagen) 합성에 중요한 역할을 한다. 비타민 C 결핍의 초기 임상적 특징은 모낭 주위의 점상출혈(perifollicylar petechiae)이며, 대표적인 증상은 잇몸 주위가 부풀고 출혈이 있으며 치아에 발진을 보이는 괴혈병(gums in scurvy)이다. 괴혈병은 치아와 관련하여 발생되므로 치아가 없는 영아나 노인에게는 발병하지 않는다. 또한 비타민 C 결핍시에는 카르니틴(carnitine)의 생합성이 저하되어 혈액에 중성지방이 축적되는데, 이는 신체적 피로와 권태감의 원인이 된다.

④ 비타민 B_1

에너지 대사에 조효소로서 중요한 역할을 하는 비타민 B_1의 결핍 시에는 말단신경, 소화관, 심장에 독특한 증세를 나타낸다. 특히 각기병(beriberi)은 비타민 B_1의 결합과 관련되는 다발성 신경염으로 신경의 장해로 인해 다리가 마비되고 심장이 쇠약해진다. 건성 각기병(dry beriberi)은 다발성 신경염(polyneuritis)이라 하여 하반신 마비나 기능장애를 나타내며, 습성 각기병(wet beriberi)은 심장의 부전으로 오는 부종이 특징적인 증세이다.

⑤ 비타민 B_2

비타민 B_2는 FAD(flavin adenine dinucleotide)와 FMN(flavin mononucleotide)의 형태로 에너지대사에 조효소로서 기능을 한다. 비타민 B_2의 임상적 결핍증은 구각염(angular stomatitis), 구순염(cheilosis), 피부의 지루성(desebacious gland), 안건염(blebharits) 등이 있다. 이와 같은 결핍증은 주로 알코올 중독자들에게서 나타나며, 혀가 자홍색을 띠고 부어 있으며 염증도 동반한다. 또한 입의 구각의 접합 부위가 붓고 금이 가고 패이며, 입안에 만성적으로 궤양과 반흔이 나타난다.

표 5-6 무기질 결핍과 과잉에 따른 신체적 징후

무기질	결 핍 증 세	과 잉 증 세
철	체내철함량감소, 철결핍성 빈혈(피부창백, 피로, 허약, 호흡곤란, 식욕부진 등)	혈색소증(심장, 췌장 등에 철이 축적되며, 심부전, 당뇨병 등 유발 가능)
칼슘	골다공증 및 골력손실의 위험도 증가	위약군의 경우 신장결석 발생
요오드	갑상선기능부전증(권태감, 기초대사율 저하, 추위에 민감)	갑상선기능항진증(체중감소, 빈맥, 근육약화, 피부미열)
셀레늄	근육통, 심근장애(cardiomyopathy), 성장지연	복통, 오심, 구토, 혼수, 간세포 손상, 윌슨병
아연	상처회복지연, 미각과 후각 변화, 탈모증, 피부염, 면역성 저하, 소아구성 빈혈, 상처회복의 지연, 성장지연	철, 구리흡수 저하, 경련, 구토, 현기증, 면역 기능 억제, 복통, 오심, 구토, 혼수, 간세포 손상
구리	면역성 저하, 적혈구의 감소, 성장 장애, 당내성(glucose tolerance)저하	윌슨병

⑥ 나이아신

나이아신은 NAD(nicotinamide adenine dinucleotide)와 NADP(nicotinamide adenine dinucleotide phosphate)라는 조효소로 당질과 지방대사, 세포호흡 등의 많은 대사과정에 관여한다. 나이아신의 결핍증은 펠라그라(pellagra)이며, 이는 필수아미노산인 트립토판의 결핍시에도 나타난다. 펠라그라의 임상적 징후는 보통 4Ds로 나타내는데, 설사(diarrhea), 치매(dementia), 피부염(dermatitis) 및 사망(death)이다. 펠라그라 환자는 목에 홍반 및 착색대의 형태로 매우 굵은 띠 형태의 피부염(Casal's necklace)이 나타난다. 또한 혀 끝에 혈관이 많이 생겨 충혈되고, 색이 적색으로 변하며 반들반들하고 쓰리고 아픈 증세(scarlet tongue)를 보인다.

(2) 무기질

① 철

일반적인 철의 결핍증세는 빈혈이며, 빈혈환자는 피부 창백, 피로, 허약, 호흡곤란, 식욕부진 등을 수반한다. 철 과잉 시에는 심장, 췌장 등 연조직에 철이 축적되며 혈색소증이 나타난다.

② 칼슘

칼슘 결핍시에는 저칼슘혈증(hypocalcemia)을 일으켜 경련, 근육수축, 신경흥분 등이 나타나며, 성장기의 칼슘 섭취부족은 골격의 석회화를 감소시켜 골연화증을 유발한다. 반대로 고칼슘혈증(hypercalcemia)은 심장이나 신장과 같은 연조직에 칼슘의 축적을 일으키며 변비, 요석, 신장기능 손상 등을 초래한다. 이와 같은 칼슘의 결핍증이나 중독증은 식품섭취의 과부족보다는 비타민 D의 대사이상과 관련이 있다.

③ 요오드

요오드의 결핍상태에서는 갑상선이 비대해지는 갑상선종(goiter)이 나타난다. 영아기에 요오드 결핍이 지속되면 크레틴병(cretinism)이 나타나며, 크레틴병은 두 가지 형태가 있다. 신경성 크레틴병은 지적 장애, 운동 조절기능 장애, 귀머거리 증세가 나타나고, 갑상선 기능부전적 크레틴병은 지적 장애와 왜소현상이 나타난다.

참고문헌

1. 대한영양사회. 임상영양관리지침서, 2000
2. American Dietetic Association. 『Handbook clinical dietetics』. Yale University Press, 1992
3. Detsky AS, McLaughlin JR, Baker JP, Johnston N, Whitaker S, Mendelson RA, Jeejeebhoy KN. What is subjective global assessment of nutritional status? Parenter Enteral Nutr 11 : 8-13, 1987
4. Detsky AS, Smalley PS, Chang J. The rational clinical examination. Is this patient malnourished? JAMA 271(1) : 54-8, 1994
5. Kirby DF, Dudrick SJ. Practical handbook of nutrition in clinical practice. CRC Press, 1994
6. Lee RD, Nieman DC. Nutritional assessment, 4th ed., Mosby, St. Louis, 2007
7. Zeman FJ, Ney DM. 『Applications of clinical nutrition』. Prentice Hall, 1984

6 환자의 영양판정

환자의 질환에 맞는 식사요법을 실시하기 위해서는 영양판정이 선행되어야 한다. 자료를 수집·분석하고 문제점을 파악하여 환자의 영양상태를 평가한 후, 적절한 영양상태 유지를 위해서 필요한 영양관리 계획을 수립·실시하고 그 결과를 피드백해야 한다.

1. 환자의 영양판정을 위한 정보 수집

1) 병력과 식사력 조사

환자의 영양판정을 위한 정보 수집의 첫 단계는 병력을 조사함으로써 영양불량의 위험요인을 파악하는 것이다. 병력에 관한 정보는 의무기록을 검토하거나 개인면담 및 질문지를 통해 수집한다.

다음단계는 식사력조사이다. 영양불량 상태는 영양소의 섭취, 소화, 흡수, 대사, 배설 및 요구량의 변화 등에서 기인하기 때문에 조사대상자에 대한 정보를 얻을 때는 반드시 식습관에 대한 내용이 포함되어야 한다. 병력과 식사력조사 시 반드시 포함되어야할 내용은 〈표 5-1〉과 같다. 평상시 음식물 섭취상태에 대한 정보는 24시간 회상법, 식품섭취빈도조사를 통해 얻을 수 있으며, 입원환자의 경우는 환자용으로 제공된 1~2일간의 실제 섭취량을 분석함으로써 알 수 있다.

2) 신체계측조사

환자의 영양상태를 알아보고자 시행되는 신체계측조사에서는 주로 신장, 체중, 체중의 변화, 체지방량과 신체부위둘레 등을 측정한다.

(1) 체중

환자의 체중은 환자의 영양상태를 나타내어주는 중요한 지표로, 측정시 체중에 영향을 미치는 부종, 복수, 탈수 및 절단 등의 사항을 고려하여야 한다. 걸을 수 있는 환자의 체중을 측정하는 것은 문제가 되지 않으나 병의 상태가 심각하여 걷거나 혼자 설 수 없는 환자 그리고 신체 중 절단부위가 있는 환자의 경우에는 체중을 측정하는 일이 쉽지 않아 무릎길이와 상완위 둘레의 신체 계측치를 이용하여 체중을 추정할 수 있다(표 3-13 참조). 또한 환자의 체중감소 비율이 한 달에 5% 이상시 영양불량 위험도가 크다고 평가할 수 있다.

신체의 일정부위를 절단한 환자의 체중은 절단부위의 무게를 고려하여 계산해야 한다. 〈표 6-1〉은 절단된 각 신체의 부위가 전체 체중 당 차지하는 비율을 나타낸 것으로 이 값은 체중을 계산할 때 이용한다.

$$\text{조정체중} = \frac{\text{절단되기 전의 체중}}{100 - \text{절단된 비율}(\%)} \times 100$$

표 6-1 신체부위가 전체 체중에 미치는 영향

신체부분	체중에 대한 기여도(%)	신체부분	체중에 대한 기여도(%)
팔 전체	6.2	다리전체	18.6
상완	3.5	허벅지	11.6
하완	2.3	종아리	5.3
손	0.3	발	1.8

(2) 신장

신장은 대부분 쉽게 측정할 수 있으나 보행할 수 없는 환자, 절단, 마비, 심각한 척추손상, 관절염, 척추후만증, 골다공증, 호흡기 질환, 골격의 기형이 있는 경우에는 신장을 측정하기가 어렵다. 이 경우에는 무릎길이가 신장과 매우 밀접한 관계를 가지고 있으므로 이를 이용하여 신장을 추정한다. 무릎길이를 이용하여 신장을 추정하는 공식은 다음과 같다.

남자: 신장(㎝) = 64.19 − [0.04 × 나이(세)] + [2.02 × 무릎길이(㎝)]
여자: 신장(㎝) = 84.88 − [0.24 × 나이(세)] + [1.83 × 무릎길이(㎝)]

(3) 기타 신체계측

체중과 신장 외에 환자의 영양상태를 판정하기 위해 피부두겹두께(삼두근, 견갑골 밑), 상완위 둘레, 종아리 둘레 등을 측정하여 활용하기도 한다.

3) 생화학적 조사

생화학적 조사는 신체계측치의 변화나 임상적인 증상이 나타나기 이전의 영양불량을 조기에 발견할 수 있어 예방적 차원에서 그 중요성이 강조되고 있다. 환자의 영양상태를 판정하기 위해 사용되는 생화학적 측정자료로는 24시간뇨 요소질소(단백질 섭취평가), 총임파구수(면역기능), 크레아티닌 신장지수(체단백 상태), 혈청 알부민(내장단백 상태) 등이 있다.

4) 임상조사

환자의 심장과 호흡정도, 장의 소리, 머리나 목, 인두, 복부, 사지, 피부, 머리카락, 손·발톱, 신경과 순환계 등의 상태가 조사되고, 의무기록지에 기록된다.

2. 환자의 영양판정 단계

환자의 영양상태는 평가항목의 구체성에 따라 다음의 세 단계로 구분된다.

① 영양검색, 영양선별검사(nutritional screening)
② 초기 영양판정(initial nutrition assessment)
③ 대사/영양프로필(metabolic / nutritional profile)

그러나 병원에 입원한 환자가 모두 3단계의 영양판정을 거치는 것은 아니다. 환자가 병원에 입원하게 되면 우선적으로 영양선별검사를 실시하여 영양문제가 있는지, 영양적 위험인자가 있는지를 선별해 낸다. 영양선별 결과 영양문제나 영양적 위험인자가 있으면 그 다음단계로 초기 영양판정을 실시한다. 초기 영양판정 결과, 더 심도 있고 구체적인 영양판정이 필요하다고 생각되는 환자를 대상으로 대사/영양프로필을 실시한다.

1) 영양선별검사(Nutritional screening)

영양선별검사는 영양불량이 있거나 그 밖의 영양적으로 문제가 있는 환자들을 정확히 가려내기 위하여 영양문제와 관련이 있는 것으로 알려진 특성들을 환자에게서 찾아내는 과정으로, 이미 정해진 위험요인(nutritional risk factors) 기준과 각 환자의 자료를 비교함으로써 영양적 위험이 있는 환자를 선별하는 것이다. 영양검색 결과 영양문제가 있는 것으로 판별된 환자에 대해서는 영양판정을 실시하여 영양문제를 해결하기 위해 관리방안을 수립하고 이를 시행한다. 영양선별조사는 영양판정 대신 실시하는 것이 아니라 영양판정 전 단계로 실시하는 것이다. 이러한 영양선별검사는 빨리 실시할수록 해당 환자에게 필요한 영양지원이 신속하게 이루어질수 있기 때문에 모든 환자는 입원 후 24~72시간이내에 선별검사를 받아야 한다.

영양상태 선별조사는 개인면담이나 의무기록, 현지조사, 컴퓨터 프로그램 등의 여러 가지 방법으로 수행될 수 있다. 선별조사의 결과에 따라 구체적인 영양평가의 필요여부를 결정할 수 있어 효과적으로 비용이 절감될 수 있는 장점이 있다.

(1) 대상환자와 선별기준

영양위험도를 결정하는데 사용되는 위험요인 및 범주에는 식품과 영양소 섭취양상, 신체조건 및 질환, 생화학적인 검사결과, 주관적 자료 등이 포함된다. 〈표 6-2〉와 같은 영양위험도 결정지표 항목을 판정해 보아 만약 2개 이상의 위험인자가 있는 경우 초기 영양판정(initial nutrition assessment)을 실시한다.

표 6-2 영양위험도 결정지표

객관적인 지표	주관적 지표
가. 표준체중 백분율(% IBW) : 120% 이상, 90%미만 나. 체중 감소율 : 10% 이상 다. 알부민 : 3.5g/dℓ 이하 라. 콜레스테롤 : 240㎎/dℓ 이상, 130㎎/dℓ 미만 마. 종양학/ 방사선 요법 바. 진단명 : 신장, 췌장, 소화기, 간, 심장, 신경계 질환, 영양불량증 등 사. 섭식형태 : 일반식, 연식, 금식 혹은 5일 이상의 유동식을 하는 환자	가. 연하곤란, 저작곤란 나. 식욕 및 식사섭취량 저하 다. 소화기관의 증후 : 오심, 구토, 설사 라. 근육 및 체지방 소모

(2) 영양 선별 검사표

선별조사를 하기 위하여 환자에 관한 필요한 정보를 얻을 수 있게 고안된 검사표를 사용하면 효과적이다. 이 검사표로 조사를 한 후 진료팀의 다른 사람도 참고할 수 있도록 환자의 의무기록 차트에 첨부해 놓는다. 영양선별 검사표의 예는 〈표 6-3〉과 같다.

표 6-3 영양선별 평가지의 예

<table>
<tr><th colspan="2">생화학적 수치</th></tr>
<tr><td>1. ☐ Albumin ≤ 2.9mg/dℓ</td><td>6. ☐ Albumin < 3.5mg/dℓ</td></tr>
<tr><th colspan="2">신체계측</th></tr>
<tr><td colspan="2">키______ 입원시 체중_____ 평상시 체중_____ 바람직한 체중_____</td></tr>
<tr><td colspan="2">BMI______ 바람직한 체중 ______% 체중 손실률 ______%</td></tr>
<tr><td>2. ☐ < 80% 바람직한 체중</td><td>7. ☐ 평상시 체중의 80~90%</td></tr>
<tr><td>3. ☐ > 10% 체중 감소</td><td>8. ☐ 5~10% 체중 감소</td></tr>
<tr><th colspan="2">식사상황</th></tr>
<tr><td>4. ☐ TPN/PPN 또는 tube feeding</td><td>9. ☐ 식욕감소(< 1/2 식사)</td></tr>
<tr><td></td><td>10. ☐ 저작과 연하 곤란</td></tr>
<tr><td></td><td>11. ☐ > 3일이상 금식, dextrose/유동식</td></tr>
<tr><th colspan="2">영양과 관련된 문제들</th></tr>
<tr><td>5. ☐ 영양불량 ☐ 패혈증</td><td>12. ☐ 영양과 관련된 진단/문제점</td></tr>
<tr><td>☐ 욕창 ☐ AIDS</td><td>13. ☐ serum cholesterol ≥ 200mg/dℓ</td></tr>
<tr><td>☐ 연하곤란/신장식이/간장식이</td><td>14. ☐ random glucose ≥ 200mg/dℓ</td></tr>
<tr><td></td><td>15. ☐ 여성: BMI ≥ 27kg/m^2
☐ 남성: BMI ≥ 28kg/m^2</td></tr>
<tr><td colspan="2">☐ 현재 더 이상의 영양평가가 필요하지 않음</td></tr>
<tr><td colspan="2">☐ 영양사에 의한 영양평가가 필요함</td></tr>
<tr><td colspan="2">☐ 치료 1단계 ☐ 치료 2단계 ☐ 치료 3단계</td></tr>
<tr><td colspan="2">☐ 13~15번 항목에 해당사항이 있을 때는 의사의 지시 하에 영양상담/교육이 권장됨</td></tr>
<tr><td colspan="2">최근의 식사요법:</td></tr>
<tr><td colspan="2">조사자:</td></tr>
<tr><td colspan="2">날짜:</td></tr>
</table>

자료 : Hedberg AM 등, 1988.

2) 초기 영양판정(Initial nutrition assessment)

영양선별 검사에 의해 환자가 영양적인 위험이 있음이 밝혀지면 그 다음 단계로 그 환자의 영양장애의 심각성과 원인을 알아내고 이 영양장애가 그 환자의 질병상태를 악화시킬 것인지와 영양공급에 대한 환자의 반응을 평가하기 위해 초기 영양판정이 실시된다. 초기 영양판정에 포함되는 것은 환자의 현재와 과거의 체중, 신장, 식습관의 기초적인 평가, 의사에 의해 조사된 병력과 신체계측을 통해 얻은 정보, 정규적인 생화학적 분석치이다.

(1) 대상환자

① 영양검진에서 판별된 위험 환자
② 관급식이나 특별식환자

(2) 자료

① 병력조사 자료 : 진단명, 약물, 치료
② 식사조사 자료 : 식욕
식사시 문제점 - 구토 메스꺼움, 연하곤란, 저작곤란, 설사, 변비, 갈증, 복통
현재 식사요법
과거 식사교육
건강보조식품/영양제
평소 식사섭취량
③ 신체계측 자료 : 키, 체중, % 표준체중, 평소체중, % 체중변화, 상완위(Mid-upper arm circumference, MAC)
④ 생화학 자료 : Hb, albumin, prealbumin, transferrin, 기타 관련 검사
⑤ 임상조사 자료 : 몸시 여윔, 근육소모, 부종, 복수, 욕창, 비만

이 자료들을 가지고 영양상태를 적절함과 불량함으로 나누고 불량함은 다시 에너지 부족, 단백질 부족, 에너지-단백질 부족의 세 가지로 나눈다. 환자의 영양요구량을 기초대사량, 열량요구량, 단백질요구량 등을 고려하여 결정한다. 초기 영양판정은 명백한 영양결핍환자를 알아내고 어떤 환자에게 더 자세한 평가를 실시해야 하는지를 선별해 주는 역할을 한다. 초기 영양판정에 사용되는 평가지의 예는 〈표 6-4〉와 같다.

표 6-4 초기 영양판정 평가지의 예

등록번호 이 름 주민번호 나이 / 성별	영양판정1 (Initial Nutrition Assessment)

날 짜 ______________ 진료과/병실 ______________ 혈압 ______________

식사처방 ______________

진 단 명 ______________

약 물 ______________

신 장 ____cm 체중____kg 표중체중 ____kg 평소체중____kg

신체증후 : ☐ 몹시 여윔/근육소모 ☐ 비만 ☐ 부종/복수 ☐ 기타

검사항목	결 과 /	검사항목	결 과 /	검사항목	결 과 /
Hb/Hct		FPG/PP2/HbA1c			
Cholesterol/TG		BST			
HDL/LDL		Na/K			
Cr/bun					

병원식 섭취상태 : ☐ 양호(>2/3) ☐ 보통(1/3~2/3) ☐ 불량(<1/3)

영양교육(경험) ______________ 현재 식사요법 ______________

건강식품/민간요법 ______________ 식품알러지/불내증 ______________

음주 ______________ 흡연 ______________ 운동 ______________

척도		검사항목							
	수치	없음		약간의		보통의		심한	
% 체중감소	1개월	거의 없음		< 5%		5%		> 5%	
	3개월	거의 없음		< 7.5%		7.5%		> 7.5%	
	6개월	거의 없음		< 10%		10%		> 10%	
% 표준체중		≥ 91%		90~85%		84~75%		< 75%	
Albumin(g/dℓ)		≥ 3.3		3.2~2.8		2.7~2.1		< 2.1	
식욕/ 식사 섭취상태 (밥, 죽, 미음)		양호하며 변화 없음		약간감소 (< 2주)		가끔 있음 (> 2주)		자주/매일 있음(> 2주)	
식사시 문제(메스꺼움, 변비, 구토, 설사 등)		없음		간간히 약간 있음		가끔 있음 (> 2주)		자주/매일 있음(> 2주)	
피하지방/근육소모		없음		약간 있음		보통 있음		심함	
기타		없음		약간 있음		보통 있음		심함	

1. 영양상태: ______ 양호 ______ 약간 불량 ______ 보통 불량 ______ 심한 불량
2. 기타 영양과 관련된 문제점: ______________

   ____
3. 약물과 관련된 문제점: ______________

자료 : 중앙병원 영양실

3) 대사/영양 프로필(Metabolic/nutritional profile)

대사/영양 프로필은 초기 영양판정에서 얻은 자료에 더 자세한 신체계측치와 생화학적 수치, 환자의 식사섭취에 대해 폭넓게 평가하는 가장 심도있고 구체적인 영양판정이다.

(1) 대상환자

① 영양불량 혹은 위험이 높은 환자
② 초기 영양판정에서 대사/영양 프로필이 필요하다고 판정된 환자

(2) 자료

① 병력조사 자료 : 진단명, 약물, 치료
② 식사조사 자료 : 식사시 문제점 - 구토, 메스꺼움, 연하곤란, 저작곤란, 설사, 변비, 갈증, 복통,
현재 식사요법
③ 신체계측 자료 : 키, 체중, % 표준체중, 평소체중, % 체중변화, triceps skinfold (TSF)
④ 임상조사 자료 : 몹시 여윔, 근육소모, 부종, 복수, 욕창

대사영양프로필의 평가지의 예는 〈표 6-5〉와 같다.

(3) 환자 영양판정의 지표

환자의 영양상태를 평가하는 기준은 대체로 체지방의 축적정도, 체단백과 내장단백의 감소정도, 그리고 면역기능의 저하정도 등 4가지를 들 수 있으며, 각각의 항목을 반영하는 지표는 다음과 같다.

① 체지방 축적(fat reserve) : triceps skinfold thickness(TSF)
② 체단백(somatic protein) : % 표준체중, % 체중감소, 상완 근육 면적(arm muscle area), CHI(creatinine height index)
③ 내장단백(visceral protein) : albumin, transferrin, prealbumin
④ 면역기능(immune competence) : 총 임파구 수(total lymphocyte count), 항원피부검사(antigen skintest)

표 6-5 대사영양프로필 평가지의 예

등 록 번 호 이 름 주 민 번 호 나이 / 성별	대사영양프로필 (METABOLIC/NUTRITIONAL PROFILE)

날 짜 ________ 진료과 / 병실 ____/____ 혈압 ________
진 단 명 ________ 약 물 ________
현재영양요법 ________
신 장 ____cm 체중 ____ kg 표중체중 ____ kg 평소체중 ____ kg
신 체 증 후 □ 부종 □ 복수 □ 욕창 □ 비만
식사시문제점 □ 구토 □ 메스꺼움 □ 식욕부진 □ 연하곤란 □ 저작곤란
□ 설사 □ 변비 □ 식품 알러지 ________

척 도	수치	영양불량 정도							
		없음		약간의		보통의		심한	
% 표준체중(현재/평소)		≥91%		90~81%		80~70%		<70%	
% 체중감소		0~4%		5~9%		10~20%		>20%	
Albumin		≥3.3		3.2~2.8		2.7~2.1		<2.1	
Total Lymphocyte Count		≥1501		1500~1201		1200~800		<800	
TSF(% standard)		≥91		90~51		50~30		<30	
MAMC(% standard)		≥91		90~81		80~70		<70	
피하지방 손실		없음		약간 있음		보통 있음		심함	
근육소모		없음		약간 있음		보통 있음		심함	

기타 Labs :

평가
1. 영양상태: □ Adequate □ Kwashiorkor-type □ Moderate Malnutrition
   □ Marasmus-type □ Mild Malnutrition □ Protein-Calorie Malnutrition
2. Metabolic Stress : □ 없음 □ 약간 □ 보통 □ 심함
3. 현재 영양섭취량: ________kcal, ________g protein
   Calorie - □ 적절 □ 과다 □ 부족 Protein - □ 적절 □ 과다 □ 부족
4. 영양적 문제: ________
5. 영양목표: 체중/지방- □ 충족 □ 유지 □ 감소 단백질- □ 충족 □ 유지 기타
6. 지원경로: □ Oral □ Tube feeding □ Parenteral
7. Enteral/Parenteral Nutrition Support가 필요한 경우:

____

자료 : 중앙병원 영양실

① $\% \text{ 표준 체중} = \dfrac{\text{현재체중}}{\text{표준체중}} \times 100$

② $\% \text{ 체중 감소} = \dfrac{(\text{평소 체중-현재체중})}{\text{평소체중}} \times 100$

③ $\text{총 임파구 수(TLC)} = \dfrac{\% \text{ 임파구} \times \text{백혈구(WBC)}}{100}$

④ 기타 : 질소 균형, IGF-1, 상완위, 삼두근 피부두겹두께(TSF)

표 6-6 영양결핍정도를 결정하는 지표의 범위

지표	결핍정도			
	심함	보통	약간	없음
% 표준체중(% IBW)	<70%	70~79%	80~89%	≥90%
% 체중감소(% Wt loss)	>20%	10~20%	5~9%	0~4%
Albumin	<2.1	2.1~2.7	2.8~3.4	≥3.5
Transferrin(TIBC÷1.45)	<100	100~149	150~199	≥200
Prealbumin	<5	5~9	10~15	≥16
총 임파구 수	<800	800~1199	1200~1499	≥1500

(4) 결핍정도

영양결핍정도를 결정하는데 사용되는 지표는 다음과 같고, 그 적용 범위는 〈표 6-6〉과 같다.

3. 주관적 종합판정 (Subjective Global Assessment : SGA)

주관적 종합판정이란 환자의 과거력으로부터 얻은 정보와 임상적 조사시 나타난 신체적 특징을 종합하여 영양판정을 하는 방법을 말한다.

1) 평가내용

주관적 종합판정은 객관적인 신체계측과 생화학적 자료에 의존하지 않고, 환자의 과거력 조사내용 5가지 요소(최근의 체중감소, 평상시 식사의 변화, 중요한 위장증상의 존재, 환자의 신체기능력, 대사변화)와 신체 검사내용 4가지 요소(피하지방의 손실, 근육소모, 부종, 복수)를 평가한다. 주관적 종합판정의 평가지의 예는 〈표 6-7〉과 같다.

표 6-7 주관적 종합판정 평가지

1. 체중의 변화
   최대 체중 ________________ kg
   6개월 전의 체중 ____________ kg
   현재 체중 ________________ kg
   지난 6개월간의 총 체중감소량 ________ kg
   지난 6개월간 체중감소율 ____________ %

$$체중감소율(\%) = \frac{6개월\ 전의\ 체중 - 현재체중}{6개월\ 전의\ 체중} \times 100$$

   2주간의 변화 □ 증가 □ 변화없음 □ 감소

2. 식이 섭취량 변화
   변화 없다 ________________
   변 했 다 ________________
      기간 ______ 주
      변화내용 : 섭취가 증가했다 ____________
      고체식만 했다 ______________
      유동식만 했다 ______________
      IV 또는 저칼로리 식사 __________
      굶었다 ________________

3. 위장관의 증상(2주 이내)
   없었다 ____________
   구토 _______ 메스꺼움 _______ 설사 _______ 식욕부진 _______

4. 기능적인 문제
   없다 ________
   있다 ________ 있었다면 기간 : __________ 주
      형태 : 일을 잘못했다 __________
      걸을 수 있었다 __________
      누워있었다 ______________

5. 임상징후 조사
   각 항목에 대한 조사결과 정상이면 0점, 경미하면 +1점, 중등 정도면 +2점 심각하면 +3점을 준다.
   피하지방의 손실(어깨, 가슴, 손 등) ______________
   근육손실 ______________________________
   손, 발목의 부종 __________________________
   복수 ________________________________

6. 전반적인 평가
   A=영양상태가 좋다 ________________________
   B=중등 정도의 영양불량 ____________________
   C=심한 영양불량 __________________________

자료 : Detsky AS 등, 1987.

2) 평가 등급의 결정(SGA rating)

과거력과 임상조사내용을 근거로 하여 영양상태의 등급을 판정한다. 신체조사 결과를 근거로 하되 각 문항마다 비중을 다르게 하여 환자의 영양 상태를 '양호(well-nourished)', '경도-중등도의 결핍 상태(mildly-moderately malnourished)', '심한 결핍 상태(severe malnourished)'의 3단계로 등급을 결정한다. 많은 영양사들이 여러 변수 중 체중 감소, 식사 섭취 불량, 피하 조직의 손실 및 근육 손실에 좀 더 중점을 두는 경우가 있다. 이 방법을 이용하기 위해서는 적절한 훈련이 필요하다.

SGA 방법은 평가자의 주관적인 판단에 의존하기는 하지만, 여러 연구에서 평가자 간에 평가 결과가 일치되는 결과를 보임이 밝혀졌다. 더욱이 SGA 방법은 알부민, 트란스페린, 크레아티닌-신장 지표 등의 객관적인 자료보다 더 정확하게 감염의 발생을 예측할 수 있을 것으로 생각된다. 주로 신장 질환 환자나 간질환 환자에게 많이 적용되고 있다.

참고문헌

1. 대한영양사회. 임상영양관리지침서, 2000
2. Detsky AS, McLaughlin JR, Baker JP, Johnston N, Whitaker S, Mendelson RA, Jeejeebhoy KN. What is subjective global assessment of nutritional status? Parenter Enteral Nutr 11: 8-13, 1987
3. Detsky AS, Smalley PS, Chang J. The rational clinical examination. Is this patient malnourished? JAMA 271(1): 54-8, 1994
4. Hedberg AM, Garicia IJ, Trejus S, Weinmann-Winkler S, Gabriel ML, Lutz AL. Nutritional risk screening. Development of a standardized protocol using dietetic technicians. JAMA 88(12): 1553-1556, 1988
5. Lee RD, Nieman DC. Nutritional assessment, 4th ed., Mosby, St. Louis, 2007

7 예방과 진단을 위한 질환별 영양판정

식생활의 서구화와 생활의 편리화로 고혈압, 심혈관질환, 당뇨병과 같은 생활습관병의 발병률이 높아지고 있다. 이러한 질병은 치료가 어렵기 때문에 사전에 예방과 조기진단이 중요하며, 발병 후에는 지속적인 관리가 필요하다.

1. 고혈압

고혈압은 만성 순환기계 질환 중 발생 빈도가 가장 높은 질환으로, 아무 자각증상 없이 진행되어 뇌졸중(중풍), 심장병, 신장병 등의 직접적인 원인이 될 수 있다. 혈압은 심장이 우리 몸 전신에 혈액을 보낼 때 나타나는 혈관 내의 압력을 말한다. 심장이 수축했을 때의 혈압을 수축기 또는 최고혈압이라고 하고 심장이 이완했을 때의 혈압을 이완기 또는 최저혈압이라고 한다. 혈압을 1주 내지 수주에 걸쳐 2회 이상 측정한 평균이 수축기 혈압 140mmHg 이상 또는 확장기 혈압 90mmHg 이상으로 높은 경은 경우 고혈압이라 한다.

1) 혈압측정 방법

혈압 측정은 대부분 팔의 윗부분에서 측정한다. 혈압 측정 대상자는 편히 앉은 상태에서 적어도 5분간의 휴식 후 팔을 심장 높이로 올리고 측정하며, 적어도 측정 전 30분 내에는 흡연이나 카페인 섭취를 삼가한다. 2회 측정하여 그 평균값을 사용하는 것이 일반적이다. 두 측정치 사이에 5mmHg이상의 차이가 있는 경우에는 1회 더 측정하여 평균값을 사용한다. 혈압은 하루사이에도 변동이 있어 아침에 일어났을 때가 가장 낮으며, 오후 2~3시경에 가장 높게 나타난다.

수동혈압계를 이용한 혈압의 측정

① 앉은 자세에서 팔을 심장높이로 하고 상박부에 공기주머니를 감은 후 청진기를 그 밑 부위의 동맥에 대고 혈관에서 나는 소리를 듣는다.
② 공기주머니에 공기를 넣어 그 압력이 최고 혈압보다 높게 한다. 이 때 혈관이 압박되어 혈액이 흐르지 않으므로 아무 소리도 들리지 않는다.
③ 주머니에서 공기가 서서히 빠져나오게 하여 공기주머니의 압력을 점점 낮추면 심장의 박동에 일치하는 약하고 단속적인 소리가 들리기 시작한다. 이것은 공기주머니의 압력보다 혈압이 높은 동안만 혈관으로 혈액이 분출되어서 나는 소리이다. 여기서 소리가 들리기 시작할 때의 공기주머니의 압력이 최고 혈압값이다.
④ 공기주머니의 압력을 서서히 낮추면 위의 소리가 점점 커졌다가 다시 작아져서 드디어 들리지 않게 되는데, 이 들리지 않게 되는 바로 전의 공기주머니의 압력이 최저혈압의 값이다. 최저혈압보다 공기주머니의 압력이 낮아지면 동맥 내의 혈류가 계속적으로 흐르게 되므로 소리가 나지 않는 것이다.

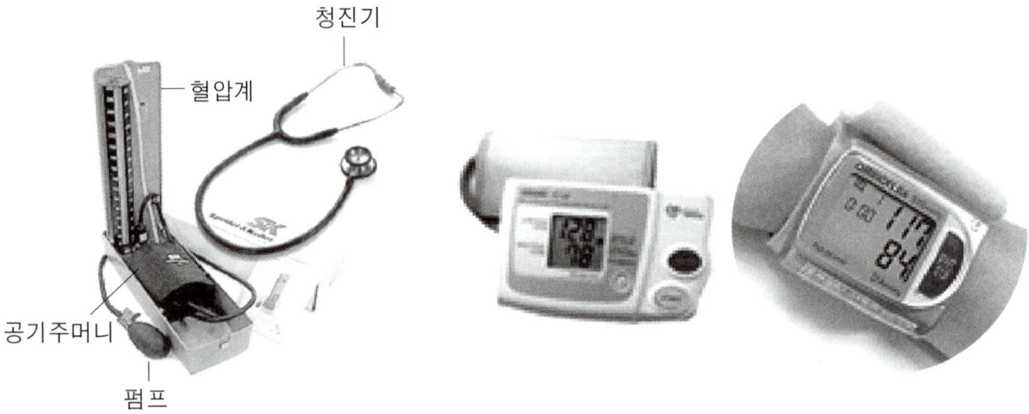

(a) 수동혈압계　　(b) 자동혈압계

그림 7-1　혈압계의 종류

2) 고혈압의 진단 기준

최고혈압 또는 최저혈압의 어느 한쪽이 높아도 고혈압으로 진단하고, 그 정도에 따라 〈표 7-1〉과 같이 분류된다.

표 7-1 18세 이상 성인의 혈압 분류

분류		수축기 혈압(mmHg)		확장기 혈압(mmHg)
정상 혈압		130 미만	그리고	85 미만
높은 값의 정상혈압(경계)		130~139	또는	85~89
고혈압	경 증	140~159	또는	90~99
	중등도	160~179	또는	100~109
	중 증	180 이상	또는	110 이상

자료 : Joint National Committee, 1997.

2. 고지혈증

고지혈증(hyperlipidemia)이란 혈중 지질(중성지방 및 콜레스테롤)이 비정상적으로 증가된 상태를 말하며, 고지단백혈증(hyperlipoproteinemia)은 한 가지 이상의 혈중 지단백질이 비정상적으로 증가된 상태로 이 또한 고지혈증에 속한다. 고지혈증은 그 자체가 직접 생명을 좌우하는 것은 아니나 오랫동안 방치하면 동맥경화가 진행되어 심근경색과 뇌경색 등 위험한 합병증을 초래할 수 있으므로 주의해야 한다.

1) 고지혈증의 진단기준

고지혈증에서 콜레스테롤만 높은 경우는 고콜레스테롤혈증, 중성지방만 높은 경우는 고중성지방혈증이라고 하고, 양쪽이 모두 높은 혼합형 고지혈증도 있다.

고지혈증은 혈중 지질의 수치를 조사하여 진단한다. 바람직한 콜레스테롤 수치는 200mg/dℓ 미만이며, 200～239mg/dℓ은 경계 수준, 240mg/dℓ 이상은 고콜레스테롤혈증이라고 한다. 중성지방이 200mg/dℓ을 초과하면 고중성지방혈증이라고 한다.

2) 관상동맥질환의 위험도 판정

혈중 지질의 증가는 관상동맥질환의 위험과 밀접한 관련이 있으므로 관상동맥질환의 위험도 판정에서 총 콜레스테롤 농도는 1차적인 선별검사로 이용되어 200mg/dℓ 미만이면 위험도가 낮은 것으로 보며, LDL-콜레스테롤의 측정으로 더 정확한 판정을 할 수 있다. 관상동맥심질환이 없는 성인의 경우 LDL-콜레스테롤치가 130

표 7-2 혈중지질과 지단백농도에 따른 관상동맥질환 위험도

위험도	총콜레스테롤	중성지방	LDL-콜레스테롤	HDL-콜레스테롤
낮음	<200 mg/dℓ	<200 mg/dℓ	<130 m/dℓ	
약간 높음	200~239 mg/dℓ	200~399 mg/dℓ	130~159 mg/dℓ	
높음	240~299 mg/dℓ	400~999 mg/dℓ	160~189 mg/dℓ	<35 mg/dℓ
매우 높음	≥300 mg/dℓ	≥1000 mg/dℓ	≥190 mg/dℓ	

자료 : 고지혈증 치료지침 제정위원회, 2003.

표 7-3 고지혈증 식사지침의 식품섭취빈도표

다음 식품을 얼마나 자주 섭취하는지 해당하는 난에 O표를 하시오.

조사대상자 Code No

식품	식품섭취빈도						
	하루 3회	하루 1~2회	주 4~5회	주 3~4회	주 2~3회	주 1회	가끔 또는 전혀
채소류(시금치, 당근, 콩나물)							
잡곡밥							
과일류(사과, 배, 귤, 딸기)							
해조류(다시마, 미역, 김)							
콩류(두부, 순두부, 콩)							
감자류(감자, 고구마)							
우유류(우유, 요쿠르트)							
등푸른생선(고등어, 삼치 등)							
생선류(갈치, 명태, 굴, 조개)							
견과류(땅콩, 잣, 호두)							
육류(쇠고기, 돼지고기)							
기름류(튀김, 전)							
알류(달걀, 메추리알 등)							
갑각류(새우, 오징어, 소라)							
간(쇠간, 내장류)							
경화유(버터, 마가린, 마요네즈)							
과자류(사탕, 초콜릿, 케익)							
가공식품(라면, 인스턴트 식품)							

* 대각선 칸에 가깝게 섭취할수록 고지혈증 치료에 바람직한 식품섭취입니다.

자료 : 고지혈증 치료지침 제정위원회, 2003.

mg/dℓ 미만이면 위험도가 없는 것으로 평가한다. HDL-콜레스테롤은 35mg/dℓ 미만이면 관상동맥심질환의 주요 위험인자가 된다. 반면 HDL-콜레스테롤 농도가 60mg/dℓ 이상이면 다른 주요 위험인자가 있음에도 불구하고 관상동맥질환의 위험도가 낮은 것으로 평가할 수 있다〈표 7-2〉.

3) 고지혈증환자의 식습관 판정

고지혈증 환자의 식사상의 문제점 파악 및 식사조절 정도를 평가하기 위해 〈표 7-3〉과 같은 표를 활용 할 수 있다.

3. 당뇨병

당뇨병은 혈당을 조절하는 인슐린이 부족하거나 효율적으로 이용되지 않을 때 조직에서 포도당의 이용이 저하되고, 혈액 내 포도당의 농도가 상승(hyperglycemia)되며 소변으로 포도당이 배설(glucosuria)되는 만성 대사성 질환이다.

당뇨병은 최근 10년 동안 연평균 20%씩 증가하여 성인병 가운데 증가양상이 가장 두드러진 질병이다. 우리나라도 당뇨병 발생빈도가 점차 증가하여 인구의 5.1% 정도가 당뇨병환자이며 당뇨병으로 의심되는 사람은 인구의 4.1%로, 전국적으로 약 150만 명의 당뇨병환자가 있을 것으로 추정된다. 최근 당뇨병 발생이 증가되는 이유로는 경제력과 생활수준의 향상으로 인한 식생활양상의 변화, 의학 발달로 인한 인간의 평균수명 연장, 조기진단의 증가, 운동부족 등의 생활습관과 스트레스 등이 알려지고 있다.

1) 당뇨병의 진단

(1) 공복 시 혈당(Fasting blood glucose : FBG)

8시간 이상의 금식 후 정맥혈 또는 모세혈관의 전혈 또는 혈장에서 측정한 혈당으로, 성인의 경우 별도로 2회 측정한 공복 시 혈당 농도가 126mg/dℓ 이상인 경우 당뇨병으로 진단한다. 보통 50세 이상의 성인의 경우 공복 시 혈당 농도의 정상치는 110mg/dℓ 이하이며 이후부터 매년 1%씩 증가한다.

표 7-4 당내응력 검사에 의한 당뇨병 판정기준

	혈당mg/dℓ		
시간	정상	내당능 장애	당뇨병
공복	109 이하	110~125	126 이상
1시간	180 이하	200 이상	200 이상
2시간	140 이하	140~199	200 이상

자료 : 대한당뇨병학회, 1999.

(2) 당내응력 검사(Oral glucose tolerance test : OGTT)

공복 시 혈장 포도당이 110~125mg/dℓ 이상 또는 임의로 검사한 혈당이 200mg/dℓ 이상인 경우 포도당 내성검사를 실시한다. 공복 시 혈당을 측정하고 75g을 함유한 포도당용액을 10~15분에 걸쳐 섭취시킨 후 1, 2, 3시간의 혈당을 측정하여 혈당의 변화를 살펴본다. 어린이의 경우 표준체중 1kg당 1.75g으로 포도당 내성검사를 실시하며, 최고 투여량이 75g 이하가 되게 한다. 실험에 앞서 환자들은 1일 최소한 150g 정도의 탄수화물을 함유한 식사를 해야 하나 보통의 식사를 섭취하고 있는 경우에는 그다지 문제되지 않는다. 정상인은 포도당 투여 후 30~60분에 혈당이 최고치에 도달하며 2시간 후에 정상으로 돌아온다. OGTT를 실시했을 때 당뇨병임을 나타내주는 glucose tolerance curve는 최고 혈당 농도가 증가하고, 정상 혈당 농도로 회복되는 데 걸리는 시간이 길며, 보통 3~5시간 후에 저혈당이 나타나는 특징이 있다.

NIH(National Institute of Health)에서 제시한 당내응력 검사의 표준방법은 75g의 포도당을 물에 녹여 5분간 경구투여하고 투여 전 공복 시와 투여 후 2시간의 혈당을 측정한 후 〈표 7-4〉의 기준에 의해 판정한다.

(3) 요당 검사(Urine test)

소변 중 당의 검출은 당뇨병 진단의 지표가 된다. 혈장 또는 혈중 포도당의 농도가 신장의 역치(160~180mg/dℓ) 이상이면 소변으로 배설되어 당뇨병이 된다. 요당의 측정은 포도당 산화효소법에 의한 시험지법을 많이 사용한다. 당뇨병이 있는지의 여부는 비교적 쉽고 간단하게 알 수 있으나 고탄수화물식, 스트레스 등에 의해 일시적으로 당뇨병이 나타나는 경우가 있기 때문에 요당검사와 함께 혈당검사를 실시하여 당뇨병을 진단한다.

(4) 당화혈색소의 측정(Glycosylated Hb, HbA1c)

정상인은 전체 헤모글로빈의 5%정도(정상범위: 3.5~8.5%)가 HbA1c로, HbA1c는 adult Hb(HbA)과 포도당간에 비효소적 반응에 의해 서서히 형성된다. 헤모글로빈에 포도당이 결합하는 위치에 따라 다양한 형태의 당화 혈색소가 있으며, HbA1에도 HbA1a, HbA1b, HbA1c가 있으나 이중 HbA1c가 혈당 수준을 가장 잘 반영한다. 이 반응은 비가역적으로 일어나 적혈구세포가 파괴되어 새로운 세포로 대치되어야만 HbA1c의 농도가 저하되므로 혈장 또는 혈청 포도당 수준이 일시적으로 떨어졌다고 해서 저하되지는 않는다. HbA1c의 농도는 2~3개월 동안의 평균적인 고혈당의 정도를 나타내 준다. 따라서 당뇨병을 진단하는 척도뿐만 아니라 환자가 장기간 동안 식사요법을 잘 지켰는지를 체크하는 데 이용한다. 환자의 HbA1c가 8.5% 이하이면 매우 조절을 잘한 경우이며 12%이상이 되면 조절을 잘하지 못한 것을 나타낸다. 조절되지 않는 당뇨병환자의 경우에는 HbA1c가 15%에 달한다〈표 7-5〉.

표 7-5 당뇨병환자의 당화 혈색소 수준과 평균 혈당

HbA1c(%)	당뇨병의 조절	평균 혈당(mg/dℓ)
5.4~7.4	정상	70~105
7.4~8.5	매우 잘 조절 됨	120~150
8.6~10.5	잘 조절됨	150~200
10.6~13.0	조절됨	200~300
13 이상	조절 안됨	300 이상

4. 골다공증

골다공증은 뼈에 작은 구멍들이 많이 생겨 작은 충격에도 쉽게 골절이 발생하는 질병으로서, 골기질(bone matrix)과 골무기질(bone mineral)이 동시에 감소하여 골량(bone mass)이 감소하게 된다. 생리적인 현상으로 칼슘을 자연적으로 소실하게 되는데, 최대골량 형성의 부진 및 부적절한 식생활로 인하여 손실이 가속화될 수 있다. 여성이 남성에 비하여 골다공증의 빈도가 높은 것으로 알려져 있으며 특히, 폐경기 이후 여성의 경우 뼈로부터 칼슘의 손실이 무려 15%에서 50% 정도라고 한다.

Korea Sport Science Insitute

k = 1.147 d0 = 46.6(1.000H) 5.262

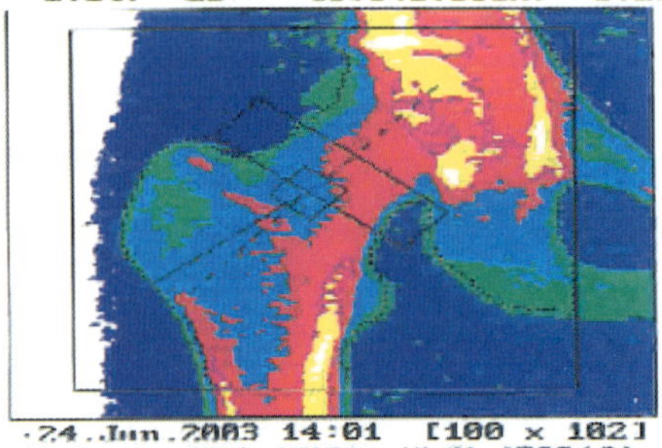

24.Jun.2003 14:01 [100 x 102]
Hologic QDR 4500C (S/N 47821C)
Right Hip V8.26f:3

A0624030R Tue 24.Jun.2003 14:00
Name: GONG HEE YEON
Comment:
I.D.: SM-24 Sex: F
S.S.#: - - Ethnic: O
ZIPCode: Height: 156.70 cm
Operator: MJ Weight: 51.90 kg
BirthDate: 22.Aug.82 Age: 20
Physician:
Image not for diagnostic use

TOTAL BMD CV 1.0%

C.F.	0.940	1.011	1.000
Region	Est.Area (cm^2)	Est.BMC (grams)	BMD (gms/cm^2)
Neck	4.[illegible]	[illegible]	0.783
Troch	8.02	4.90	0.611
Inter	14.89	14.33	0.962
TOTAL	27.24	[illegible]	[illegible]
Ward's	1.15	0.84	0.730

Midline (94,110)-(44, 52)
Neck 49 x 15 at [-24, 14]
Troch -8 x 40 at [0, 0]
Ward's 11 x 11 at [5, 5]

HOLOGIC

Korea Sport Science Insitute

f Right Hip
Reference Database

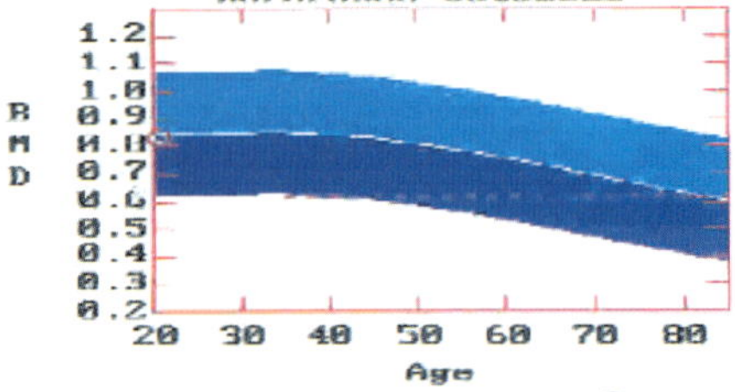

BMD(Total[R]) = 0.830 g/cm^2

Region	BMD	T		Z	
Neck	0.783	-0.19	97% (22.0)	-0.19	97%
Troch	0.611	-0.29	96% (25.0)	-0.29	96%
Inter	0.962	-0.27	96% (35.0)	-0.18	97%
TOTAL	[illegible]	-0.18	98% (35.0)	-0.17	98%
Ward's	0.730	+0.58	109% (25.0)	+0.58	109%

* Age, sex, and ethnicity matched
T - peak BMD matched
Z - age matched TLK 25 Nov 96

A0624030R Tue 24.Jun.2003 14:00
Name: GONG HEE YEON
Comment:
I.D.: SM-24 Sex: F
S.S.#: Ethnic: O
ZIPCode: Height: 156.70 cm
Operator: MJ Weight: 51.90 kg
BirthDate: 22.Aug.82 Age: 20
Physician:

HOLOGIC

그림 7-2 DEXA에 의한 골밀도 측정 결과

1) 골다공증의 진단 방법

골다공증은 골질량이 서서히 감소되므로 골절이 발생할 때까지 증상이 없어 많은 골다공증 환자들이 효과적인 치료시기를 상실하게 되는 경우가 많다. 골다공증은 병리적으로 신체내의 절대적인 골질량이 감소되어 구조가 치밀하지 못하고 거칠며, 작은 구멍이 생겨 작은 충격에도 견디지 못해 결국은 골절을 유발한다. 주로 나타나는 부위는 척추, 요골의 하단, 고관절 등이다. 또 뼈의 변형이 생기며 이러한 변형은 주변의 신경조직과 근육조직에 영향을 주어 통증이 생긴다. 장기간으로는 척추뼈가 눌려 등이 굽어지고, 키가 작아지게 된다.

골다공증을 진단하는데 있어 현재 임상에서 가장 널리 사용되는 검사법은 골밀도 측정법이다. 골밀도는 단위 면적 또는 체적당 골량(bone mass)을 표시하며 골밀도가 골강도의 약 60~80%를 대변하고 골절의 발생과 밀접한 연관이 있다. 최근의 골밀도 측정 기기들은 비교적 초기의 미세한 변화도 감지할 수 있으므로 이의 임상 적용이 급증하고 있다. 측정방법은 방사선 흡수계측법, 단일 X선 흡수계측법(SXA) 또는 단일광자 흡수계측법(SPA), 이중에너지 X선 흡수계측법(DEXA) 또는 양광자 흡수계측법(DPA), 정량적 전산화단층촬영법(QCT), 정량적 초음파법(QUS) 등이 있으며, 이 중에서 가격은 비싸나 비교적 정밀도가 좋고 신체의 모든 부위를 측정할 수 있는 DEXA가 많이 이용되고 있다.

2) 골다공증의 진단 기준

골밀도 측정부위는 골절이 빈번히 발생하는 요추부, 대퇴경부, 요골(전완) 등이다. 골밀도 측정시 사용되는 용어로 Z값(Z score)은 동일한 성별에서 연령이 비슷한 집단의 평균 골밀도와 비교하여 표준편차로 나눈 값이다. Z값이 양의 값이면 평균보다 골밀도가 높음을 의미하고 음의 값이면 평균보다 골밀도가 낮음을 의미한다. T값(T score)은 동일한 성별에서 젊은 성인 집단의 평균 골밀도와 비교하여 표준편차로 나눈 값이다. WHO 기준에 의하면 골밀도의 T값이 −1 이상은 정상, −2.5 ~ −1은 골감소증, −2.5 이하는 골다공증으로 진단한다(그림 7-3 참고).

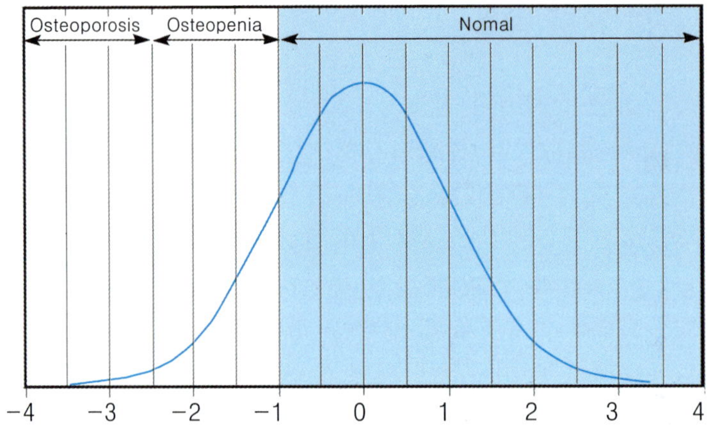

자료 : Kanis JA, 2002.

그림 7-3 **30~40세 여성의 골밀도 분포**

참고문헌

1. 한국지질동맥경화학회 고지혈증 치료지침 제정위원회. 고지혈증 치료지침 「고지혈증과 동맥경화」, 2003
2. 대한영양사회. 임상영양관리지침서, 2000
3. Alberti KG, Zimmet PZ. Definition, diagnosis and classification of diabetes mellitus and its complications. Part 1: diagnosis and classification of diabetes mellitus provisional report of a WHO consultation. Diabet Med 15(7): 539-53, 1998
4. Arnaud CD, Sanchez SD. The role of calcium in osteoporosis. Annu Rev Nutr 10: 397-414, 1990
5. Bray GA, Gray DS. Obesity. Part Ⅰ— Pathogensis. West Hed 149(4): 429-441, 1988
6. Chumlea WC, Roche AF, Mekherjee D. Nutritional assessment of the elderly through anthropometry. Ross laboratories, Columbus Ohio, 1987
8. Detsky AS, Smalley PS, Chang J. The rational clinical examination. Is this patient malnourished? JAMA 271(1): 54-8, 1994
9. Grant JP, Custer PB, Thurlow J. Current techniques of nutritional assessment. Surg Clin North Am 61(3): 437-63, 1981
10. Guidelines Committee. 2003 European Society of Hypertension-European Society of Cardiology guidelines for the management of arterial hypertension. J Hypertens 21(6): 1011-53. 2003
11. Hahn O. Focus on health, 5th ed., McGraw-Hill Company, 2000
12. Jee SH, Suh I, Kim IS, Appel LJ. Smoking and atherosclerotic cardiovascular disease in men with low levels of serum cholesterol: the Korea Medical Insurance Corporation Study. JAMA 282(22): 2149-55, 1999
13. Joint National Committee. The sixth report of the Joint National Committee on detection, evaluation, and treatment of high blood pressure. Arch Interm Med 157(21) : 2413-46, 1997
14. Kanis JA. Diagnosis of osteoporosis and assessment of fracture risk. Lancet 359(9321): 1929-36, 2002
15. Whithey EN, Cataldo CB, Debruyne LK, Rolfes SR. Nutrition for health & health care, 2nd th., Brooks/cole publishing company, 2001

8 생애주기별 영양판정

생애주기는 일반적으로 영유아기, 아동기, 학동기, 청소년기, 성인기 그리고 노년기로 나눌 수 있다. 각 주기마다 신체적 특성과 성장발달 정도, 영양소 요구량 등이 다르고 감염에 대한 저항력도 다르다. 이에 연령에 따라 나타나는 영양불량의 위험이 다르며, 영양불량을 나타내는 임상적인 징후에도 차이가 있다. 한 예로 신체적인 성장이 활발한 성장기에는 신체계측조사가 단백질-에너지 영양상태를 판정하는데 매우 중요하지만 성장이 끝난 성인의 경우에는 그렇지 않다. 그러므로 가능하면 어떤 항목을 조사하는 것이 조사대상자의 영양상태를 가장 민감하게 반영하는 것인지를 사전에 충분히 조사한 후 영양상태 판정에 적합한 조사방법을 선별하여 적용해야 한다. 연령에 적합한 영양상태 판정방법은 〈표 8-1〉과 같다.

1. 임산부의 영양상태 판정

임신기 영양섭취는 모체 자신의 건강, 태아발달 그리고 출산 후 아기의 건강뿐만 아니라 성인기 질병유발에도 영향을 미치게 되므로 임신부의 영양판정은 중요한 의미를 갖는다. 임신기 동안 충분한 영양과 적정체중의 증가는 실제적으로 아기의 출생시체중(birthweight)에 영향을 미치고 출생 후 영아의 건강과 발달에 중추적인 역할을 하며 그 이후의 건강도 자궁 내에서의 영양상태가 기초가 된다. 따라서 임신기의 영양상태를 판정함으로써 출생 후 영아의 건강과 산모의 건강을 유지하는데 도움을 줄 수 있다.

임신기는 영양적으로 취약성이 큰 시기이며, 임신부의 영양상태는 모체와 태아의 영양상태라는 두 가지 관점에서 평가되어야 한다. 그러나 임신기간 동안에는 비임신기와 달리 철의 흡수율이 증가하는 등 생리적인 적응력의 변화가 나타나므로 임신부의 영양판정은 더욱 어렵다. 임신기 동안에 영양적으로 위험이 있는 여성의 경우는 〈표 8-2〉와 같다.

표 8-1 연령에 적합한 영양상태 판정방법

	식사섭취량 조사		신체계측법		생화학적 분석		비영양학적 변수	
	초기평가	심화평가	초기평가	심화평가	초기평가	심화평가	초기평가	심화평가
임신기	회상법, 섭취빈도 조사법	실측법, 반정량 식품섭취 빈도법, 식사력조사	신장, 체중, 체중 증가량	상완위, 피부 두겹두께	Hb, Hct, 혈당, 요당 정성검사	Transferrin, Ferritin, Albumin, 혈액 지방성상, 엽산, 기타 미량 영양소	병력, 자녀수, 임신력, 관련위험 요인조사, 영양지식, 혈압, 맥박, 영양보충제	심전도, 가슴 X-ray
영유아기	섭취빈도 조사법, 유즙 섭취량 (보충식 급식조사)	회상법, 관찰법, 실측법	신장, 체중, 출생시 체중	두위, 흉위 상완위, 성장속도		Hb, Hct	임상기록, 병력, 가족력, 어머니의 영양지식, 모유/ 인공영양	혈압, 이유기, 섭식행동
청소년기	회상법, 섭취빈도 조사법, 식습관 조사	실측법, 반정량 식품섭취 빈도법, 식사력 조사	신장, 체중, BMI	상완위, 피부 두겹두께, 성장속도	Hb, Hct, 요단백, 요당검사	Transferrin, Ferritin, Zn, 소변 내 Ca, 결핍이 우려되는 미량 영양소	병력, 식품환경 평가, 체중감량 경험, 혈압, 영양보충제	BIA, 골밀도, 손목 X-ray
성인기	회상법, 섭취빈도 조사법, 식습관 조사	실측법, 반정량 식품섭취 빈도법, 식사력조사	신장, 체중, 팔목둘레, 허리 · 엉덩이 둘레비, 비만도	상완위, 피부 두겹두께	Hb, Hct, 요당, 혈당 정성검사	혈액 지방성상, Transferrin, Ferritin, 내당능 검사, 기타 미량영양소	질병 가족력, 혈압, 영양보충제	심전도, BIA, 골밀도
노년기	섭취빈도 조사법, 식습관 조사	관찰법, 실측법, 식사력 조사	신장, 체중, 비만도, 허리 · 엉덩이 둘레비	피부 두겹두께, 상완위 (무릎 길이)	Hb, Hct, 요당, 혈당 정성검사	혈액 지방성상, Transferrin, Ferritin, 내당능 검사	영양보충제, 혈압, 주거환경, 앓고있는 질병, 장애, 청력, 시력	심전도, BIA, 골밀도

표 8-2 영양적 위험이 높은 임신부

1. 연령
만 15세 미만의 청소년이거나 35세 이상인 경우

2. 체중
임신전 체중이 표준체중의 85% 이하인 저체중이거나 120% 이상인 과체중인 경우
BMI가 19.8 이하이거나 26.0 이상인 경우
임신 1기 이후에 매달 1kg 이하로 체중 증가가 불충분한 경우
임신 1기 동안에 체중이 매주 1kg 이상 지나치게 증가한 경우

3. 과거의 임신력
12개월전 출산 경험이 있는 경우
2년간 3회 이상의 잦은 임신을 한 경우
미숙아나 조산아 출산 경험이 있는 경우
쌍생아 임신경험이 있는 경우

4. 영양과 건강상태
유행식품 사용, 이미증(異味症, pica)이 있는 경우
동물성 식품의 기피나 편식이 심한 경우
유당불내증(lactose intolerance)이 있는 경우
흡연, 음주, 약물중독
당뇨병 등 만성질환이 있는 경우
헤모글로빈이 12.0g/dℓ 이하이거나 헤마토크릿이 35% 이하일 때

5. 사회경제적 상태
저소득층

10대의 임신은 임신에 필요한 영양상태를 유지하는 데 대한 관심을 기울이기 어렵기 때문에 문제가 된다. 또한 저체중이나 과체중, 각종 질병과 약물 복용 등 임신전의 영양상태나 건강상태가 임신부의 영양상태에 영향을 주게 된다. 임신 기간 중에 체중증가가 불규칙하거나, 체중이 증가하지 않는 사람도 영양적인 문제가 있으며 최근에는 임신기의 비만이 새로운 문제로 나타나고 있다. 임신기의 심한 비만은 정상적인 분만을 어렵게 하므로 임산부에서 정상체중의 유지는 매우 중요하다. 또한 임신부의 알코올 섭취는 태아에게 큰 영향을 미쳐서 뇌 손상이나 정신적인 발달 지연 및 신체적인 성장 저하를 가져오기도 한다.

우리나라 저소득층 임신부의 경우 칼슘, 아연, 구리, 비타민 A의 섭취가 부족한 반면, 나트륨 섭취수준은 과다하다. 임신부에 대한 금기 식품으로 인해 대부분의 단백질 종류의 식품 섭취가 제한되는 경우도 있고, 일부 저소득층에서 임신부의 단백질-에너지 결핍이 문제가 되고 있다. 특히 잦은 임신으로 인한 철결핍성 빈혈도 나타나고 있다.

1) 식사섭취 조사

임신부의 식사섭취량 조사를 할 때는 일반 성인을 대상으로 한 일반적인 식사 섭취량 조사 이외에 임신 전·후의 식품, 음식에 대한 수용도나 기호도의 변화 및 금기 식품을 조사할 수 있다. 또는 임신 전의 다이어트 상태나 칼슘, 나트륨 등의 미량 영양소의 상태를 조사한다.

임신부들에 대한 조사를 할 때는 영양 상태나 식사섭취상태 외에도 그 지역 임신부들의 연령 분포나 사회경제적인 수준을 조사해야 하며 산전관리수준, 보건진료시설, 임신과 출산에 도움을 받을 수 있는 전문가들에 대한 조사도 필요하다. 또한 그 지역의 조산아나 미숙아를 낳는 비율, 신생아 사망률도 조사하도록 한다.

2) 신체계측 조사

(1) 임신 전의 체중 및 신체계측 조사

임신 전의 체중이 태아 성장과 출산결과에 중요한 영향을 미치기 때문에 가임기 여성이 적정체중을 유지하는 것은 중요하다.

임신 전의 체중이 적정체중보다 적은 경우, 임신기 동안의 체중증가량이 많더라도 아기의 출생시 체중은 적은 경향을 나타내며 저체중에서 임신을 할 경우 조산의 위험이 크고, 저체중아 출산의 위험도 크며, 빈혈 등의 임신합병증도 많이 나타난다. 또한 정상체중보다 13%이상 초과한 과체중의 경우에도 당뇨병, 고혈압 등 임신합병증을 초래할 수 있다.

임신부의 체지방 저장량은 삼두근(triceps), 이두근(biceps), 견갑골 밑(subscapular) 및 장골(suprailiac) 등의 피부두겹두께를 측정하여 판정하며, 상완위 둘레와 삼두근 피부두겹두께를 측정하면 근육의 둘레를 계산할 수 있고, 상완위의 지방과 근육량도 알 수 있다.

(2) 임신기간 동안의 체중증가

임신기의 적절한 체중증가는 태아와 모체가 최적의 영양상태를 유지하는데 매우 중요하다. 모체의 체중증가가 부적절할 경우 저체중출생아(low birth weight infant)를 낳기 쉬우며 사산률도 증가한다.

개인적인 차이는 있지만 일반적으로 임신기에는 약 15~25%(11~13kg)의 체중증가가 나타난다. 임신기의 총 체중 증가량은 11~12.5kg이며, 이 가운데 6kg은 3~4kg의 체지방 증가분을 포함한 모체의 증가분이고 5kg은 태아로 인한 증가분이다. 체중증가는 대부분 마지막 6개월 동안에 나타나며, 이때는 일주일에 약 350~400g의 체중이 증가하게 된다.

임신기에는 체중증가량 뿐 아니라 체중증가속도에도 관심을 기울여야 한다. 정상체중인 여성이 임신 시 임신 1기 동안은 1~2kg정도, 그 이후에는 매주 0.3~0.5kg정도의 체중증가가 적당한 것으로 권장되고 있다. 단기간의 급속한 체중증가는 과다한 수분저류와 관계가 있다. 또한 임신 2기와 3기 동안에 한 달간 1kg 이하의 체중증가가 나타날 때는 임산부의 체중증가율이 부적합한 것으로 본다.

임신기간 중 체중증가의 적정범위는 임신 전 체중정도에 따라 다른데 미국국립과학학회(National Academy of Science)의 권장사항은 〈표 8-3〉과 같다.

3) 생화학적 조사

임신 중에는 혈장량의 증가, 호르몬의 변화, 신장기능의 변화 등 생리적인 변화가 나타난다. 따라서 혈액이나 소변 검사의 생화학적 분석으로 모체의 생리적인 변화의 이상여부를 진단할 수 있다.

표 8-3 임신 전 체중상태에 따른 체중증가 범위

임신전 체중상태	체중증가 범위
저체중(<표준체중의 90%)	13~18kg
정상체중	11~16kg
과체중(>표준체중의 120%)	7~11kg
(>표준체중의 135%)	7kg
쌍생아를 임신한 경우	16~20kg

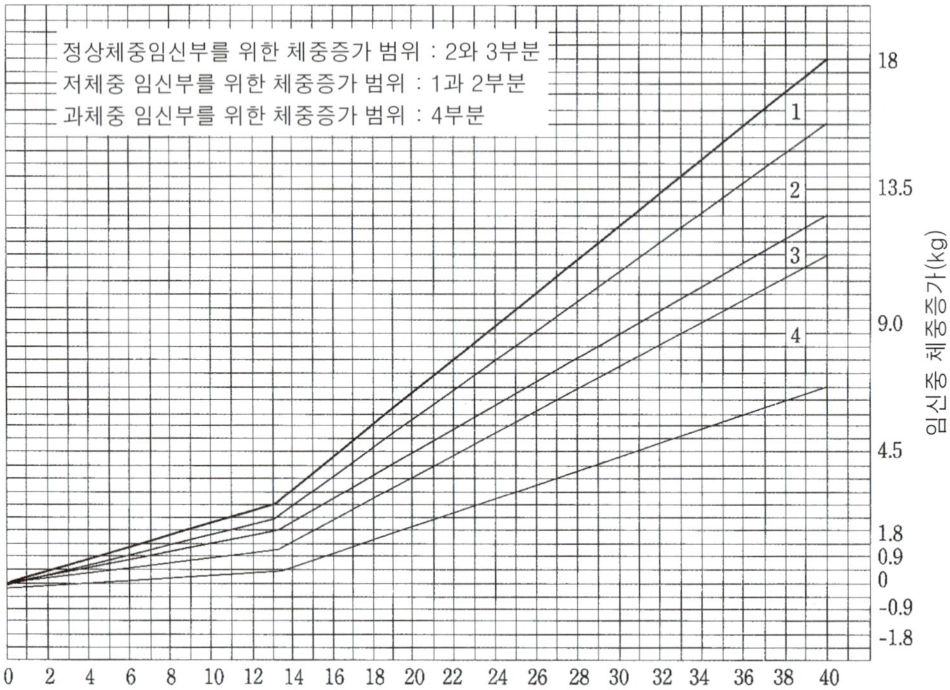

그림 8-1 임신기간(주)에 따른 바람직한 체중증가 유형

(1) 철

임신기의 빈혈은 전세계적으로 광범위하게 나타나는 영양문제이다. 개발도상국가의 경우 임신 3기 여성의 30~40%에서 헤모글로빈 농도가 10g/dℓ 이하로 나타났다. 특히 일부지역에서는 임신성 빈혈이라는 한 가지 영양 문제만으로도 출산시의 출혈을 원인으로 모체가 사망하는 경우도 있다.

임신기의 빈혈은 대부분 철 결핍으로 인해 나타나지만 엽산이나 비타민 B_{12}의 부족으로 인해 나타나는 경우도 있으며, 철과 엽산 결핍이 동시에 나타나는 경우도 있다. 철 결핍의 경우, 빈혈의 정도에 따라서 태아와 산모의 사망률이 상관관계가 있다고 보고되고 있다. 임신부의 철 영양상태를 평가하는 가장 쉬운 방법은 혈색소(hemoglobin) 농도와 적혈구 용적률(hematocrit) 등이 정상범위에 해당되는 지를 측정하는 것이다〈표 8-4〉. 〈표 8-5〉에는 성인여성에서 혈액학적 조사를 위한 위험군 분류기준이 나타나 있다. 지역에 따라서는 빈혈의 원인이 다를 수 있으므로 기생충에 의한 감염을 조사하기 위한 대변검사 혹은 말라리아에 의한 감염 등도 조사해야 한다.

표 8-4 빈혈여부를 선별하기 위한 혈색소농도와 적혈구 용적율의 기준

구분	혈색소농도(Hemoglobin, g/dℓ)	적혈구용적률(Hematocrit, %)
임신하지 않은 여성	12.0	36
임신1기 여성	11.0	33
임신2기 여성	10.5	32
임신3기 여성	11.0	33

표 8-5 기타 혈액학적 지표의 기준

지표	임신하지 않은 여성	정상상태의 임신부	결핍상태의 임신부
혈청 저장철농도(ferritin, μg/dℓ)	75~150	65~120	< 65
혈청 철농도(Fe, μg/dℓ)	> 50	> 40	< 40
혈청 엽산농도(ng/dℓ)	6.0~2.5	> 6.0	< 2.0
혈청 비타민 B_{12}농도(pg/mℓ)	> 100	> 100	< 100

(2) 단백질

임신기간 중 단백질 결핍 판정은 어려움이 있는데, 혈장량 증가로 혈액성분이 희석되어 혈액 내 단백질 수준이 감소하며, 임신으로 인한 에스트로겐 분비가 증가되는 등 임신으로 인해 혈액 단백질상태가 변화하기 때문이다.

임신부에 대한 생화학적 분석을 통한 영양판정은 임신이라는 특수 상황을 고려하여 혈액 내 영양성분 분석치의 해석에 주의하여야 한다.

4) 임상 조사

(1) 부종

임신기간 중 가장 빈번히 나타나는 문제는 부종(edema)이다. 부종은 혈액희석 등의 이유로 혈장 내 알부민 농도가 낮아짐에 따라 체액의 삼투압 저하로 체조직에 과량의 체액이 보유되어 나타난다. 보통 발목과 다리에 부종이 나타나며 오랫동안 서 있거나 신체를 움직이지 않고 일정한 자세로 오래 있을 때도 나타나게 된다. 특히 임신 후반기의 체중증가가 부종에 의한 영향인지도 유의해서 조사해야 한다.

표 8-6 임신성 고혈압의 위험요인

임신 전의 위험 요인	임신기 동안의 위험 요인
당뇨병	초산부
고혈압, 신장이나 혈관질환	거대아
고혈압이나 혈관질환의 가족력	사구체신염
지난번 임신시 임신성고혈압의 진단	다중임신
영양 결핍	태아수종(fetal hydrops)
20세 이하나 35세 이상의 임신	양수과다증
	포상기태(hydratidiform mole)

(2) 혈압

임신으로 인해 급성적으로 유발되는 고혈압을 임신유도성 고혈압이라 한다. 최근에는 임신유도성 고혈압도 종종 나타나기 때문에 혈압 측정도 필요하다. 임신유도성 고혈압은 신장기능에 많은 변화를 초래하므로 세포외액에 수분 저류가 나타날 수 있다. 한편 본태성 고혈압이 있는 사람의 경우 임신으로 인해 상태가 더욱 악화될 수 있다. 임신유도성 고혈압의 위험요인은 〈표 8-6〉과 같다.

2. 영아의 영양상태 판정

영아기는 태아기를 제외하고 일생동안 가장 성장이 빠른 시기로서, 영아기의 영양상태는 신체의 성장발달과 두뇌의 성장에 크게 영향을 미친다.

1) 식사섭취 조사

영아의 영양섭취상태는 우선 수유형태에 대해 조사를 하고, 공급하는 조제분유의 종류 및 이유식의 종류에 대한 정보로부터 조사한다.

(1) 인공영양아의 영양상태

인공영양아의 경우 양보다는 질적인 평가에 더 관심을 두어야 하며, 수유횟수와 분량, 사용하고 있는 제품의 종류, 수유방법, 이유시기와 이유식 종류, 식품 알러지, 가족의 식습관 등을 고려해야 한다. 이유식을 시작해야 하는 시기에 철이 충분히 함유된 음식을 먹이는 대신에 계속적으로 과량의 우유를 먹이게 되면 우유빈혈(milk anemia)이 나타날 수 있다. 또한 조제분유나 우유, 과일 주스나 다른 탄수화물이 풍부한 음식을 우유병에 넣어서 계속 먹이게 되면 우유병 증후군(nursing bottle syndrome)이 발생하게 된다. 따라서 적절한 시기에 이유식이 도입되고 젖병을 떼었는지에 대해서도 조사를 해야 한다.

(2) 모유영양아의 영양상태

정상적이고 건강한 산모의 모유 속에는 충분한 양의 에너지와 단백질, 비타민과 각종 면역물질들이 포함되어 있으므로 4~6개월 정도는 모유수유만으로도 아기의 성장이 충분하다. 모유영양아의 모유수유기간과 섭취량을 측정시 아기의 모유 섭취량을 정확히 측정하는 것은 쉽지 않으나 모유섭취 전과 후의 체중변화량(g)을 측정하고 이것을 우리나라 모유의 비중치(1.03)를 이용하여 용량단위(㎖)로 환산함으로써 간접적인 측정이 가능하다. 아기의 성장이 정상적인 경우에는 충분한 양의 모유를 섭취하고 있는 것으로 볼 수 있다. 그 외에 수유부의 병력이나 식사력, 식습관과 식사 섭취량, 흡연, 알코올 섭취 및 카페인과 약물 섭취 등에 대해서 조사한다. 산모가 영양불량이거나 빈혈이 있는 경우 혹은 감염이 있을 때는 단기간의 수유를 해야 하는 경우도 있으며 또는 직장여성의 경우 모유수유기간은 단축된다.

영아는 생후 6개월까지는 출생 전 체내 저장한 철로 인해 철 결핍이 발현되지 않으나 6개월 후부터는 적절한 영양공급이 이루어지지 않을 경우 철 결핍성 빈혈이 나타날 수 있다.

2) 신체계측 조사

영아의 영양상태를 판정하는 가장 기본적인 지표는 체중, 누운키, 두위와 아프가 점수(Apgar score) 등이다. 아프가 점수란 출생 후 영아의 심장박동수, 호흡수, 색상, 근육의 긴장도, 자극에 대한 반응 등 신체 상태를 점수화한 것이다. 이처럼 영아기의 영양판정은 전반적인 성장의 정도를 측정한다.

영아는 1~3개월마다 신장과 체중을 측정하여 성장속도의 이상 유무를 표준 성장곡선과 비교하여 확인한다. 체중은 신체성장에 따라 증가하며 영양과 성장의 가장 좋은 총체적인 지표로서, 골격, 신체 경조직, 근육, 피하지방 등의 종합적인 지표이다. 생후 1년간 평균 체중증가량은 약 7kg 정도가 되며 이중 1/2 정도가 처음 4개월간 증가되고, 이 시기에 섭취한 에너지의 1/3이 성장을 위해 사용된다. 5개월 이후에는 성장률이 둔화되며 섭취한 에너지도 활동을 위해 쓰이는 비율이 증가한다. 신장에 비해 체중(weight for height)이 적은 경우 영양불량 상태를 의미할 수 있으며, 연령에 비해 신장(height for age)이 적은 경우는 만성적인 영양부족 상태를 의미할 수 있다. 또한 영아의 경우 두위가 작은 것도 장기적인 열량부족을 나타낸다. 두위는 2세까지 신장의 증가와 밀접한 관계가 있으나, 2세 이후에는 두위의 성장률이 감소하므로 영양상태 판정을 위한 지표로 이용하기는 비효율적이다.

3. 유아와 아동의 영양상태 판정

적절하고 충분한 영양은 유아기, 학령 전 아동기, 학령기 어린이 모두에게 성장과 발달, 건강 증진, 질병예방에 필수적이다. 최근 학교급식이 확대되면서 아동기의 영양관리에 대한 관심이 더욱 높아지고 있지만 아직도 학령 전 아동이나 유아의 영양관리는 체계적으로 이루어지지 않고 있다. 유아와 아동기의 영양적인 위험과 관련된 건강문제가 〈표 8-7〉에 나타나 있다.

1) 식사섭취 조사

아동들의 성장에 필요한 영양소의 공급이 충분히 이루어지고 있는지를 평가해야 하며, 아동의 전반적인 영양소 섭취상태를 알 수 있는 식습관, 식품기호도, 강화식품의 섭취여부 등의 실태조사와 함께 영양소별 식사 섭취실태조사를 한다. 아동의 식사 섭취실태를 조사할 때는 아동에게 부족하기 쉬운 영양소의 섭취상태를 정확히 조사하도록 한다. 특히, 우리나라 아동들의 철 급원식품의 90%이상이 체내 이용률이 낮은 식물성 식품이라는 문제점이 제시되고 있으므로 철 섭취량보다는 철 급원식품을 얼마나 자주 섭취하고 있는지를 조사할 필요가 있다.

표 8-7 아동기의 영양적인 위험과 건강문제

건강문제	영양적인 위험
성장지연, 저체중	부적절한 식사섭취
혈청 콜레스테롤 증가	총 지방, 포화지방 및 콜레스테롤의 과잉 섭취
충치	당분섭취 증가, 불소 부족, 우유병에 의한 유치 손상
철 결핍성 빈혈	영양불량, 철섭취 부족
감염	영양불량
비만	필요량 이상의 에너지 섭취
변비	식이섬유소 섭취 부족

유아나 저학년 아동의 경우에는 24시간 회상법을 사용하기 어렵기 때문에 어머니나 선생님들을 통한 조사를 하거나 사진이나 비디오를 이용한 간접적인 조사가 가능하다. 그러나 초등학교 고학년의 경우에는 회상법을 통한 직접적인 식사섭취조사가 가능하다.

(1) 식사의 규칙성 조사

아동기는 1일 3식의 규칙성이 확립되면서 전체 영양소 섭취에서 간식이 차지하는 비중이 큰 시기이므로 식사시간과 양, 종류뿐만 아니라 간식의 종류, 섭취량 및 횟수를 조사한다. 또한 아침결식은 아동들의 영양소 섭취에 미치는 영향이 크므로 결식횟수와 아침식사습관도 조사되어야 한다.

(2) 식습관 및 식품기호도조사

이 시기는 자신만의 특별한 식습관이 형성되기 시작하는 시기로 좋아하고 싫어하는 식품에 대한 고집이 생기게 되며, 간식 시간이나 간식 종류, 급식을 통한 식생활의 변화 등이 나타나게 된다. 아동의 전체적인 식사 패턴을 조사하고, 특별히 좋아하는 음식이나 이식증(pica)이 있는지를 확인한다. 우유를 싫어하거나 특정한 야채를 먹지 않는 경우에는 아동들의 영양소 섭취량에 영향을 줄 수 있으므로 식품 기호도를 알아보아야 한다. 또한, 어머니의 영향을 주로 받았던 유아기에 비해 친구에 의해 식생활에 영향을 받는 부분이 커지므로 식습관에 영향을 주는 요인도 조사해야 한다. 또한 TV 시청 시간이나 습관, TV 광고 등이 아동들의 식사와 간식 섭취에 영향을 준다고 보고되고 있으며 최근에는 알코올을 섭취하는 아동들이 증가하는 추세이므로 TV 시청 패턴과 알코올이나 흡연, 약물섭취여부도 조사한다.

(3) 지역적인 식품의 유용성(Availability) 조사

농촌지역과 같은 특정 지역의 경우 아동이 섭취할 수 있는 식품의 종류가 제한될 수 있으므로 지역적으로 유용한 식품의 종류를 조사하며 가정에서 아동을 위한 식품구매능력에 대해서도 조사한다. 이와 같이 영양상태는 경제상태와도 밀접한 관계가 있으므로 사회경제적 측면의 조사를 통하여 식품섭취상태평가에 도움이 되는 정보를 찾아낼 수도 있다.

(4) 강화식품의 종류조사

아동들에게 공급되는 음식 중에서 강화된 식품이 있는지를 조사하며, 특히 아동들의 성장과 관련된 칼슘이나 철, 비타민 C와 같은 영양소를 중점적으로 조사한다.

표 8-8 조사목적에 따른 영양판정 조사항목

	대상	신체계측	식사평가	생화학적 자료	임상조사
영양 검색	모든 어린이	신장, 체중, 신장대비체중, 머리둘레	평소 식사력, 식사기술 및 식행동, 보충제 사용	혈색소 또는 적혈구용적율 (생후 15개월 이내 최소 1회 시행), 적혈구 평균 용적	건강력, 일반적 외관
초기 영양 판정	영양소검색결과 위험군에 속하거나 영양상태에 영향을 미칠 수 있는 질환이 있는 아동	체구성성분, 삼두근, 피부두겹두께, 상완위, 근육둘레	3~7일간의 식사일기	혈청 알부민	영양결핍 또는 영양과다 여부를 알기 위한 신체조사
심층 영양 판정	특정한 영양소결핍 및 영양과다 유무에 대한 확인, 심한 영양결핍 상태, 영양치료의 효과에 대한 평가	성장속도		특정 비타민 및 무기질 수준	

자료 : 대한영양사회, 2000.

2) 신체계측 조사

유아의 경우에는 정기적으로 체중과 신장, 두위 및 흉위를 측정하여 비교해 보면 정상적인 성장여부를 알 수 있으므로 정기적인 체위측정이 필요하다. 아동의 경우에는 체중과 신장, 흉위, 삼두근 피부두겹 두께, 상완위 등을 측정한다. 신체계측치를 이용한 관련지표의 종류와 의미를 〈표 8-9〉에 나타내었다.

피부두겹 두께는 아동 개개인의 상대적인 지방을 측정하는 좋은 도구로 알려져 있지만 적용할 만한 기준치에 대해서는 논란이 있다. 그러나 신장 대비 체중(wt/ht)이 90번째 백분위수 이상이거나 10번째 백분위수 이하인 어린이에서는 유용하다고 알려져 있으며 비만인 아동을 추적조사하거나 관찰할 때는 좋은 방법이다.

표 8-9 신체계측치를 이용한 관련지표

Quatelet index(w/h^2)	학령 전 아동들의 단백질-에너지 영양불량을 나타내는 좋은 지표이다.
신장-대비-체중 (wt/ht)	세계보건기구(WHO)에서 실질적으로 아동들을 위해 가장 간단하고 측정이 쉬운 방법으로 사용을 권장하고 있다. 아동의 나이가 불분명한 경우에도 사용할 수 있다. 저체중이라고 해도 다 동일하지는 않으며, 저체중이면서 체격이 작지만 활발하고 건강한 경우도 있다.
나이-대비-신장 (ht/age)	장기적인 성장을 반영하며 특히 2세까지 유아의 영양불량을 판정하는데 도움이 된다. 이것은 어린이의 키의 성장에 영향을 미치는 단백질과 같은 영양소의 영양상태를 반영하며, 키가 클 시기에 성장에 문제가 있음을 나타내므로 비교적 장기간의 영양상태를 나타낸다.
나이-대비-체중 (wt/age)	주로 1세 미만의 아이들에게 유용하며 신장보다는 비교적 최근의 영양상태를 반영한다.
가슴-머리둘레 비율	영양상태가 적절한 경우에 6개월 이후의 유아들은 가슴둘레가 머리둘레보다 크다. 단백질-에너지 영양불량의 경우 아동들의 가슴둘레는 적어지고 상대적으로 머리둘레는 커지므로 가슴과 머리둘레의 비율이 1 이하가 된다.

3) 생화학적 조사

우리나라 아동들의 빈혈 이환율은 80년대 이후 계속 저하되고 있으나, 빈혈은 아동기에 가장 흔히 나타나는 영양문제이다〈그림 8-2〉. 사립 초등학교 부설 유아원 아동의 경우에는 1% 이내를 기록하기도 하였지만, 저소득층 가정의 미취학 아동의 빈혈 발현율은 5% 이내로 나타났고, 1세 이하의 아동이나 도시영세민과 저소득층에서는 여전히 높은 비율을 보인다. 철은 성장뿐만 아니라 아동들의 지능발달과 면역능력을 유지하는데 필요하다. 아동들의 혈액 중 헤모글로빈과 헤마토크릿치를 조사하면 쉽게 철 결핍상태를 파악할 수 있으며, 아동들의 헤모글로빈과 헤마토크릿치의 기준치는 〈표 8-10〉과 같다. 또한 동맥경화증이 아동기부터 시작되고 있으며 아동들의 콜레스테롤 수준은 성인기의 예측치가 되므로 최근에는 아동들의 콜레스테롤 측정이 필요하다고 주장하기도 한다.

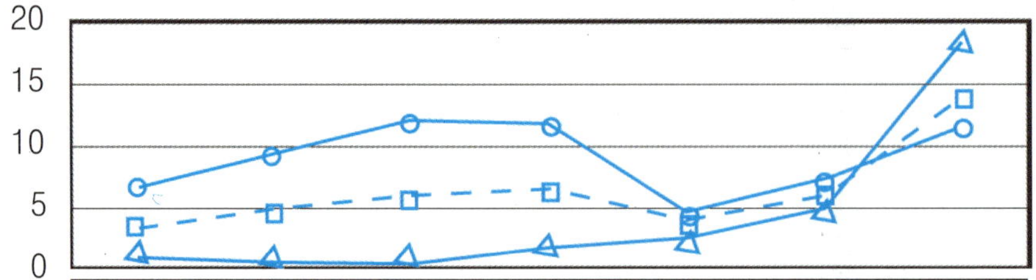

	10~19세	20~29세	30~39세	40~49세	50~59게	60~69세	70세이상
전체	3.6	4.7	6.1	6.7	3.9	6.6	18.9
남자	0.8	0.3	0.4	1.8	2.7	5.6	18.9
여자	6.8	9.5	12.1	11.8	5.0	7.6	11.8

자료 : 보건복지부, 국민건강영양조사, 2006.

그림 8-2 성별 · 연령별 빈혈유병율

표 8-10 아동들의 헤모글로빈과 헤마토크릿 기준치

연령(남, 여)	헤모글로빈(g/dℓ)	헤마토크릿(%)
12~23개월	>11	33
2~4세	11.2	34
5~7세	11.4	34.5
8~11세	11.6	35

4) 임상 조사

아동들에 대한 임상조사는 피부의 색상이나 형태, 탄력성 등을 조사하며 혀와 입술 상태 및 안구 상태를 조사하여 비타민 B군과 비타민 A의 영양상태 및 충치에 대한 조사도 반드시 필요하다. 영양소 결핍으로 인한 임상증상을 〈표 8-11〉에 나타내었다.

고학년의 경우에는 혈압조사를 하기도 한다. 혈압은 3~17세까지의 아동에서 측정하며 정상이지만 높은 수준에 있는 아동들을 조사한다. 아동들은 현재의 혈압보

표 8-11 영양소 결핍으로 인하여 발현되는 임상증세

신체부위	임상증세	결핍된 영양소
머리카락	탈색, 푸석거리고 잘 끊어짐	단백질, 열량
눈	충혈, 안구손상, 비톳점	비타민 A, 비타민 B군, 아연, 철
이와 잇몸	충혈, 염증, 위축	비타민 C, 무기질
혀	설염, 균열, 물집, 구순구각염	비타민 B군
얼굴	창백, 눈과 볼에 색소 침착	단백질, 열량, 비타민 A, 철
피부	건조증, 탈색	단백질, 열량, 비타민 A, B군, C
손톱	끝부분의 확대, 갈라짐	철
내분비선	갑상선 비대	단백질, 열량, 요오드
소화기관	소화장애	단백질, 열량, 무기질
근육 및 골격	근육쇠약, 탄력성 소실	단백질, 열량, 비타민 D

다는 가족 중에 고혈압 환자가 있는지를 조사하며, 고혈압과 고지혈증의 가족력이 있는 경우에는 혈압과 피부두겹두께 등을 측정하여 고지혈증이나 당뇨병의 위험을 예방적인 차원에서 조사한다.

4. 청소년기의 영양상태 판정

청소년기는 아동에서 성인으로 변화하는 시기로서 신체적, 생리적, 생화학적, 심리적 특성과 내분비 상태의 변화가 많이 일어나고, 그 개인차가 큰 시기인 만큼 단순히 연령에 따른 영양상태의 평가보다 연령과 성적 성숙단계에 따른 영양상태 평가가 고려되어야 한다.

청소년기는 유아기 이후 성장속도가 가장 빠른 시기로 성장속도의 증가와 함께 식욕도 왕성해지고 식사 섭취량도 증가하게 된다. 따라서 이 시기에 충분한 영양을 공급하지 못하면 성장속도가 저하될 뿐만 아니라 성숙속도도 지연된다. 청소년기의 특징으로는 남성과 여성의 구분이 뚜렷해지면서 남학생의 경우 근육량이 증가하고, 여학생의 경우에는 지방층이 증가하면서 초경을 시작하게 된다. 또한 심리적으로도 외모에 대한 관심이 증가하면서 비만에 대한 관심도 증가하는데 이것이 식습관에 영향을 주어서 의식적으로 식사량을 조절하는 경우도 생긴다. 심한 경우에는 신경성 식욕부진증(anorexia nervosa)이나 신경성 탐식증(bulimia nervosa)이 나타나기도 하며 이것은 심각한 영양불량을 초래하기 쉽다.

1) 식사섭취 조사

24시간 회상법을 비롯한 다양한 방법으로 각 영양소의 섭취량을 조사할 수 있다. 아침, 점심, 저녁과 간식을 섭취하는 식사 패턴을 조사하며 식사구성안의 식품군들에 속한 식품들을 골고루 섭취하고 있는지도 조사한다. 청소년기에는 일반적으로 생활이 규칙적이기 때문에 섭취한 식사나 간식의 종류와 양을 비교적 쉽게 기억할 수 있으므로 조사의 어려움은 없다. 그러나 외모에 대한 관심, 이성에 대한 관심, 과중한 학습의 부담 등으로 섭식행동에 이상을 초래할 수 있으며, 이는 영양소 섭취에 영양부족이나 과다 등의 양극화된 문제를 유발할 수 있다. 따라서 영양상태 평가를 위하여 청소년의 식품섭취량 조사도 중요하지만 영양환경도 반드시 평가되어야 한다. 〈표 8-12〉에는 청소년의 식품섭취에 영향을 줄 수 있는 환경요인을 제시하였다.

2) 신체계측 조사

청소년기의 신체계측조사는 주로 신장, 체중, 삼두근 피부두겹두께를 측정하며, 일반적으로 체질량지수를 많이 사용한다. 청소년기의 지방과 근육의 비율은 성장단계를 알려주는 중요한 지표로, 상완위둘레와 상완근육넓이 측정은 신체근육 조성의 판단에 좋은 지표이다. 또한 성별, 연령별 체중 기준치와 신장 기준치, 신장 대비 체중 비율과도 비교할 수 있다. 청소년들의 체중을 평가하는 도표는 〈그림 8-3〉과 같다.

3) 생화학적 조사

청소년기에는 신체발달의 변화가 많고 개인차가 크다는 점을 고려하여 판정하도록 한다. 예를 들면 성적인 성숙단계에는 체내 아연의 영양상태에 영향을 줄 수 있으며, 성장이 왕성할 때의 혈청 내 페리틴 농도나 트란스페린은 감소하는 경향을 나타내기도 한다.

청소년기에는 철 결핍이 흔하게 나타나기 때문에 헤모글로빈과 헤마토크릿치를 조사하여 빈혈에 대한 조사를 하며 청소년의 헤모글로빈과 헤마토크릿치의 정상수준은 〈표 8-13〉와 같다.

표 8-12 청소년 영양 환경 평가 요소

1. 특정식품 혐오정도
   특별한 영양소의 주요 급원이 되는 특정 식품의 기피

2. 환경과 태도
   〈개인〉
   자신의 식사에 대한 관심 및 중요성 부여정도
   식품선택에 영향을 미치는 행동상의 문제점
   특별한 다이어트 경험여부, 처방자와 그 내용, 실시여부
   자신의 신체 체형에 대한 인지도
   식행동 변화에 대한 자아효능감
   〈가족〉
   가정에서 식품구입 및 조리 담당자
   적절한 조리시설과 장비, 식품의 이용 가능성
   식품선택에 영향을 미치는 생태적 요인들
   식사유형 및 결식
   〈또래집단〉
   외식빈도 및 동반자
   또래집단의 영향을 받는 식품섭취 패턴
   〈학교〉
   학교 급식 참여여부, 학교급식 내용 및 잔반량, 도시락 지참
   학교 스케줄이나 식당환경의 적절한 영양섭취 방해요인 유무, 종류
   학교 교과과정의 식품과 영양에 관한 정보, 포함여부

3. 경제적인 요인
   가족의 사회복지 프로그램 혜택여부

4. 건강과 관련하여 고려할 사항
   식품 알러지
   적절한 영양섭취를 방해하는 신체적 결함
   소화, 흡수, 대사상 문제
   입시 및 학습과 관련된 스트레스
   운동량

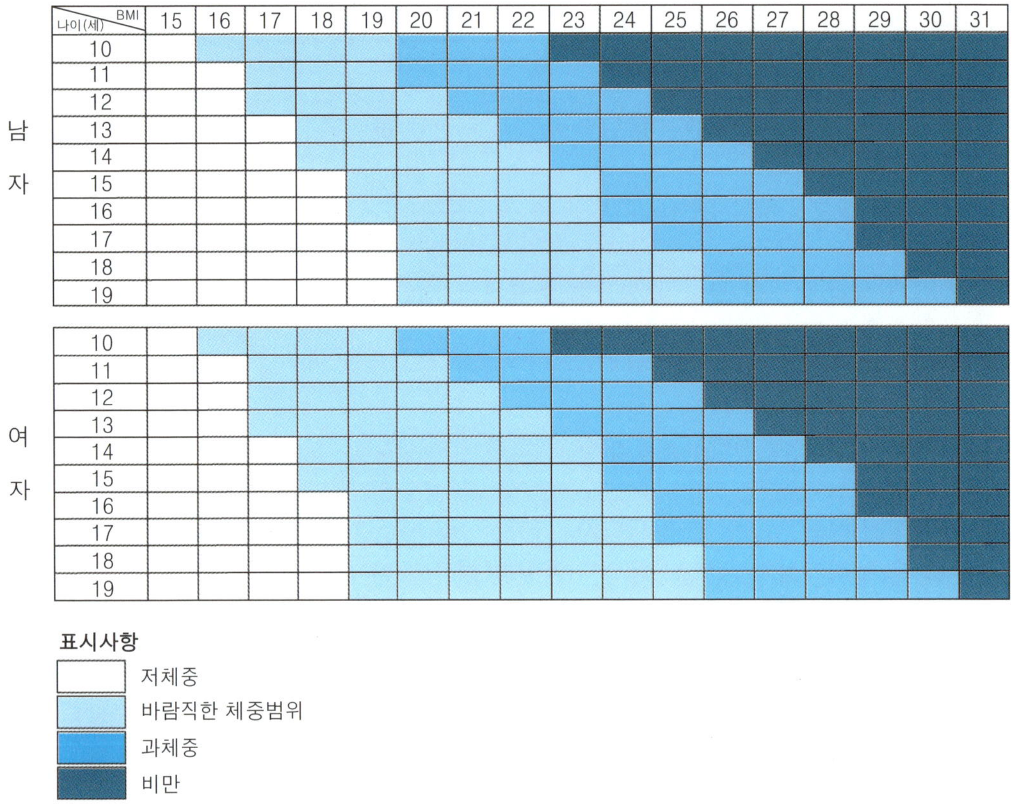

(BMI값은 계산수치에서 근사치를 택하여 판정한다.)

자료 : Must A 등, 1991.

그림 8-3 청소년기의 체위평가 도표

표 8-13 청소년의 헤모글로빈과 헤마토크릿의 정상수준

연령(세)	헤모글로빈(g/dℓ)	헤마토크릿(%)
남, 여 8~11	11.6	35
남자 12~14	12.3	37
15~17	12.6	38
≥18	13.6	41
여자 12~14	11.9	35.5
≥15	12.0	36

당뇨병이나 신장질환이 나타날 수 있는 연령이므로 요당과 요단백을 조사하고, 가족 중에 심혈관질환의 위험이 있는 경우에는 혈청 콜레스테롤을 측정하도록 한다. 또한 패스트푸드와 외식의 빈번함으로 염분의 섭취가 많아지기 쉬우므로 혈압을 측정하여 고혈압의 위험이 있는지를 조사하는 것도 필요하다. 최근에는 청소년들의 알코올 섭취와 흡연, 각종 약물의 복용이 급증하고 있으므로 혈액이나 소변검사를 통해 약물 복용여부를 조사할 필요가 있다.

4) 임상 조사

여성의 경우에는 초경연령을 조사하며 피부의 탄력성과 색상을 조사한다. 이 시기는 외모에 대한 관심이 증가하며 입시에 대한 스트레스 등으로 인한 심리적인 요인으로 각종 섭식장애가 나타나기 쉬운 시기이므로 섭식장애로 인한 영양불량이 나타나지 않는지를 잘 관찰하여 조사해야 한다.

5. 성인의 영양상태 판정

성인기는 보통 18세부터 60세에 이르는 일생 동안 가장 긴 기간이다. 이 시기의 영양상태는 건강한 활동을 영위하는데 중요하고 성인기 동안의 삶의 질을 유지하는데 필수적인 요소이며 더 나아가 노년기의 건강한 삶을 위한 준비단계로 또한 중요하다. 따라서 성인기의 영양상태평가는 평소 식생활과 생활양식으로 인한 질병 이환과 사망 위험의 감소를 유도하며 조기에 질병과 건강의 위험요소를 찾아내어 예방하기 위해 꼭 필요하다.

성인기에는 식생활에 대한 평가와 더불어 생활습관병의 대표적인 질환인 비만, 심혈관질환, 당뇨병 등의 이환 원인이 될 수 있는 과도한 열량섭취, 필수 영양소나 열량 섭취 부족, 특별한 영양소의 소화흡수장애와 그 외 비영양적인 요인인 생활환경 조사가 함께 이루어져야 한다. 또한 현재의 건강상태, 과거병력, 사회경제적 생활내용, 가족력 등에 관한 조사도 병행되어야 한다.

1) 식사섭취 조사

성인기에는 직장생활과 잦은 회식, 음주와 이로 인한 아침결식 등 식사의 규칙성이 문제가 되며 외식도 많이 하게 되어서 식생활의 균형을 이루기가 어렵다. 따라서 성인기의 식사 섭취를 조사할 때는 영양소 섭취량 조사뿐 아니라 섭취지방의 양과 종류, 소금섭취 정도, 알코올 남용여부, 비만과 관련하여 과도한 열량섭취 등의 조사도 이루어져야 한다. 또한 3식의 규칙성, 식사장소와 식사내용, 외식의 빈도와 종류, 음주습관과 흡연실태, 커피와 기호식품의 섭취에 대해서도 조사해야 한다.

2) 신체계측 조사

성인의 비만율은 판정지표에 따라 차이가 있으므로 성인의 신체계측조사를 통해 영양상태를 평가할 때는 타당한 지표를 선별하고 적용하여야 한다. 일반적으로 성인의 신체계측을 통한 영양판정을 위해서는 체중과 신장을 측정하고, 이 계측치를 이용하여 체질량지수(BMI)를 계산한다. 또한 허리-엉덩이둘레(WHR)를 이용하여 비만여부와 비만유형을 판단한 후 건강위험도를 추정하기도 하며, 피부두겹두께와 상완위둘레를 측정하여 체지방률과 체지방량을 추정하기도 한다.

3) 생화학적 조사

2002년 세계보건기구에서 발표한 세계 10대 사망 위험 요인으로 철 결핍에 의한 빈혈이 포함될 정도로 빈혈은 우리나라 뿐만 아니라 전 세계적으로 심각한 질병의 하나이다. 따라서 빈혈판정을 위한 혈액 내의 지표들을 조사한다. 또한 연령이 증가함에 따라 혈청 콜레스테롤이 증가하므로 성인을 대상으로 생화학적 조사를 할 때는 혈청 내의 총 지방과 콜레스테롤 함량을 조사하여 심혈관계 질환의 위험요인을 조사한다. 연령이 증가함에 따라 당뇨병의 발생도 증가하므로 요당을 조사하고 혈압과 요단백 등도 조사한다.

4) 임상 조사

병력과 신체검사, 혈압과 만성질환의 위험요인을 설문지로 조사하고 가족력과 스트레스 요인, 운동능력, 흡연, 알코올 섭취에 대한 정보를 얻는다. 치아 상태도 조사하며 피부, 모발, 치아, 잇몸과 구강 및 눈의 건강을 검사한다. 여성과 중년 이후의 연령에서는 골밀도 검사를 통해 골다공증의 위험을 찾아내도록 한다.

6. 노인의 영양상태 판정

노년기는 영양 결핍이나 과잉 혹은 불균형의 위험이 가장 큰 시기로 대부분 질병과 장애로 인하여 영양 및 건강에 많은 문제를 갖고 있다. 노인의 영양상태평가는 문제점을 조기에 찾아내어 개선함으로써 노년기의 건강유지와 사회적인 의료비용 절감이라는 차원에서 매우 중요하다. 노인의 경우 양적·질적으로 부적합한 식사섭취, 식습관을 변화시키는 각종 질병 등은 영양적 위험을 가중시키는 요소가 된다. 또한 노인 8명 중 1명 이상은 슬픈 감정이나 우울한 감정을 나타내고 있어 식욕, 소화능력, 열량 섭취수준 등에 영향을 주며 건강과 삶의 질에도 영향을 주는 것으로 나타났다. 치아 손실이나 의치 사용, 구강의 질병도 섭취할 수 있는 음식의 종류를 제한하게 되며 독거 노인이나 사회적인 활동이 매우 저하된 상태의 노인 또한 식사 섭취에 어려움이 따른다. 나이가 들수록 약물에 대한 반응도 변화하게 되며 더 많은 약물을 섭취하면 할수록 식욕저하나 증가, 입맛의 변화, 변비, 쇠약, 설사나 구토 등과 같은 부작용이 나타나기 쉽다. 또한 비타민이나 무기질을 과량으로 섭취하는 것 역시 약물과 같이 해로울 수 있다.

노인들 개개인의 영양상태는 다른 연령에서와 마찬가지로 식사섭취 조사나 신체계측 조사, 생화학적 조사 및 임상 조사 등을 통해 판정할 수 있다. 그러나 임상 혹은 생화학적으로 영양불량 상태가 관찰되었을 경우 영양소의 흡수나 이용에 문제가 있는지 혹은 식품섭취 결핍의 문제인지 판정하기 어려운 경우도 있다. 또한 여러 가지 처방약을 다량 복용함으로 인하여 대사이상 및 흡수불량을 유발할 수 있다는 점과 만성 변비로 인하여 설사제 복용을 남용함으로써 2차적 영양결핍을 나타낼 수도 있다는 점 등을 고려해야 한다. 이처럼 노인들의 영양상태는 영양적인 요인 이외에도 사회적인 요인이나 심리적인 요인과 같은 영양 외적인 요인에 의한 영향도 많이 받고 영양상태에 대한 판정 기준치가 성인과 다르기 때문에 해석하는 데 어려움이 있다. 노인들의 영양불량상태를 판정할 수 있는 주요 지표들은 〈표 8-14〉와 같다.

1) 노인에서의 영양 선별 조사(Nutrition screening)

노인들의 영양적인 위험을 판정하기 위해서 영양위험지표(nutritional risk index : NRI)가 개발되었다〈표 8-14〉. 이것은 16개의 문항으로 구성되어 있으며 손쉽게 영양문제를 찾도록 고안되었다. 영양위험지표(NRI) 점수가 7점 이상인 경우에는 영양상태의 위험이 매우 크다고 평가되며 7점 이하인 사람보다 영양 서비스를 더 많이 필요로 한다. 이것은 영양중재의 필요성이나 보다 심화된 영양상태 판정을 필요로 하는 노인을 선별하는 데 효과적인 방법이다.

노년기의 영양불량과 관련된 위험요인으로는 부적절한 식사 섭취, 급성과 만성 질병, 경제적 빈곤, 만성적인 약물의 사용, 사회적인 고립 등이 있다.

노인들의 영양상태를 판정하기 위한 점검표가 〈표 8-16〉에 나타나 있으며 이러한 점검표는 평균 이상의 영양문제를 갖고 있는 개개인을 찾아내는 데 도움이 된다. 이러한 점검표의 목적은 일차적으로는 사람들에게 빈약한 영양상태가 나타내는 특징에 관한 정보를 제공해주며, 두 번째로는 사람들로 하여금 건강관리자에게 자신

표 8-14 노인들의 영양불량상태를 판정할 수 있는 주요 지표들

1. 심한 체중감소가 있을 때
2. 혈청 단백이 현저하게 감소되었을 때
   - 혈청 알부민 농도가 3.5g/dℓ 이하
3. 신체기능의 현저한 변화가 나타날 때
   - 일상활동 중 2가지 또는 영양섭취와 관련된 도구 사용활동 중 1가지에서 남의 도움을 받아야 되는 경우
4. 부적절한 식사가 계속 될 때
5. 상완위 둘레의 현저한 감소가 있을 때
   - 표준의 10백분위수 이하
6. 삼두근 피부두겹두께가 10번째 백분위 수 미만이거나 95번째 백분위수 이상일 때
7. 표준체중의 120% 이상이거나 BMI가 27 이상일 때
8. 영양과 관련된 질환이 있을 때
   - 골다공증, 골연화증, 엽산 결핍, 비타민 B_{12} 결핍

표 8-15 영양위험지표

-의치를 끼고 있습니까?
-지난 달에 의사가 처방한 약을 복용하였습니까?
-복부에 수술을 받은 적이 있습니까?
-지난 달에 의사의 처방을 받지 않은 약을 복용하였습니까?
-변비나 설사와 같은 대장증상이 있습니까?
-싫어하거나 맞지 않아서 먹지 않는 음식이 있습니까?
-어떤 음식을 먹거나 씹는데 어려움이 있습니까?
-지금 현재 식사를 어렵게 하는 병이나 증상이 있습니까?
-현재 담배를 피십니까?
-특별한 형태의 식사를 하십니까?
-의사로부터 빈혈이라는 말을 들은 적이 있습니까?
-지난 달에 위나 복부의 통증이나 불편함이 3일 이상 계속된 적이 있습니까?
-입맛이 떨어지는 질병을 앓고 계십니까?
-지난 달에 최소한 3일 동안 무엇을 삼키는 데 어려움이 있었습니까?
-지난 달에 최소한 3일간 구토를 한 적이 있습니까?
-지난 30일간 체중이 5kg 이상 증가하거나 감소했습니까?

자료 : Wolinsky FD 등, 1990.

표 8-16 영양상태 판정 점검표

점검항목	해당 점수
나는 질병이 있거나 음식의 섭취량이나 종류에 변화를 주는 상태이다.	2
나는 하루에 2끼 이하로 섭취한다.	3
나는 과일이나 야채, 우유나 유제품을 거의 먹지 않는다.	2
나는 거의 매일 3회 이상 맥주나 포도주, 소주 등을 마신다.	2
나는 이가 아프거나 입안의 염증으로 식사하는데 불편하다.	2
나는 필요한 음식을 살만한 돈이 충분하지 않다.	4
나는 대부분 혼자서 식사한다.	1
나는 하루에 3번 이상 의사가 처방하거나 처방하지 않은 약들을 복용한다.	1
나는 지난 6개월간 원하지 않았는데도 체중이 5kg 이상 줄거나 늘었다.	2
나는 혼자서는 장을 보거나 음식을 조리하거나 먹을 수 없다.	2
합계	____점

총점	영양 판정
0~2점	영양상태가 좋습니다. 6개월 이내에 다시 점검해 보세요
3~5점	당신은 중등 정도의 영양적인 위험이 있습니다. 당신의 식습관과 생활습관을 개선하기 위해서 노력하세요. 주변의 영양사나 건강관리자의 도움을 청하세요. 3개월 이내에 당신의 영양점수를 다시 점검해 보세요.
6점 이상	당신은 고위험군에 속합니다. 다음 번에 의사나 영양사 건강전문가를 만나러 갈 때 이 점검표를 가지고 가세요. 당신의 영양문제에 대해 상담하고 이것을 개선하기 위한 도움을 얻도록 하세요.

의 영양상태에 대해 설명할 수 있도록 해주는 것이다. 이러한 점검표를 사용함으로써 기본적인 영양정보를 이용해서 문제가 되는 영양상태의 지표와 주요 위험 요인을 알 수 있게 된다.

2) 식사섭취 조사

노인들의 식사섭취조사는 기억력 저하와 식욕 감소 및 낮은 교육수준 등으로 인해 조사에 어려움이 있다. 24시간 회상법의 경우에는 개인에 따라 기억력의 차이가 있지만 나이가 들면서 장기간의 식사를 기억하기가 어려워지는지에 대한 분명한 증거는 없다. Hankins와 Byers는 70세 이상의 노인들도 70세 이하의 노인만큼 식사섭취량을 기억했다고 보고하였다. 과거의 식사섭취를 기억하는 능력은 나이 자체보다는 자기가 먹은 것을 의식하는 정도에 따라 달라질 수 있는데 즉, 자기가 섭취하는 식품에 대한 아무런 의식 없이 기계적으로 식사를 하는 사람들도 있기 때문이다. 이런 현상은 식사를 준비하는 여성보다는 남성에서 더 흔히 나타난다. 노인을 대상으로 하는 식사 섭취조사는 회상법과 조사자의 관찰을 병행하면 보다 정확한 자료를 얻을 수 있다.

3) 신체계측 조사

노인의 영양상태판정을 위하여 주로 측정되는 신체계측 조사항목은 신장, 체중, 상완위와 삼두근의 피부두겹두께 등이다.

노인들의 신장을 재는 것은 쉽지 않다. 신장계를 이용해서 신장을 재려면 반듯이 서서 정면을 바라보아야 하지만 노인의 경우에는 체지방이 많은 경우에 똑바로 설 수 없으며, 척추후만이거나 척추만곡 혹은 움직일 수 없을 때는 신장측정이 어렵다. 이런 경우 장골의 길이는 변하지 않고 유지되므로 서있는 키를 측정하기 어려울 때는 신장과 밀접한 관계가 있는 팔길이, 팔 폭이나 무릎길이 등을 특별히 고안된 캘리퍼(caliper)와 줄자를 이용하여 측정하고 계산식을 이용하여 신장을 계산해낸다(3장 참고).

노인들 특히 누워서 지내거나 의자에 의지해서 생활하는 노인의 경우 체중 측정 시에는 침대용 저울(bed beam)이나 눈금이 있는 휠체어(calibrated wheelchair)를 이용한다. 노인의 체중변화는 건강에 영향을 주며 일주일 내에 체중의 1~2%가 감소하거나, 한 달에 5%가 감소하거나, 3개월에 7.5%가 감소하거나, 6개월 내에 10%가 감소하면 분명한 체중감소가 있는 것이다. 이 범위 이상의 체중감소는 심각한 영양불량을 의미한다. 부종이나 심한 탈수증이 있을 때는 정확한 체중을 알기 어렵고 조사결과 해석에 차질을 초래할 수도 있다.

상완위 측정은 나이가 들면서 말초에서 중앙으로 지방축적이 변화하는 것을 나타내는 좋은 지표이다.

4) 생화학적 조사

단백질-에너지 영양불량과 고지혈증, 철과 엽산결핍성 빈혈은 노인들에게 흔히 나타나는 영양문제이다. 혈청 총 단백질 농도는 내장 단백질 상태를 평가하기 위해 사용하는데 노인의 경우 혈중 글로불린이 증가하는 경우가 많아서 알부민 농도가 낮아도 총 단백질은 정상인 경우가 있으므로 혈청 알부민 농도를 평가하는 것이 좋다. 노인에서 혈청알부민 농도는 1~6% 정도의 감소만 나타나며 유의적으로 감소하지는 않는다. 정상적인 노인의 경우 혈청 알부민 수준은 3.5g/dℓ보다 낮아지지 않

표 8-17 노화가 각종 검사결과에 미치는 영향

연령변화에 따른 변화가 없는 검사수치	연령변화에 따른 변화가 있으며 임상적 중요성이 큰 검사수치
혈색소/적혈구용적률/적혈구 수 혈소판 수 백혈구 수 및 감별(differential) 혈청 전해질(Na/K/Cl/HCO_3^-/Mg) 응고관련검사결과(coagluation profile) 간기능검사 갑상선기능검사	적혈구 침강속도 동맥산소압 식후 혈당 혈청지질 검사결과(lipid profile)
연령변화에 따른 변화는 있으나 임상적 중요성이 크지 않은 검사수치	**연령변화에 따른 변화는 없으나 임상적 중요성이 큰 검사수치**
혈청 알부민 혈청 칼슘 혈청 요산	혈청 크레아티닌

자료 : 대한영양사회, 2000.

는다는 보고가 있다. 혈중 트란스페린 농도는 연령이 증가하면 감소할 수 있으나 급성질환 시에 유용한 지표로 사용할 수 있다. 그 외 총림프구수나 지연성 피부반응으로 알아보는 면역학적 상태, 혈중 콜레스테롤, 중성지방, HDL-콜레스테롤 등 혈액의 지방상태, 포도당내성, 소변 분석 등의 검사를 필요에 따라 조사한다. 노화가 각종 검사결과에 미치는 영향은 〈표 8-17〉과 같다.

5) 임상 조사

노인들에 대한 임상조사는 노화로 인한 당연한 결과로 생각하여 조사자들이 증상이나 기능변화를 말하지 않는 경우가 많으며, 기억력의 감소와 같은 정신적인 혼란으로 증상과 징후를 분명히 말하기 어려운 경우가 많기 때문에 전문가가 조사해야 한다.

(1) 임상적인 징후 조사

노인에서 나타날 수 있는 임상적인 징후로는 손실이 나타나는 외모, 부종, 창백한 피부색, 전반적인 허약증, 무기력, 피부손상, 입 주위의 염증 등이며 이러한 증상은 노인의 경우에는 영양 이외의 원인에 의해서도 나타날 수 있으므로 주의해야 한다. 예를 들면 자반병(purpura)은 피하조직에서 용혈이 나타나는 것으로 비타민 C 결핍증인 괴혈병과 비타민 K 결핍증으로 나타나는 증상이지만 노인에서는 피부의 노화로 인해서 나타날 수도 있다. 야맹증도 비타민 A 결핍증보다는 백내장으로 인해서 나타난다. 구각염도 리보플라빈 결핍증보다는 침을 흘려서 나타나는 경우도 있다. 따라서 노인에서 나타나는 임상적인 징후는 다른 영양상태 평가방법을 통해 확인해야 한다.

(2) 기능과 인지능력 조사

노인에서 기능과 인지능력의 저하는 영양상태에 영향을 준다. 노인들의 약 4%가 치매나 만성적인 인지능력의 손상을 경험하고 있다. 인지능력의 저하는 영양문제의 지표가 되는데 노인의 인지 능력을 조사하기 위해서 간단히 정신상태 판정도구인 간이-정신상태 조사방법(mini-mental state examination)이 가장 효과적이라고 알려져 있다. 우울증은 대사적인 이상이나 약물 중독, 탈수, 단백질-에너지 영양불량 및 배우자의 죽음이나 생활의 변화로 인해 나타나며 우울증으로 인해 식욕이 저하되고 식품 섭취가 부적절해지므로 영양불량의 지표로 생각되고 있다.

참고문헌

1. 계승희, 백희영. 우리나라 젊은 여성의 철분 영양상태와 이에 미치는 식이요인의 분석(Ⅰ) 혈액의 철분영양상태 평가 지표의 비교 및 분석. 한국영양학회지 26(6): 692-702, 1993
2. 대한영양사회. 임상영양관리지침서, 2000
3. 박혜련. 연령층별 영양상태. 지역사회영양학회지 1(2): 301-322, 1996
4. 보건복지부. 『2005 국민건강영양조사 결과보고서』. 2006
5. 송요숙. 임신부의 영양상태와 영아의 성장발달에 관한 연구. 이화여자대학교 대학원 박사학위 논문, 1991
6. 안홍석, 박윤신, 박성혜. 도시 저소득층 지역의 모자영양 및 섭식에 관한 생태학적 연구-Ⅰ.임신부의 인체계측, 식이섭취 및 혈청 지질/지방산 조성. 지역사회영양학회지 1(2): 201-214, 1996
7. 이미숙, 모수미, 이보숙, 박명윤. 서울구로공단내 여성근로자의 영양실태에 관한 조사. 한국보건학회지 10(2) 151-156, 1984
8. 이연숙, 환계숙. 서울지역 여성의 영아 영양법에 관한 실태조사 연구. 한국식생활문화학회지 7(2): 97-103, 1992
9. 최영선, 오기화, 양경미, 서정숙, 신손문. 영아의 성장발육에 영향을 미치는 환경요인 및 섭식관련 요인에 관한 연구. 지역사회영양학회지 3(1) : 3-11, 1998
10. 황춘선, 박모라. 중년기 식습관 및 기호가 건강상태에 미치는 영향. 한국식생활문화학회지 6(4): 351-68, 1991
11. Andrews EM, Clancy KL, Katz MG. Infant feeding practices of families belonging to prepaid group practice health plan. Pediatrics 65(5): 978-88, 1980
12. Bouchard C, Knowler WC. Obesity and cardiovascular disease in minority populations, Am J Clin Nutr 53(6 Suppl): 1507S-1561S, 1991
13 Calloway CW. New weight guidelines for Americans. Am J Clin Nutr 54(1): 171-174, 1991
14. Chernoff R. Meeting the nutritional needs of the elderly in the institutional setting Nutr Rev 52(4): 132-136, 1994

15. Chianetta MM, Head MK. Effect of prior notification on accuracy of dietary recall by the elderly. JADA 92(6): 741-743, 1992
16. Chumlea WC, Roche AF, Steinbaugh ML. Estimating stature from knee height for persons 60 to 90 years of age. J Am Geriatr Soc 33(2): 116-120, 1985
17. Hornor RD, Lackey CJ, Kolasa K, Warren K. Pica practices of pregnant women. J Am Diet Assoc 91(1): 34-38, 1991
18. Must A, Dallal GE, Dietz WH. Reference data for obesity: 85th and 95th percentires of body mass index(wt/ht2) and triceps skinfold thickness. Am J Clin Nutr 53(4): 839-846, 1991
19. Owen GM. The assessment and recording of measurements of growth of children : report of a small conference. Pediatrics 51(3): 461-6, 1973
20. Sullivan DH, Martin WE, Flaxman N, Hagen JE. Oral health problems and involuntary weight loss in a population of frail elderly. J Am Geriat Soc 41(7): 725-731, 1993
21. Tanner JM. Growth and maturation in adolescence. Nutr Rev 39(2): 43-55, 1981
22. US department of health and human services. National cholesterol Education program: highlights of the expert panel on blood cholesterol levels in children and adolescents. Pediatrics 89(3): 495-501, 1992
23. White JV, Dwyer JT, Posner BM, Ham RJ, Lipschitz DA, Wellman NS. Nutrition screening initiative: development and implementation of the public awareness checklist and screening tools. JADA 92(2): 163-167, 1992
24. Wolinsky FD, Coe RM, Mclntosh WA, Kubena KS, Prendfrgast JM, Chavez MN, Mill DK, Romeis JC, Landmann WA. Progress in the development of a nutritional risk index. J Nutr 120(11): 1549-1553, 1990
25. Yip R, Johnson C, Dallman PR. Age-related changes in laboratory values used in diagnosis of anemia and iron deficiency anemia. Am J Clin Nutr 39(3): 427-436, 1884

9 동물 실험

1. 동물실험의 개요

인체영양에 대한 연구에서 인간을 대상으로 실험하기 힘든 경우, 흔히 실험동물을 이용한다. 영양판정에서도 평가방법의 개발, 방법의 타당도 · 정확도 · 신뢰도 · 예민도 · 특이성의 평가, 평가기준의 마련 등에 동물실험이 이용되며, 다양한 영양문제들을 실험동물을 이용하여 관찰할 수 있다. 또한 실험결과에 대해 토의 · 평가하며, 보고서 작성을 통하여 연구논문 작성의 훈련도 겸할 수 있다. 동물실험을 통한 결과를 정확히 얻기 위하여 실험동물의 선정, 실험식이의 구성, 동물 취급법, 실험동물의 특성 등을 잘 알아두어야 한다.

일반적으로 영양학 분야의 동물실험은 생체 내에서의 소화흡수율(예, 단백질의 질 평가), 에너지원의 이용률, 각종 영양소의 대사과정, 영양소의 과 · 부족증, 독성물질의 유 · 무, 영양소 강화효과, 각종 첨가물의 효과 등을 관찰하는데 목적을 두게 된다.

영양학 분야의 실험에서는 주로 설치류인 흰쥐〈그림 9-1 : Sprague-Dawley rat〉가 가장 많이 사용되며, 이외에도 새 종류(닭, 메추리, 비둘기), 토끼, 원숭이, 개, 돼지, 양, 염소 등이 사용된다. 최근에는 유전인자를 이용하여 특수한 혈통을 가진 소금에 예민한 고혈압 쥐, 비만쥐, 당뇨쥐 등이 사육되어 특수한 영양실험에 이용되고 있다.

흰쥐가 인체를 대신하여 영양학 실험에 가장 많이 사용되는 이유는 다음과 같다.

① 성장과정이 사람과 유사하다.
② 일반적으로 수컷은 암컷에 비하여 체격이 크고, 암컷은 지방이 많다.
③ 근육과 장기의 중량비가 사람과 유사하다.
④ 소화기관이 사람과 비슷하다.
⑤ 환경에 비교적 잘 적응한다.
⑥ 번식률이 높아 실험단가가 적게 든다.

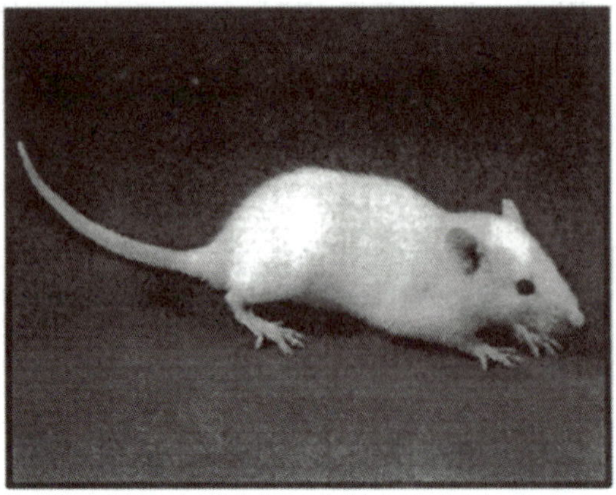

그림 9-1 실험용 흰쥐

⑦ 수명이 짧아 노화과정까지 4년이면 모든 생리현상을 관찰할 수 있다.
⑧ 영양소의 결핍현상이 쉽게 나타난다.
⑨ 쥐에 대한 연구자료가 비교적 많아 연구결과의 비교가 쉽다.

2. 동물실험에 필요한 시설 및 도구

1) 시설 및 조건

동물실험 시설은 각종 실험동물의 사육목적에 적합하고, 사용하기 쉽도록 설계, 제작하는 것이 무엇보다 중요하다. 또한 동물에 대해 충분히 고려함과 동시에, 실험자 및 사육관리자의 안전과 주변의 공중위생에 대하여도 충분히 고려해야 한다. 실험동물 시설의 설계 또는 관리운영의 조건을 환경요인의 기준치(standard value)라고 하며, 실험동물 사육실의 환경조절 목표치는 〈표 9-1〉과 같다.

2) 기구 및 도구

(1) 케이지(Cage)

케이지는 실험동물을 수용하는 용기로서 ① 쾌적한 상태가 유지될 수 있을 것, ② 실험목적에 적합할 것, ③ 사육관리 작업을 하기에 쉬울 것 등이 요구된다.

〈그림 9-2〉에서 보는 바와 같이 동물의 종, 성별, 연령, 마리 수, 사육목적, 실험내용 등에 따라서 여러 가지 형태의 케이지가 고안되어 있다.

표 9-1 실험동물(흰쥐) 사육실의 환경조절 목표치

항 목	목표치	비 고
온도	22±2℃	될 수 있는한 온도 차이를 작게 함
습도	45~55%	최적 50%
환기	10~12회/hr	최소 6회 이상
조명	150~300lux	바닥에서 85㎝ 되는 작업실에서 평균 200lux
취기	20ppm	암모니아가스
음	40~50phon 이하	실외에서는 50~60phon 이하
기류속도	10~25cm/sec 이내	

자료 : 이영순, 1991.

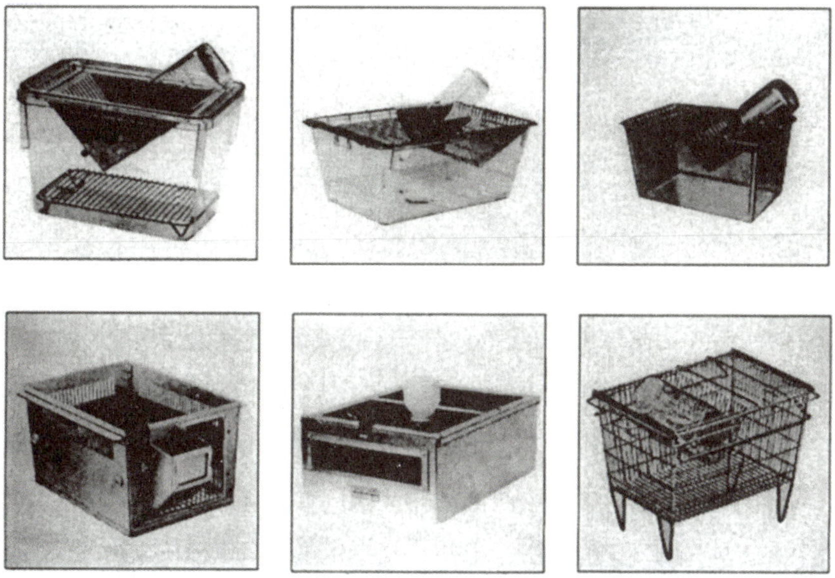

그림 9-2 케이지의 종류

케이지에는 스테인레스, 알루미늄, 금속, 목재, 유리, 플라스틱 제품 등이 있다. 최근에는 합성수지품 가운데 폴리카보네이트(polycarbonate) 수지의 케이지가 우리나라에서도 개발되어 시중에 나와 있으며, 이 제품은 120℃, 30분간의 멸균에도 견딘다. 영양학 실험을 위하여 대변과 소변을 나누어 회수되도록 고안되어 있는 대사케이지(metabolic cage)는 〈그림 9-3〉에 제시하였다. 영양학 실험용 동물로 주로 이용되고 있는 흰쥐의 사육 공간에 관한 권고 사항은 〈표 9-2〉와 같다.

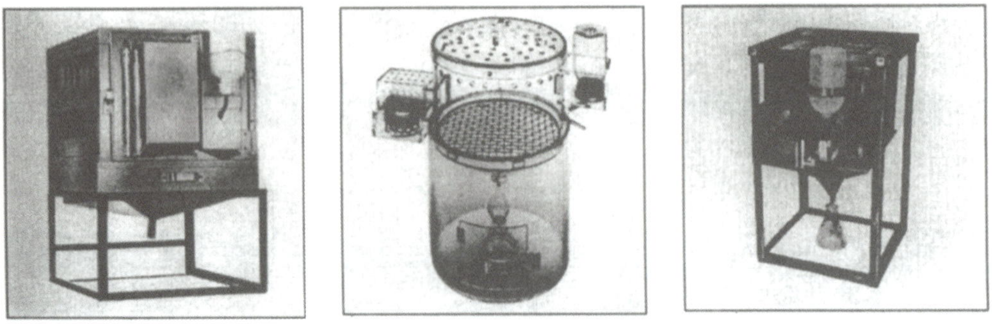

그림 9-3 대사케이지의 종류

표 9-2 실험동물을 위한 공간에 관한 권고사항

동 물	체 중	사육기	바닥면적/동물	높 이
흰 쥐	<100g	케이지	110㎠(17in^2)	17.8㎝(7in)
	100~200g	〃	148㎠(23in^2)	17.8㎝(7in)
	200~300g	〃	187㎠(29in^2)	17.8㎝(7in)
	300~400g	〃	258㎠(40in^2)	17.8㎝(7in)
	400~500g	〃	387㎠(60in^2)	17.8㎝(7in)
	>500g	〃	452㎠(70in^2)	17.8㎝(7in)

자료 : 이영순, 1991.

(2) 급이기와 급수기

급이기는 케이지 내에 사료를 넣어주는 것으로서 사료의 형상에 맞추어 여러 형태의 것이 있는데, 대부분은 금속제로서 〈그림 9-4〉에서 보는 바와 같다. 급이기의 조건으로는 동물이 사료를 먹기 쉬울 것, 흘리지 않을 것, 청결상태가 유지될 것의 세 가지이다. 급이기의 설치 위치는 동물이 쉽게 섭취할 수 있는 위치가 바람직한데, 특히 이유기, 유아기의 동물은 성숙동물과 다르므로 주의해야 한다.

급수기는 동물에게 물을 주기 위한 기구로 〈그림 9-5〉와 같다. 급수방식으로는 물을 급수병에 넣어 급여하는 방식과 자동급수장치에 의한 방식이 있다. 급수병은 유리, 폴리카보네이트, 금속제품이 있으며, 크기도 동물 종에 따라 여러 가지가 있다.

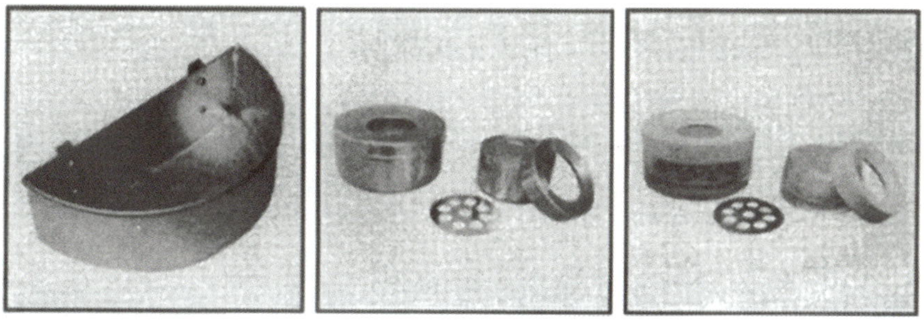

그림 9-4 급이기의 종류

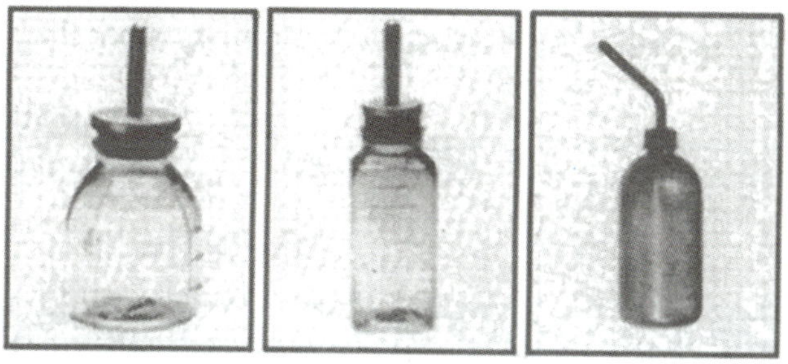

그림 9-5 급수기의 종류

3. 실험동물의 사료

1) 사료의 영양소 필요량

실험동물이 생명과 건강을 유지하고 성장, 번식 등의 생리기능을 발휘하기 위해서는 동물체가 필요로 하는 영양소를 외부로부터 공급받아야 한다.

실험동물은 생체에 필요한 영양소를 사료라는 형태로 섭취하는데, 사료가 영양적으로 결함이 있을 때에는 많은 문제가 생긴다. 영양적으로 결함이 있는 사료의 급여는 동물의 건강에 직접 영향을 미치는 것 이외에도 동물실험의 결과를 왜곡하게 하여 재현성이 있는 정확한 자료를 얻을 수 없게 된다.

〈표 9-3〉은 흰쥐 사료의 영양소 필요량이며, 흰쥐의 사료섭취량과 음수량은 〈표 9-4〉에 제시하였다.

표 9-3 **흰쥐 사료의 영양소 필요량**

영양소의 종류	식이 중의 영양소량		영양소의 종류	식이 중의 영양소량	
	성장, 임신, 수유기간	유지		성장, 임신, 수유기간	유지
단백질 %	12.00	4.20	Potassium %	0.36	–
(질이 좋은 단백질로서)			Sodium %	0.05	–
유지류 %	5.00	5.00	Sulfur %	0.03	–
바람직한 에너지 kcal	3,800.00	3,800.00	Chromium mg/kg	0.30	–
1. 아미노산류 %			Copper mg/kg	5.00	–
Arginine	0.60	–	Fluoride mg/kg	1.00	–
Asparagine	0.40	–	Iodine mg/kg	0.15	–
Glutamic acid	4.00	–	Iron mg/kg	35.00	–
Histidine	0.30	0.08	Manganese mg/kg	50.00	–
Isoleucine	0.50	0.31	Selenium mg/kg	0.10	–
Leucine	0.75	0.18	Zinc mg/kg	12.00	–
Lysine	0.70	0.11	3. 비타민류		
Methionine	0.60	0.23	Vitamin A I.U./kg	4,000.00	–
Phenylalanine–			Vitamin D I.U./kg	1,000.00	–
Tyrosine	0.80	0.18	Vitamin E I.U./kg	30.00	–
Proline	0.40	–	Vitamin K I.U./kg	50.00	–
Threonine	0.50	0.18	Choline mg/kg	1,000.00	–
typtophane	0.15	0.05	Folic acid mg/kg	1.00	–
Valine	0.60	0.23	Niacin mg/kg	20.00	–
Nonessenstial	0.59	0.48	Pantothenate	8.00	–
2. 무기질류			(calcium) mg/kg		–
Calcium %	0.50	–	Riboflavin mg/kg	3.00	–
Chloride %	0.05	–	Thiamin mg/kg	4.00	–
Magnesium %	0.04	–	Vitamin B_6 mg/kg	6.00	–
Phosphorus %	0.40	–	Vitamin B_{12} μg/kg	50.00	–

자료 : 이기열, 이양자, 1997.

표 9-4 흰쥐의 사료섭취량과 음수량

동물	체중(g)	사료섭취량(g)	음수량(㎖)
흰쥐	250~300	20~25	20~25

자료 : 이영순, 1991.

2) 사료의 종류

(1) 조 사료(Natural ingredient meal)

밀, 옥수수, 귀리같이 적절히 손질한 곡류나 어분, 콩제품 등, 어느 정도 정제한 자연식품으로 만든 동물 사료이다. 이런 식이는 경제적이기 때문에 널리 사용되고 있으나 실험식으로는 단점이 몇가지 있다. 즉, 영양소의 농도 조절을 완전히 할 수 없으며, 특정 영양소를 연구하기 위하여 구성성분을 변경하기가 어렵고, 실험에 영향을 주는 살충제, 중금속 및 기타 오염의 위험 등이 있다.

(2) 정제 사료(Purified meal)

정제된 성분으로 만든 사료로서 예를 들면, 단백질 급원으로 카제인, 당질 급원으로 설탕이나 전분질 지방 급원으로 식물성 유지나 라드, 조섬유질의 급원으로 섬유소 등을 배합하고, 여기에 순수한 무기염류와 비타민류를 첨가하여 만든 사료이다. 정제된 사료 사용 시에는 영양소 농도를 과다 혹은 결핍되게 하는 등 계획대로 쉽게 바꿀 수 있다는 점과 화학적으로 오염도가 매우 낮다는 장점이 있다.

(3) 완전 정제 사료(Chemically defined diet)

아미노산, 설탕, 중성지방, 필수지방산, 무기염류, 그리고 비타민류 등 화학적으로 순수한 성분을 사용하여 만든 사료로 영양소 농도를 엄격히 조절해야하는 실험에서는 필수적으로 사용되나, 일반적으로 실험용 사료로 사용하기에는 너무 비싸다. 그리고 이 사료는 영양소 농도가 제조 당시에는 이론적으로 고정되어 있으나 영양소간의 상호작용과 산화 등으로 배합 영양소의 유용성이 달라질 수 있는 단점도 있다.

3) 사료의 형태

식이 재료들을 미세한 입자로 갈아서 처방에 따라 정량, 혼합하고 동물이 먹기에 알맞은 형태로 만든 후 사용할 때까지 포장과 보관을 잘 해야 한다.

사료의 재료는 비슷한 입자로 갈아서 균일한 혼합물로 골고루 섞어 동물이 어떤 특별한 재료만을 섭취하지 않도록 주의하여야 한다. 사료 배합에 있어 식이 처방에 따라 정확한 양의 재료를 섞는 것이 가장 중요한 단계이므로 비타민, 무기질과 같이 소량 사용하는 것은 프리믹스(premix)를 이용한다. 프리믹스는 중요한 재료 중의 하나를 운반체로 사용하여 전체 사료에다 점차로 잘 혼합하는 방법이다. 영양소의 분포를 최대한 골고루 하기 위해 재료들을 배합하는 시간은 입자크기, 입자밀도, 혼합속도, 혼합기의 크기 등과 같은 요인에 따라 결정된다. 실험동물, 실험동물의 사료 및 순응도, 실험과정의 필요성에 따라 사료의 형태는 다음과 같이 여러 가지로 준비할 수 있다.

(1) 분말사료(Powdered meal)

가루 형태의 사료는 실험동물의 식이로 좋지 않은 형태이다. 이것은 저장조건에 따라 굳어지기도 하고 먼지 혹은 실험화합물이나 첨가제와 섞일 우려가 있기 때문이다.

(2) 펠릿형 사료(Pelletted meal)

정제형 사료는 분말사료에 수분과 열을 가하여 일정한 틀 형태에 넣어 눌러 만든 것이다. 이 사료는 근래에 실험동물용 사료로 많이 사용되고 있으며 취급도 쉽고 동물도 거의 남기지 않고 먹으므로 낭비가 적으나 일단 정제형으로 만든 후 다른 식이 첨가물이나 실험용 추가 화합물 등을 가할 수 없는 단점이 있다.

(3) 부스러뜨린 사료(Crumbled meal)

이것은 정제형 사료 등을 부스러뜨려 실험동물의 나이나 크기에 적절한 입자로 만든 사료형태이다.

이 밖에도 밀어서 만든 사료(extruded meal), 오븐에 구워서 만든 사료(baked meal), 얇은 조각으로 만든 사료(flaked meal) 등 동물의 종류와 실험목적에 따라 여러 형태의 사료가 있다.

4) 사료조제 시 주의점과 저장방법

사료를 만드는 장소의 온도와 습도가 잘 맞아야 하며 병균에 오염되지 않고 영양소가 고루 섞여야 한다. 예를 들면 비타민이나 유지류와 같이 액체상태인 것은 가루상태인 사료와 먼저 손으로 골고루 비벼서 섞고 혼합기에서 잘 배합하여 모든 영양소가 골고루 잘 분포되도록 하는 것이 중요하다.

사료 중에 함유된 영양소의 안정성은 저장온도와 습도가 낮을수록 커진다. 즉, 사료 보관실의 환경조건에 따라 좌우되는데, 냉동상태에서 저장된 식이는 1년 동안 저장할 수 있는 것에 비해 고온다습한 곳에 저장된 식이는 수 주 내에 변질이 된다. 가장 불안정한 영양소는 비타민 A, C로써 장기간 저장되었거나 혹은 불안정한 조건에 저장되었던 사료는 사용 전에 함유된 비타민량을 분석하여 보완해야 한다. 항산화제가 함유되지 않았거나 불포화 지방산과 같이 산패하기 쉬운 재료가 많이 함유된 사료는 특별한 취급과 저장법이 필요하다. 완성된 사료는 1일 섭취량을 한 봉지씩 포장하여 각 군별로 다른 용기에 보관하는 것이 바람직하다.

사료의 조제나 저장 중에는 항상 오염에 주의해야 하는데, 사료의 오염에는 생물적 오염과 화학적 오염이 있다. 동물의 사료는 동물에게 병인적 및 생물적 작용의 잠정적 원인이 된다. 병원균의 오염을 막기 위하여 증기멸균법으로 동물식이를 정화하는 것이 가장 널리 이용되고 있으며, 그밖에 방사선 조사와 ethylene oxide의 가스 소독법이 식이 정화에 사용되고 있다.

식이 내의 화학적 오염 농도는 일반적으로 낮으나, 때때로 동물에게 독성의 증상을 보일 정도로 높은 경우도 있다. 그러나 낮은 농도의 화학적 오염도 실험동물의 생화학적, 신체적 과정에 영향을 주어 실험결과가 달라질 수 있기 때문에 주의해야 한다.

5) 급식방법

실험동물의 급식방법에는 급식시간에 따라 꾸준히 주는 연속급식방법(continuous feeding)과 간간히 주는 간헐급식방법(intermittent feeding)이 있으며, 급식량에 따라 동물이 섭취하고 남길 만큼 충분한 양을 공급하여 섭취량을 매일 정확히 기록하는 자유급식법(ad libitum feeding)과 섭취량을 제한하는 제한급식법(restricted feeding)이 있다. 그리고 동물의 기호에 맞지 않는 사료 일정량을 tube를 통해서 직접 위장으로 투입시키는 강제급식법(forced feeding)이 있으며, 섭취량을 제한하는 방법의 일종으로 실험군에게는 자유급식법으로, 대조군에게는 실험군의 섭취량을 기록하여 그 양과 동일한 양을 공급하는 병행급식(paired feeding)이 있다. 또한 급식시간과 섭취량을 제한 시간 내에 정확하고 일정하게 공급하는 밀 피딩(meal feeding)의 방법도 있다.

실험동물에게 식이를 공급할 때에는 하루에 먹을 수 있는 양만큼의 식이를 주어야 하고, 열과 공기의 접촉으로 식이가 상하기 쉬우므로 준비된 식이는 한 마리당 1회분의 무게를 달아 한 봉지로 만들어 냉장고에 보관한다. 또한 어린 쥐에게는 20g을 넘게 주지 말며, 사료는 공급양과 잔여량을 잘 수거해서 측정해야 한다.

4. 실험동물의 관찰과 취급

1) 실험동물의 관찰

동물실험에 있어서 그 동물의 건강상태를 관찰하는 것은 매우 중요하다. 일상적인 사육관리에 있어서 작업 중에 해야 하는 관찰항목은 〈표 9-5〉와 같다. 이것은 동물의 종, 실험내용과 관계없이 공통적으로 이용되는 항목이므로 사육기술로써 반드시 몸에 익힐 필요가 있다.

표 9-5 사육관리에 있어서 관찰항목과 관찰 포인트

항 목	관찰 포인트
전 신	야윔, 살찜, 외상
피 모	털결, 광택, 더러워짐, 탈모
비 강	콧물, 출혈
눈	눈곱, 눈물, 빈혈, 충혈, 안검폐쇄, 안구이상
귀	외상, 빈혈, 충혈
구 강	침, 출혈, 치아의 이상
항 문	더러워짐, 출혈
생 식 기	기형, 외상, 분비물, 출혈
행 동	활동성, 경련
사 료, 물	소비량의 급변
배 설 물	형태, 색, 냄새, 경도, 양의 변화

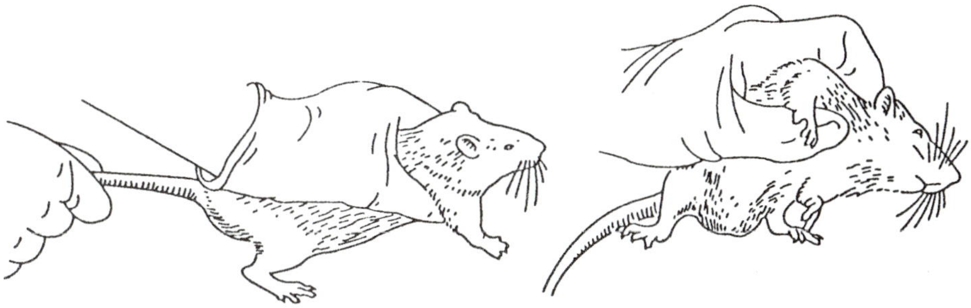

그림 9-6 실험동물 취급요령

2) 취급법

동물을 취급(handling)할 때에는 상당한 주의가 필요하며, 그 동물이 어떤 심리상태에 있는가를 충분히 생각해서 실시해야 한다. 즉, 애정을 가지고 접하는 것이 첫 번째로 필요하다. 예를 들어 잠들어 있을 때에 갑자기 동물을 손으로 만지지 말고 케이지를 가볍게 두드린다거나 동물에 가볍게 손을 대어 깨게 하고 난 후에 몸을 잡는다. 잡는 부분은 아프지 않은 곳을 잡아야 하는데 귀, 수염, 팔, 다리는 보통의 경우는 아프므로 좋지 않다. 둘째로는, 동물로부터 받는 위해를 최소한으로 줄이기 위해서 그 방위책을 준비해 두어야 한다. 예를 들어 잘 무는, 성질이 좋지 못한 동물을 취급할 때에는 장갑을 끼든가, 포유 중의 동물을 잡을 때에는 어미가 물지 않도록 처음부터 분리를 해놓고 잡을 필요가 있다. 셋째로는, 실시하려고 생각했을 때에는 주저 없이 용기를 가지고 실행한다. 동물을 잡을 때에는 무엇보다도 동물에 손을 대는 순간이 중요하다. 일순간의 주저는 동물의 도망이나 깨뭄을 유발하게 된다. 실험동물의 취급요령은 〈그림 9-6〉과 같다.

3) 마취법

마취는 동물의 고통을 덜어 줄 수 있으며 실험자가 동물을 쉽게 처리할 수 있도록 한다. 마취에는 국소 마취와 전신 마취가 있는데 전신 마취는 동물을 장기간 고정시켜 수술할 때나 살아있는 장기가 필요할 경우 등에 이용된다.

마취주사액으로 sodium pentobarbital과 avertin 등이 있다. 가장 널리 사용되는 sodium pentobarbital은 한번의 주사로도 근육이완 효과가 좋으며, 깊은 수면 상태를 일으킨다. 복강 주사는 15~60분, 근육 내 주사는 1.5~2시간 동안 마취 상태가 지속된다. 수면 유도 시간은 복강 주사 후 5~20분, 근육 주사 후 최소한 30분이 필요하다. 이 방법은 에테르 마취에 비해 기관지 분비액이 심하지 않은 장점이 있으나, 심한 호흡억압이 있을 수 있으며, 비교적 빈약한 의식 상실효과를 보이고, 혈압과 뇌혈류의 감소를 일으킬 수 있다. 사용량은 체중과 상관관계가 있으며, 과량으로 마취 시 사망될 수 있기 때문에 체중에 대해 정확한 사용량을 결정해야 한다. 같은 체중의 쥐라도 반응 차이를 보일 수 있으며, 수술 후 소행이 느리다.

에테르의 기화 가스를 이용할 경우 간편하고 경제적이며, 사용량이 체중과 관계가 없다. 근육이완이 신속하고 효과적이며, 마취상태의 조절이 쉽고, 마취가 약 2시간까지 가능하다. 수술 후 회복이 빠른 장점이 있는 반면, 염증 작용이 있으며 타액분비가 많고, 호흡 기도에 대한 자극으로 기도 감염증을 일으킬 수 있다. 에테르로 마취하려면 밀폐된 용기에 에테르를 적신 탈지면과 쥐를 같이 넣고, 쥐가 의식을 잃은 것이 확인되었을 때 바로 처치를 시작한다.

만약 처치 중 깨어나면 탈지면에 에테르를 적셔 코에 대면 마취가 지속된다. 에테르는 인화성 물질이므로 사용 후 곧 환기가 필요하다.

4) 희생법

동물을 희생할 때 사용할 방법은 희생 후에 사용되는 장기나 조직에 따라, 또 시료에서 측정할 성분에 따라서 결정한다. 희생법에는 크게 화학적 처리와 물리적 처리가 있다. 화학적 처리에는 마취제 과량 투여, 탄산가스 흡입법 등이 있고 물리적 처리에는 척추탈골, 단두방혈법 등이 있다. 어떤 방법을 사용하든지 동물에게 불안감을 주지 않도록 조용하고 부드럽게 다루며, 순간적으로 의식을 잃어 고통의 시간을 단축하고 장기, 조직 등의 내분비계에 영향을 적게 미치도록 한다.

5) 부검 및 장기 절제

동물을 부검할 때는 여러 가지 수술도구와 조작 방법을 알아두어야 하며, 동물의 부검 순서는 다음과 같다.

① 해부판에 탈지면과 흰 종이를 놓고 마취된 쥐의 배가 위로 향하도록 하여 사지를 고정시킨다.

② 복부가죽을 핀셋으로 잡아당긴 후 가위로 가슴을 향해 중앙으로 잘라 올라간다.

③ 가위로 근육을 자른 후 내장 전체가 드러나도록 하고 해부도에 따라 수술을 한다.

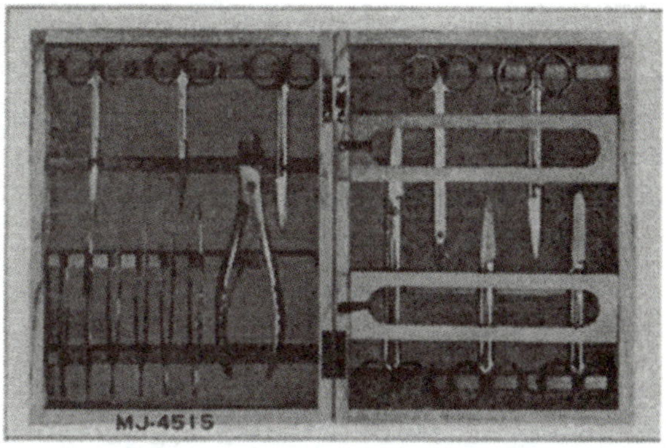

그림 9-7 실험동물의 수술도구

장기를 절제할 경우 단두법으로 희생시키고, 충분히 방혈한 후에 목적하는 장기를 상처 나지 않도록 부검하여 재빨리 꺼내 즉시 얼음으로 식힌다.

장기 중의 혈액을 완전히 제거하려면 등장액으로 transfusion할 수 있고 장기는 등장액에 넣은 후 실험 목적에 따라 실험을 한다. 흰쥐의 부검에 필요한 수술도구는 〈그림 9-7〉과 같다.

5. 실험동물 사육일지와 보고서 작성

① 매일 그 날의 날짜를 적고, 식이 공급량, 잔여량, 실제 섭취량을 구한다.

② 쥐의 체중은 1주일에 2번 정도 측정한다. 체중이 증가할 때나 결핍증으로 심한 감소증세를 보일 때는 날마다 측정한다.

③ 관찰내용을 기록한다. 식욕에 관한 사항, 활동사항, 변의 상황(변비, 설사), 털의 상태(털이 매끈한가 또는 빠졌는가) 등을 전부 자세히 기록한다. 식이 내용의 변화나 양이 달라졌을 때는 그 이유를 기록하고, 실험기간이 끝나면 동물을 마취해서 부검하고 실험목적에 따라서 영양학적, 생화학적으로 분석한다.

④ 분석 측정이 끝나면 모든 자료를 정리, 분석, 검토하고 같은 군끼리 자료를 종합하여 평가한 후 보고서를 작성한다.

6. 동물실험을 이용한 영양판정 실험의 예

1) 실험 Ⅰ : 쌀에 대한 아미노산 보족효과(Supplementary effect)

단백질의 영양효과는 단백질을 구성하고 있는 아미노산의 종류와 양에 따라 달라질 수 있다. 식물성 단백질은 일반적으로 동물성 단백질에 비하여 영양가가 낮지만 몇 가지 식물성 단백질을 섞어 먹이거나 단백질로서 부족한 아미노산을 보충해주면 영양가가 높아지는데, 이 효과를 아미노산 보족효과라고 한다.

곡류의 아미노산 조성에는 L-lysine이 부족하므로 L-lysine과 함께 L-threonine을 첨가하면 흰쥐의 성장이 좋아질 것이다. 따라서 본 실험에서는 흰쥐를 흰쌀로 사육하였을 때와 L-lysine과 L-threonine을 첨가해 주었을 때의 영양상태 변화를 비교·관찰한다.

(1) 실험동물의 사육

생후 3주된 Sprague-Dawley계의 숫쥐 20마리를 〈표 9-6〉과 같이 4군(1군당 4~6마리 정도를 사육하는데, 실행의 안정성을 위해 6마리가 적당하다)으로 분류하여 자유급식(ad libitum)으로 4주 동안 사육한다. 이 때 매일의 사료섭취량, 체중증가량, 실험동물의 관찰내용을 〈표 9-7〉과 같은 실험동물 사육 일지에 자세히 기록한다.

표 9-6 실험사료조성

	제 1군	제 2군	제 3군	제 4군
백미분	85	85	85	85
L-lysine	0	0.5	0	0.5
L-threonine	0	0	0.4	0.4
Salt Mixture	4	4	4	4
혼합 비타민	1	1	1	1
Dextrin	5	4.5	4.6	4.1
대두유	5	5	5	5

* 흰쥐의 일반 사료에는 단백질이 20% 정도 포함되지만 여기에 사용하는 사료 단백질은 약 6% 정도 (쌀 단백질 수준)의 낮은 수준으로 아미노산 보족효과를 보기가 쉽다.

표 9-7 실험동물 사육일지

날짜	준 사료량(g)	남은 사료량(g)	실제 사료 섭취량(g)	체중(g)	체중 증가량(g)	관찰내용

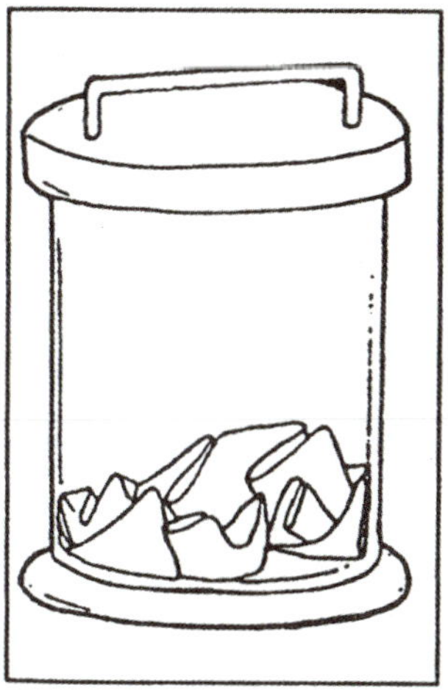

그림 9-8 흰쥐 마취용 솜 만들기

(2) 부검 및 장기 절제

4주간의 사육이 끝나면 실험동물을 다음과 같은 순서로 마취하고 부검한다.

① 흰쥐의 체중을 단다.

② 집기병에 탈지면과 에테르를 넣어 탈지면에 에테르가 흡수되면〈그림 9-8〉, 흰쥐를 넣어 마취시킨다.

③ 해부대를 호일로 싼 후 배를 위로 해놓고 핀이나 끈으로 손발을 고정시킨다. 마취되는 순간 해부해야 몸이 경직되지 않고 심장의 고동을 볼 수 있다.

④ 아랫배 한가운데 피부를 핀셋으로 집고 가위로 조그만 구멍을 낸다.

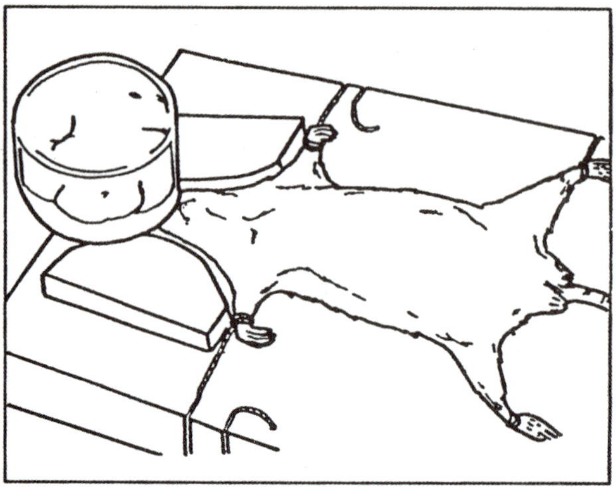

그림 9-9 흰쥐를 마취하여 해부대에 묶기

⑤ 자른 곳을 핀셋으로 집어 올리면서 작은 부검용 가위를 이용하여 피부를 속의 근육으로부터 떼어 내며 절개한다. 이때, 둥글게 된 날이 피부에 닿도록 해야 조직이 파괴되지 않는다.

⑥ 먼저 뼈의 근육을 떼어낸 후 간을 떼어 낸다. 이때 쥐가 공기를 마셔 다시 마취에서 깨어나면 에테르를 적신 탈지면을 간간히 쥐 얼굴에 덮어 마취되도록 한다〈그림 9-9 참조〉.

⑦ 각 장기를 〈그림 9-10〉의 흰쥐 해부도와 비교하여 관찰하고, 떼어낸 간은 생리식염수에 씻어 여과지에서 물기를 뺀다.

⑧ 간 무게를 측정한 후 cap tube에 군별로 간을 모아서 냉동시킨다.

⑨ 해부가 끝나면 각 조의 쥐를 한 곳에 모아 동물폐기물 전문회사로 보낸다.

(3) 부검한 후 관찰항목

① 사료효율(Food efficiency ratio : FER)

매주 섭취한 사료의 양과 같은 기간의 증체량으로 다음 식에 의해 산출한다.

$$FER = \frac{\text{1주간 체중 증가량(g)}}{\text{1주간 사료 섭취량(g)}}$$

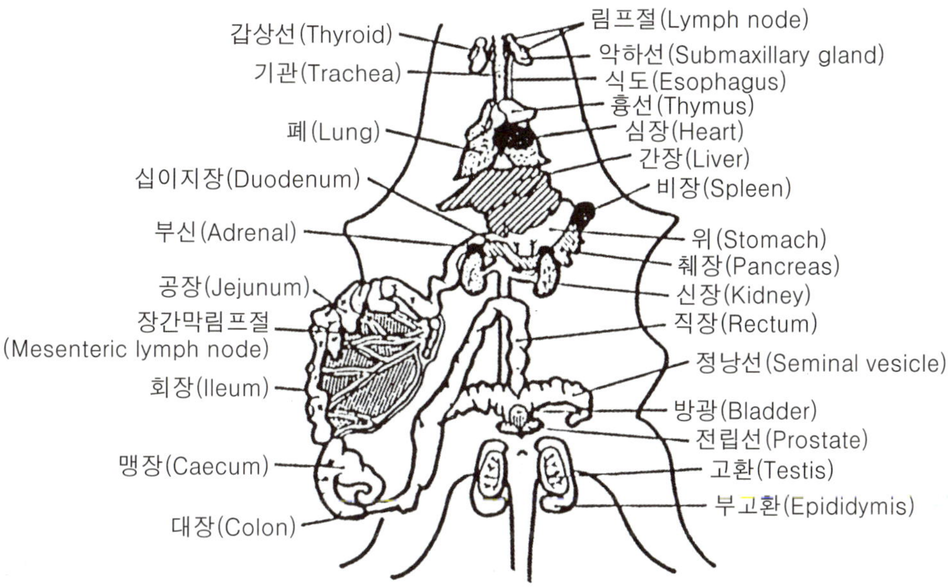

자료 : 심창구, 1981.

그림 9-10 흰쥐의 해부도

② 단백질 효율(Protein efficiency ratio : PER)

매주 섭취한 단백질의 양과 같은 기간의 증체량으로 다음 식에 의해 산출한다.

$$\text{PER} = \frac{\text{1주간 체중 증가량(g)}}{\text{1주간 단백질 섭취량(g)}}$$

③ 체중증가량(g/주)

④ 간 중량(g)

⑤ 간의 총 질소량

간의 일부를 0.9% 생리식염수를 가하여 균질화한 후 균질액을 얻어 일부를 취하여 Kjeldahl법으로 간의 질소량을 측정한다.

⑥ 간의 총 지방량

간의 일부를 칭량한 후 가늘게 썰어 Soxhlet 추출장치로 간의 지방량을 측정한다.

(4) 결과정리

이상의 동물실험이 끝나면 모든 내용 및 결과를 각 군별로 종합하여 보고서를 작성하며, 보고서의 작성요령 및 순서는 〈그림 9-11〉과 같다.

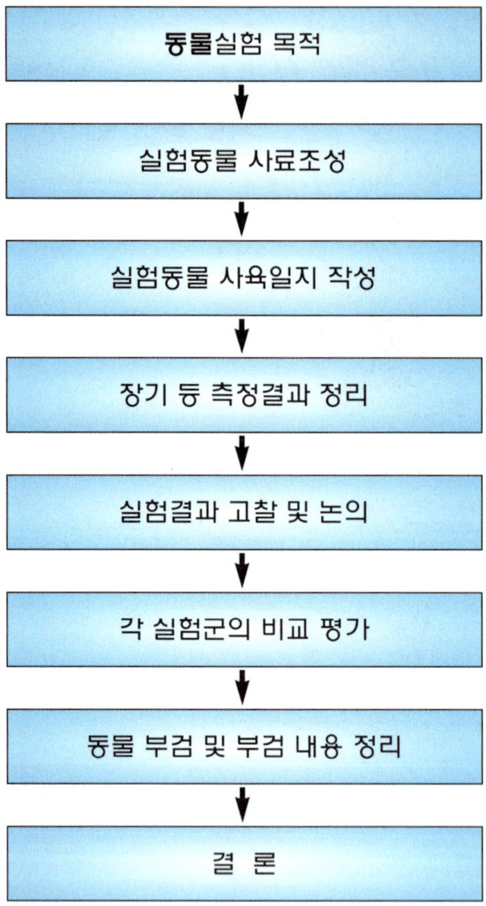

그림 9-11 보고서 작성 순서

2) 실험제 II : 단백질의 유용율(Protein utilization) 판정

생후 3주된 Sprague-Dawley계의 숫쥐 20마리를 〈표 9-8〉과 같이 12군으로 분류하여 자유급식(ad libitum)으로 3주 동안 사육한다. 이후 실험동물의 해부, 관찰항목 및 보고서 작성은 영양판정 실험 예 I 과 같다.

표 9-8 실험사료조성

	단백질 종류	단백질 함량(%)
Group I	밀 글루텐과 고열량 (wheat gluten+high calorie)	0
		5
		10
		15
Group II	카제인과 고열량 (casein+high calorie)	0
		5
		10
		15
Group III	카제인과 저열량 (casein+low calorie)	0
		5
		10
		15

*저열량 : 지방열량 22%, 고열량 : 지방열량 39%

참고문헌

1. 이영순. 실험동물의학. 서울대학교 출판부, 1991
2. 沈昌求. 圖說 動物實驗の手技手法. 洪立出版株式會社, 1981
3. American Institute of Nutrition. Report of the American Institute of Nutrition ad hoc Committee on Standards for nutritional studies. J Nutr 107(7): 1340-1348, 1977
4. Bell LT, Hurley LS. Ultrastructural effects of manganese deficiency in liver, heart, kidney and pancreas of mice. Lab Invest 29(6): 732-736, 1973
5. Dalton DC. Effect of dilution of the diet with an indigestible filler on feed intake in the mouse. Nature 197: 909-910, 1963
6. Fenton PF. Hereditary factors in protein nutrition. Am J Clin Nutr 5(6): 663-665, 1957
7. Fenton PF, Marsh JM. Inherited metabolic patterns in mice: calorie requirements for protein utilization and determination of protein minima. J Nutr 60(4): 465-472, 1956
8. Hau J, Van GL, Hoosier V. Handbook of Laboratory Animal Science: essential principles and practices. CRC Press, 2002
9. National Research Council. Nutrient Requirements of Laboratory Animals: Rat, mouse, gerbil, guineapig, hamster, vole, fish, 3rd ed., National Academy of Sciences, 1978
10. Reeves PG, Nielsen FH, Fahey GC Jr. AIN-93 purified diets for laboratory rodents: final report of the American Institute of Nutrition ad hoc writing committee on the reformulation of the AIN-76A rodent diet. J Nutr 123(11): 1939-51, 1993

부 록

부록 1. 식습관 조사표

예 1

식습관 조사(성인용)			
성별		성명	
연령		신장	
직업		체중	
병명(있을 경우)			
다음 질문에 대하여 해당하는 번호에 '0' 표 하시오.			
	I(0점)	II(1점)	III(2점)
(1)식사는 늘 배가 부르도록 먹습니까?	1.만복이 될 때까지 먹는 일이 많다.	2.많이 먹을 때도 적게 먹을 때도 있다.	3.항상 8부정도를 먹는다.
(2)식사시에는 식품의 배합을 생각하여 먹습니까?	1.별로 관심없이 먹는다.	2.때로 배합을 생각하여 먹는다.	3.항상 균형을 생각하며 먹는다.
(3)1일 3끼의 식사중 거르는 일이 있습니까?	1.거의 매일 1끼는 거른다.	2.주 2~3회는 거르는 편이다.	3.거의 거르지 않는다.
(4)채소는 좋아하여 늘 먹습니까?	1.싫어하여 거의 먹지 않는다.	2.매끼는 아니나 하루 1번은 먹는다.	3.거의 매끼 먹는다.
(5)당근, 시금치 같은 채소를 먹습니까?	1.싫어하여 거의 먹지 않는다.	2.주 2~3회 먹는다.	3.거의 매일 먹는다.
(6)과일은 매일 먹습니까?	1.거의 안 먹는다.	2.주 2~3회 먹는다.	3.거의 매일 먹는다.
(7)매끼마다 생선, 고기, 달걀, 대두 제품을 먹습니까?	1.안먹는 편이다.	2.하루 1끼는 먹는다.	3.거의 매일 먹는다.
(8)우유는 매일 마십니까?	1.거의 안 마신다.	2.주 2~3회 마신다.	3.매일 마신다.
(9)기름을 이용한 음식을 먹습니까?	1.거의 안 먹는다.	2.주 2~3회 먹는다.	3.하루 1회 먹는다.
(10)해조류(다시마, 미역, 김 등)을 먹습니까?	1.거의 안 먹는다.	2.주 2~3회 먹는다.	3.거의 매일 먹는다.
합 계	(　　)	(　　)	(　　)
* I에 해당하는 것은 0점, II는 1점, III은 2점으로 하여 총합계를 산출하여 다음과 같이 판정한다.			
A 16~20점 우수		B 11~15점 보통	
C 6~10점 약간나쁨		D 1~5점 나쁨	

예 2

<table>
<tr><th colspan="4">식습관조사표(빈혈증상이 있는 경우)</th></tr>
<tr><td colspan="2">성별</td><td colspan="2">성명</td></tr>
<tr><td colspan="2">연령</td><td colspan="2">신장</td></tr>
<tr><td colspan="2">직업</td><td colspan="2">체중</td></tr>
<tr><td colspan="4">현재 병적 증세</td></tr>
<tr><td colspan="4">다음 질문에 대하여 해당하는 번호에 ‘0’ 표 하시오.</td></tr>
<tr><td></td><td>I(0점)</td><td>II(1점)</td><td>III(2점)</td></tr>
<tr><td>(1)식욕이 있습니까?</td><td>1.늘 없다.</td><td>2.보통이다.</td><td>3.거의 좋다.</td></tr>
<tr><td>(2)식사시에는 식품의 배합을 고려하십니까?</td><td>1.고려하지 않는다.</td><td>2.가끔 한다.</td><td>3.거의 고려한다.</td></tr>
<tr><td>(3)1일 3끼를 기준으로 할 때 거르는 일이 없습니까?</td><td>1.주 5회 이상 거른다.</td><td>2.주 2~4회 거른다.</td><td>3.거의 거르지 않는다.</td></tr>
<tr><td>(4)편식을 하십니까?</td><td>1.많이 하는 편이다.</td><td>2.보통이다.</td><td>3.거의 없다.</td></tr>
<tr><td>(5)간식을 먹습니까?</td><td>1.자주한다.</td><td>2.보통이다.</td><td>3.거의 없다.</td></tr>
<tr><td>(6)거의 매끼 고기류, 생선, 달걀을 먹습니까?</td><td>1.하루 1회 정도 또는 안 먹는다.</td><td>2.하루 2회 정도</td><td>3.거의 매끼 먹는다.</td></tr>
<tr><td>(7)우유는 매일 마십니까?</td><td>1.거의 안마신다.</td><td>2.주 3~4회 정도</td><td>3.거의 매일 마신다.</td></tr>
<tr><td>(8)간은 먹습니까?</td><td>1.거의 안 먹는다.</td><td>2.가끔 먹는다.</td><td>3.주 1회는 먹는다.</td></tr>
<tr><td>(9)녹황색 채소는 먹습니까?</td><td>1. 거의 안 먹는다.</td><td>2.주 3~4회 먹는다.</td><td>3.주 5회 이상 먹는다.</td></tr>
<tr><td>(10)색깔이 엷은 채소나 과일을 먹습니까?</td><td>1.하루 1회 또는 거의 안 먹는다.</td><td>2.하루 2회 정도 먹는다.</td><td>3.거의 매끼 먹는다.</td></tr>
<tr><td>합 계</td><td>( )</td><td>( )</td><td>( )</td></tr>
<tr><td colspan="4">* I에 해당하는 것은 0점, II는 1점, III은 2점으로 하여 총합계를 산출하여 다음과 같이 판정한다.</td></tr>
<tr><td colspan="2">A 16~20점 우수</td><td colspan="2">B 11~15점 보통</td></tr>
<tr><td colspan="2">C 6~10점 약간나쁨</td><td colspan="2">D 1~5점 나쁨</td></tr>
</table>

예 3

1. 하루에 평균 몇회 식사합니까?	__ 회				
	항상 그렇다	대체로 그렇다	보통 이다	대체로 그렇지 않다	전혀 그렇지 않다
2. 아침식사를 제대로 갖추어 먹습니까?	5	4	3	2	1
3. 일정한 시간에 식사를 하십니까?	5	4	3	2	1
4. 여유있게 천천히 식사를 하십니까?	5	4	3	2	1
5. 과식을 하십니까?	5	4	3	2	1
6. 밥, 빵, 국수 등 곡류 음식을 매끼 먹습니까?	5	4	3	2	1
7. 고기, 달걀, 생선, 콩, 두부류 등 단백질 음식을 매끼 먹습니까?	5	4	3	2	1
8. 채소반찬을 매끼 먹습니까?	5	4	3	2	1
9. 과일을 매일 먹습니까?	5	4	3	2	1
10. 우유를 매일 마십니까?	5	4	3	2	1
11. 기름을 넣어 조리한 음식을 매끼 먹습니까? 예) 튀김, 전, 볶음, 구이, 마요네즈, 버터 등	5	4	3	2	1
12. 매일 위의 여섯가지 식품(6~11)을 골고루 드십니까?	5	4	3	2	1
13. 단 음식을 많이 드십니까?	5	4	3	2	1
14. 음식을 짜게 드십니까?	5	4	3	2	1
15. 가공 및 냉동식품을 일주일에 몇 번이나 먹습니까?	5	4	3	2	1
16. 동물성 기름을 일주일에 몇 번이나 먹습니까? 예) 기름기 많은 고기, 햄버거, 육가공품, 버터, 생크림 등	5	4	3	2	1
17. 콜레스테롤이 많은 음식을 일주일에 몇 번이나 먹습니까?	5	4	3	2	1
18. 외식을 일주일에 몇 번이나 하십니까?	5	4	3	2	1
19. 술을 일주일에 몇 번이나 마십니까?	5	4	3	2	1
20. 운동을 일주일에 몇 번이나 하십니까?	5	4	3	2	1

예 4. 기호도 조사표

조리형태	좋아 한다	좋지도 나쁘지도 않다	그리 좋지는 않다	싫으나 조금은 먹는다	싫어서 전혀 먹지 않는다
끓 임					
구 이					
맵게무침					
절 임					

예 5. 편식율 조사표

구 분	단 계	평 점
전부 먹는다.	1	0
대개 먹는다.	2	10
조금은 먹는다.	3	20
거의 먹지 않는다.	4	30
전혀 먹지 않는다.	5	40

부록 2. 식생활 간이 진단표

예 1

가구번호		
피조사자		

다음 질문에 대하여 맞으면 0표, 아니면 X를 하시오.	응답란
1. 아침식사는 매일 하십니까?	0
2. 당근이나 시금치같은 녹황색 채소를 매일 먹습니까?	0
3. 과일을 매일 먹습니까?	0
4. 고기나 생선을 매일 먹습니까?	X
5. 달걀을 1주일에 3번 이상 먹습니까?	X
6. 우유 및 유제품을 1주일에 1번 이상 마십니까?	X
7. 뼈째먹는 잔생선류를 하루에 1번 이상 먹습니까?	0
8. 기름을 사용한 음식을 하루에 1번 이상 먹습니까?	0
9. 보리나 기타 잡곡을 섞은 밥을 매일 먹습니까?	0
10. 미역, 김 같은 해조류를 일주일에 2번 이상 먹습니까?	0
합 계	7

① 각 항목 0표는 1점, X는 0점으로 하여 모두 10점 만점으로 한다.
② 진단은 필요시에 1회 정도로 할 수 있다.
③ 많은 사람을 대상으로 한 설문조사에 편리하다.
④ 이 방법은 섭취식품 종류간의 균형과 식습관을 판단할 수 있는 방법이다.

예 2

Score Index	항상 그렇다	그렇다	아니다
우유나 유제품(요구르트, 요플레 등)을 매일 1병 이상 마신다.	5	3	1
육류, 생선, 달걀, 콩, 두부 등으로 된 음식을 매일 3~4회 먹는다.	5	3	1
김치 이외의 채소를 식사할 때마다 먹는다.	5	3	1
과일(1개)이나 과일쥬스(1잔)를 매일 먹는다.	5	3	1
튀김이나 볶음요리를 많이 먹는 편이다.	1	3	5
지방이 많은 육류(삼겹살, 갈비, 장어 등)를 많이 먹는 편이다.	1	3	5
식사할 때 음식에 소금이나 간장을 더 넣을 때가 많다.	1	3	5
식사는 매일 세끼를 규칙적으로 한다.	5	3	1
아이스크림, 케이크, 스낵, 탄산음료(콜라, 사이다 등)를 간식으로 많이 먹는다.	1	3	5
하루에 30가지 이상의 식품을 매일 섭취한다.	5	3	1

점수 : __________점

부록 3. 식품의 눈대중표

Ⅰ. 당질 식품군

1. 곡류

식품명	눈대중	분량(g)
흰쌀밥	1공기	밥 210(쌀 90)
	1/3공기	밥 70(쌀 30)
보리밥(10%)	1공기	밥 210(쌀 81, 보리 9)
콩밥	1공기	밥 210(쌀 90, 콩 10)
흰죽	1공기	쌀 60
절편	2개	50
식빵	2쪽	70
라면	1개	560(건면 105)
즉석라면	1개	556(건면 102)
삶은 국수	1/2공기	90
밀가루	1큰술	8
	1작은술	2
도토리묵	1/2모	200
메밀묵	1/2모	200
오트밀	1/3컵	30
미숫가루	큰 술(보통)	6

2. 감자류

식품명	눈대중	분량(g)
감자	중1개	130
고구마	중1/2개	100
토란	1컵	130
옥수수	1/2개	50

3. 당류

식품명	눈대중	분량(g)
설탕(백)	1큰술 1작은술	13 3
껌	1개	3
딸기잼	1큰술	16
사탕	6개	25
초콜릿(가나)	1포장	20
카라멜	6개	24

Ⅱ. 단백질 식품군

1. 육류

식품명	눈대중	분량(g)
쇠고기(사태, 홍두깨) (등심, 안심) (소갈비)	로스용1장(12×10.3㎝) 로스용1장(12×10.3㎝) 소1토막	40 40 30
돼지고기(살코기) (안심)	로스용1장(12×10.3㎝, 탁구공 크기) 로스용1장(12×10.3㎝)	40 40
닭고기 (껍질, 기름 제거한 살코기)	소1토막(탁구공 크기)	40

2. 생선류

식품명	눈대중	분량(g)
가자미(생) (구이)	소1토막	50 31
굴비	1/2토막	15
고등어(생) (구이)	소1토막	50 38
도미	소1토막	50
동태	소1토막	50
병어	소1토막	50
삼치	소1토막	50
이면수(생) (구이)	소1토막	50 38
조기	소1마리	50
갈치	소1토막	50
꽁치	소1토막	50
낙지	1/2컵	100
물오징어	중1/2마리	70
새우	중하3마리	50
꽃게	소1마리	70
북어	1/2토막	15
뱅어포	1장	15
멸치(잔것)	1/4컵	15
조갯살	1/3컵	70
홍합	1/3컵	70
굴	1/3컵	70
계란	중1개	55
메추리알	5개	40

3. 콩류 및 그 제품

식품명	눈대중	분량(g)
두부	1/6모	80
순두부	1컵	200
유부	6장	30
검정콩	2큰술	20
된장	1큰술(작은)	21(7)
고추장	1큰술(작은)	21(7)

Ⅲ. 비타민, 무기질 식품군

1. 채소류

식품명	눈대중	분량(g)
가지	지름3×길이10(㎝)	70
고비(삶은것)	익혀서1/3컵	70
고춧잎(생것)	1/2컵	25
근대	익혀서1/3컵	70
더덕	중2개	25
도라지(생것)	1/2컵	50
당근	지름4×길이5(㎝)	70
무	익혀서1/3컵	70
마늘	3쪽	14
무말랭이	불려서1/3컵	10
부추	익혀서1/3컵	70
상추	8장	70
시금치	익혀서1/3컵	70
연근	5쪽	50
양배추	익혀서2/5컵	70
오이	중1/3개	70
양파	중1/2개	50
우엉	익혀서1/3컵	50
호박	지름6.5×길이2.5(㎝)	70
깻잎	20장	20
콩나물	익혀서2/5컵	70
풋고추	중7~8개	70
표고버섯(생것)	대3개	50
고춧가루	1큰술(작은)	6(2)
토마토	중 1개	250

2. 과실류

식품명	눈대중	분량(g)
수박	대1쪽	250
복숭아(황도)	중1/2개	150
딸기	10알	150
참외	소1개	240
사과	중1개	300
배	중1개	400
단감	중1개	160
바나나	중1개	120
자두	대1개	80
포도	19알	100
토마토주스	1컵	200
오렌지주스(무가당)	1컵	200

3. 김치류

식품명	눈대중	분량(g)
배추김치	1작은접시	70
열무김치	1작은접시	50

4. 해조류

식품명	눈대중	분량(g)
김	1장(8조각)	2
미역	익혀서 1/3컵	70

Ⅳ. 우유 및 유제품군

식품명	눈대중	분량(g)
우유	1컵	200㎖
두유	1컵	200㎖
요구르트	1개	65
요구르트(액상)	1개	145
요구르트(호상)	1개	110
치즈	1장	20

Ⅴ. 지방 식품군

식품명	눈대중	분량(g)
호두	대 1개	8
땅콩	10알	10
잣	1큰술	8
참깨	1큰술	8
마요네즈	1.5작은술	7
버터	1.5작은술	6
마가린	1.5작은술	6
참기름	1작은술	5
콩기름	1작은술	5
들기름	1작은술	5
옥수수유	1작은술	5

Ⅵ. 기타

1. 조미료

식품명	눈대중	분량(㎖,g)
간장	1큰술 1작은술	8 2
깨소금	1큰술 1작은술	8 2
식초	1큰술(작은)	8(2)
소금	1큰술(작은)	10(2)

2. 음료 및 주류

식품명	눈대중	분량(㎖,g)
청량음료	1캔	250
막걸리	1잔	200
소주	1잔	50
맥주	1작은병	335
커피	1작은술	1
프림	1작은술	2

자료 : 대한영양사회(식사계획을 위한 식품교환표), 1995
대한영양사회(사진으로 보는 음식의 눈대중량), 1999

부록 4. 삼두근의 피부두겹두께 측정치 – 한국, 1986

연령	남자(mm)			여자(mm)		
	50th	15th	5th	50th	15th	5th
18~24	7.5	3.8	1.6	15.5	11.6	9.3
25~34	9.5	5.8	3.6	18.1	14.2	11.8
35~44	9.5	5.8	3.6	19.8	15.9	13.5
45~54	8.7	5.8	2.8	21.6	17.7	15.3
55~64	8.7	5.0	2.8	21.6	17.7	15.3
65이상	8.7	5.0	2.8	19.8	15.9	15.5

자료 : 대한영양사회, 2000.

부록 5. 상완위 근육둘레의 측정치 – 한국, 1986

연령	남자(cm)			여자(cm)		
	50th	15th	5th	50th	15th	5th
18~24	23.8	21.9	20.9	18.8	17.1	16.1
25~34	24.5	22.6	21.6	19.5	17.8	16.8
35~44	25.1	23.2	22.2	20.0	18.3	17.3
45~54	24.6	22.7	21.7	20.2	18.5	17.5
55~64	24.4	22.5	21.5	20.6	18.9	17.9
65이상	23.5	21.6	20.6	20.5	18.8	17.8

자료 : 대한영양사회, 2000.

부록 6. 상완위근육 면적 측정치(백분위값, 1~74세, 1990)

	백분위 수(mm)								백분위 수(mm)							
	남자								여자							
나이(세)	평균	5	10	25	50	75	90	95	평균	5	10	25	50	75	90	95
1.0~1.9	13.2	9.7	10.4	11.6	13.0	14.6	16.3	17.2	12.3	8.9	9.7	10.8	12.3	13.8	15.3	16.2
2.0~2.9	14.1	10.1	10.9	12.4	13.9	15.6	16.9	18.4	13.3	10.1	10.6	11.8	13.2	14.7	16.4	17.3
3.0~3.9	15.2	11.2	12.0	13.5	15.0	16.4	18.3	19.5	14.3	10.8	11.4	12.6	14.3	15.8	17.4	18.8
4.0~4.9	16.3	12.0	12.9	14.5	16.2	17.9	19.8	20.9	15.4	11.2	12.2	13.6	15.3	17.0	18.6	19.8
5.0~5.9	17.8	13.2	14.2	15.7	17.6	19.5	21.7	23.2	16.7	12.4	13.2	14.8	16.4	18.3	20.6	22.1
6.0~6.9	19.3	14.4	15.3	16.8	18.7	21.3	23.8	25.7	18.0	13.5	14.1	15.6	17.4	19.5	22.0	24.2
7.0~7.9	21.0	15.1	16.2	18.5	20.6	22.6	25.2	28.6	19.3	14.4	15.2	16.7	18.9	21.2	23.9	25.3
8.0~8.9	22.1	16.3	17.8	19.5	21.6	24.0	26.6	29.0	21.1	15.2	16.0	18.2	20.8	23.2	26.5	28.0
9.0~9.9	24.5	18.2	19.3	21.7	23.5	26.7	30.4	32.9	22.9	17.0	17.9	19.8	21.9	25.4	28.3	31.1
10.0~10.9	26.7	19.6	20.7	23.0	25.7	29.0	34.0	37.1	24.3	17.6	18.5	20.9	23.8	27.0	31.0	33.1
11.0~11.9	28.8	21.0	22.0	24.8	27.7	31.6	36.1	40.3	27.6	19.5	21.0	23.2	26.4	30.7	35.7	39.2
12.0~12.9	31.9	22.6	24.1	26.9	30.4	35.9	40.9	44.9	29.7	20.4	21.8	25.5	29.0	33.2	37.8	40.5
13.0~13.9	36.8	24.5	26.7	30.4	35.7	41.3	48.1	52.5	31.9	22.8	24.5	27.1	30.8	35.3	39.6	43.7
14.0~14.9	42.4	28.3	31.3	36.1	41.9	47.4	54.0	57.5	33.9	24.0	26.2	29.0	32.8	36.9	42.3	47.5
15.0~15.9	46.8	31.9	34.9	40.3	46.3	53.1	57.7	63.0	33.8	24.4	25.8	29.2	33.0	37.3	41.7	45.9
16.0~16.9	52.6	37.0	40.9	45.9	51.9	57.8	66.2	70.5	34.8	25.2	26.8	30.0	33.6	38.0	43.7	48.3
17.0~17.9	54.7	39.6	42.6	48.0	53.4	60.4	67.9	73.1	36.1	25.9	27.5	30.7	34.3	39.6	46.2	50.8
18.0~24.9	50.5	34.2	37.3	42.7	49.4	57.1	65.0	72.0	29.8	19.5	21.5	24.5	28.3	33.1	39.0	44.2
25.0~29.9	54.1	36.6	39.9	46.0	53.0	61.4	68.9	74.5	31.1	20.5	21.9	25.2	29.4	34.9	41.9	47.8
30.0~34.9	55.6	37.9	40.9	47.3	54.4	63.2	70.8	76.1	32.8	21.1	23.0	26.3	30.9	36.8	44.7	51.3
35.0~39.9	56.5	38.5	42.6	47.9	55.3	64.0	72.7	77.6	34.2	21.1	23.4	27.3	31.8	38.7	46.1	54.2
40.0~44.9	56.6	38.4	42.1	48.7	56.0	64.0	71.6	77.0	35.2	21.3	23.4	27.5	32.3	39.8	49.5	55.8
45.0~49.9	55.9	37.7	41.3	47.9	55.2	63.3	72.2	76.2	34.9	21.6	23.1	27.4	32.5	39.5	48.4	56.1
50.0~54.9	55.0	36.0	40.0	46.6	54.0	62.7	70.4	77.4	35.6	22.2	24.6	28.3	33.4	40.4	49.6	55.6
55.0~59.9	54.7	36.5	40.8	46.7	54.3	61.9	69.6	75.1	37.1	22.8	24.8	28.7	34.7	42.3	52.1	58.8
60.0~64.9	52.8	34.5	38.7	44.9	52.1	60.0	67.5	71.6	36.3	22.4	24.5	29.2	34.5	41.1	49.1	55.1
65.0~69.9	49.8	31.4	35.8	42.3	49.1	57.3	64.3	69.4	36.3	21.9	24.5	28.9	34.6	41.6	49.6	56.5
70.0~74.9	47.8	29.7	33.8	40.2	47.0	54.6	62.1	67.3	36.0	22.2	24.4	28.8	34.3	41.8	49.2	54.6

자료 : Gibson RS, 1993.

부록 7. 삼두근 피부두겹두께 측정치(백분위값, 미국, 1~74세, 1990)

	백분위 수(mm)								백분위 수(mm)							
	남자								여자							
나이(세)	평균	5	10	25	50	75	90	95	평균	5	10	25	50	75	90	95
1.0~1.9	16.8	6.5	7.0	8.0	10.0	12.0	14.0	15.5	16.9	6.0	7.0	8.0	10.0	12.0	14.0	16.0
2.0~2.9	16.0	6.0	6.5	8.0	10.0	12.0	14.0	15.0	16.9	6.0	7.0	8.5	10.0	12.0	14.5	16.0
3.0~3.9	15.4	6.0	7.0	8.0	9.5	11.5	13.5	15.0	16.5	6.0	7.0	8.5	10.0	12.0	14.0	16.0
4.0~4.9	14.5	5.5	6.5	7.5	9.0	11.0	12.5	14.0	16.3	6.0	7.0	8.0	10.0	12.0	14.0	15.5
5.0~5.9	14.2	5.0	6.0	7.0	8.0	10.0	13.0	14.5	16.5	5.5	7.0	8.0	10.0	12.0	15.0	17.0
6.0~6.9	14.3	5.0	5.5	6.5	8.0	10.0	13.0	16.0	16.7	6.0	6.5	8.0	10.0	12.0	15.0	17.0
7.0~7.9	14.8	4.5	5.0	6.0	8.0	10.5	14.0	16.0	17.8	6.0	7.0	8.0	10.5	12.5	16.0	19.0
8.0~8.9	15.6	5.0	5.5	7.0	8.5	1.0	16.0	19.0	20.0	6.0	7.0	8.5	11.0	14.5	18.0	22.5
9.0~9.9	17.0	5.0	5.5	6.5	9.0	12.5	17.0	20.0	22.4	6.5	7.0	9.0	12.0	16.0	21.0	25.0
10.0~10.9	19.1	5.0	6.0	7.5	10.0	14.0	20.0	24.0	23.6	7.0	8.0	9.0	12.5	17.5	22.5	27.0
11.0~11.9	21.4	5.0	6.0	7.5	10.0	16.0	23.0	27.0	25.5	7.0	8.0	10.0	13.0	18.0	24.0	29.0
12.0~12.9	21.0	4.5	6.0	7.5	10.5	14.5	22.5	27.5	26.6	7.0	8.0	11.0	14.0	18.5	24.0	27.5
13.0~13.9	19.8	4.5	5.0	7.0	9.0	13.0	20.5	25.0	28.7	7.0	8.0	11.0	15.0	20.0	25.0	30.0
14.0~14.9	19.4	4.0	5.0	6.0	8.5	12.5	18.0	23.5	30.1	8.0	9.0	11.5	16.0	21.0	26.5	32.0
15.0~15.9	19.3	5.0	5.0	6.0	7.5	11.0	18.0	23.5	30.1	8.0	9.5	12.0	16.5	20.5	26.0	32.5
16.0~16.9	20.0	4.0	5.0	6.0	8.0	12.0	17.0	23.0	33.9	10.5	11.5	14.0	18.0	23.0	29.0	32.5
17.0~17.9	19.1	4.0	5.0	6.0	7.0	11.0	16.0	19.5	34.5	9.0	10.0	13.0	18.0	24.0	29.0	34.5
18.0~24.9	24.6	4.0	5.0	6.5	10.0	14.5	20.0	23.5	36.1	9.0	11.0	14.0	18.5	24.5	31.0	36.0
25.0~29.9	27.6	4.0	5.0	7.0	11.0	15.5	21.5	25.0	39.0	10.0	12.0	15.0	20.0	26.5	34.0	38.0
30.0~34.9	30.4	4.5	6.0	8.0	12.0	16.5	22.0	25.0	43.3	10.5	13.0	17.0	22.5	29.5	35.5	41.5
35.0~39.9	30.3	4.5	6.0	8.5	12.0	16.0	20.5	24.5	45.2	11.0	13.0	18.0	23.5	30.0	37.0	41.0
40.0~44.9	30.1	5.0	6.0	8.0	12.0	16.0	21.5	26.0	45.8	12.0	14.0	19.0	24.5	30.5	37.0	41.0
45.0~49.9	30.9	5.0	6.0	8.0	12.0	16.0	21.0	25.0	47.7	12.0	14.5	19.5	25.5	32.0	38.0	42.5
50.0~54.9	30.1	5.0	6.0	8.0	11.5	15.0	20.8	25.0	49.3	12.0	15.0	20.5	25.5	32.0	38.5	42.0
55.0~59.9	29.9	5.0	6.0	8.0	11.5	15.0	20.5	25.0	19.5	12.0	15.0	20.5	26.0	32.0	39.0	42.5
60.0~64.9	30.5	5.0	6.0	8.0	11.5	15.5	20.5	24.0	49.2	12.5	16.0	20.5	26.0	32.0	38.0	42.5
65.0~69.9	28.9	4.5	5.0	8.0	11.0	15.0	20.0	23.5	46.3	12.0	14.5	19.0	25.0	30.0	36.0	40.0
70.0~74.9	28.2	4.5	6.0	8.0	11.0	15.0	19.0	23.0	44.5	11.0	13.5	18.0	24.0	29.5	35.0	38.5

자료 : Gibson RS, 1993.

부록 8. 삼두근과 견갑골 밑 피부두겹두께의 합 측정치(백분위값, 미국, 1~74세, 1990)

	백분위 수(mm)										백분위 수(mm)									
	남자										여자									
나이(세)	평균	5	10	15	25	50	75	85	90	95	평균	5	10	15	25	50	75	85	90	95
1.0~1.9	16.8	11.0	12.0	12.5	14.0	16.5	19.0	21.0	22.0	24.0	16.9	10.5	12.0	12.0	13.5	16.5	19.5	21.0	23.0	25.0
2.0~2.9	16.0	10.0	11.0	12.0	13.0	15.5	18.0	20.0	21.5	24.0	16.9	11.0	12.0	12.5	14.0	16.0	19.0	21.5	23.5	25.5
3.0~3.9	15.4	10.5	11.0	12.0	13.0	14.5	17.5	19.0	20.5	23.0	16.5	10.5	11.5	12.0	13.5	16.0	18.5	20.5	21.5	25.0
4.0~4.9	14.5	9.5	10.5	11.0	12.0	14.0	16.5	18.0	19.0	21.5	16.3	10.0	11.0	12.0	13.0	15.5	18.5	20.5	22.5	24.5
5.0~5.9	14.2	9.0	10.0	10.0	11.0	13.0	16.0	18.0	19.0	22.0	16.5	10.0	11.0	11.5	12.5	15.0	18.5	21.0	24.0	28.5
6.0~6.9	14.3	8.0	9.0	10.0	10.5	13.0	15.2	18.0	20.0	28.0	16.7	10.0	10.5	11.0	12.5	15.5	18.5	21.0	23.5	28.0
7.0~7.9	14.8	8.5	9.0	9.5	10.5	13.0	16.0	19.5	23.0	26.6	17.8	10.0	11.0	12.0	13.5	16.0	20.0	23.0	26.0	32.5
8.0~8.9	15.6	8.5	9.0	10.0	11.0	13.5	17.0	20.0	24.5	30.5	20.0	10.5	11.0	12.0	13.0	17.0	22.5	28.5	31.0	41.5
9.0~9.9	17.0	8.5	9.5	10.0	11.0	14.0	19.0	24.0	29.0	34.0	22.4	11.0	12.0	12.5	14.5	19.0	25.5	30.0	39.0	48.9
10.0~10.9	19.1	9.0	10.0	11.0	12.0	15.5	22.0	27.0	33.5	42.0	23.6	12.0	12.5	13.0	15.0	20.0	28.5	34.5	40.5	51.0
11.0~11.9	21.4	9.0	10.0	11.0	12.5	16.5	25.0	33.0	40.0	53.5	25.5	12.0	13.5	14.5	16.0	22.0	30.0	37.0	42.0	55.0
12.0~12.9	21.0	9.0	10.0	11.0	12.5	17.0	24.0	34.0	40.5	53.0	26.6	13.0	14.0	15.0	18.0	23.0	31.0	37.0	44.0	57.0
13.0~13.9	19.8	8.5	10.5	11.0	12.5	15.0	21.0	29.0	37.0	48.0	28.7	12.5	14.0	15.5	18.5	24.5	35.5	43.0	47.5	56.5
14.0~14.9	19.4	9.0	10.0	11.0	12.0	15.0	22.0	27.0	33.0	45.0	30.1	14.5	16.0	17.5	20.0	26.0	37.0	44.5	48.5	62.0
15.0~15.9	19.3	10.0	10.5	11.0	12.0	15.0	21.0	27.0	32.5	43.0	30.1	15.0	17.0	18.0	20.5	26.5	34.5	42.5	48.5	62.5
16.0~16.9	20.0	10.0	11.5	12.0	13.0	16.0	22.5	27.5	33.5	44.0	33.9	17.5	20.0	21.5	24.0	30.0	39.5	47.0	53.5	69.5
17.0~17.9	19.1	10.0	11.0	12.0	13.0	16.0	22.0	27.0	31.5	41.0	34.5	16.5	18.5	20.0	23.0	31.0	42.0	49.0	55.5	67.4
18.0~24.9	24.6	11.0	12.0	13.5	15.0	21.0	30.0	37.0	41.5	50.5	36.1	16.7	19.0	21.0	24.0	32.0	44.0	52.0	58.5	70.0
25.0~29.9	27.6	11.5	13.0	14.0	17.0	24.5	35.0	41.0	46.0	54.5	39.0	17.5	20.0	22.0	25.5	35.0	48.5	58.0	64.5	73.9
30.0~34.9	30.4	12.0	14.5	16.5	20.0	28.0	38.0	44.0	49.0	58.0	43.3	18.0	22.0	24.5	28.5	39.0	55.0	64.0	71.0	83.0
35.0~39.9	30.3	12.0	14.5	16.5	21.0	29.0	37.0	42.4	47.0	54.5	45.2	19.0	22.5	25.5	30.0	42.0	57.5	66.0	72.2	82.5
40.0~44.9	30.1	13.0	15.0	16.5	20.5	28.5	37.0	42.5	47.5	55.0	45.8	20.0	23.5	27.0	31.0	43.0	58.0	67.0	73.0	80.0
45.0~49.9	30.9	12.5	15.0	17.5	20.5	29.0	39.0	44.0	48.0	55.0	47.7	21.0	24.0	27.5	33.5	45.0	59.5	69.0	74.5	81.0
50.0~54.9	30.1	13.0	15.0	17.0	20.5	28.0	37.5	43.0	48.0	55.5	49.3	21.0	26.0	30.0	35.5	47.0	61.0	70.0	75.3	83.5
55.0~59.9	29.9	12.0	15.0	17.0	21.0	28.5	37.0	43.0	47.0	53.5	49.5	21.0	26.0	29.0	35.0	47.5	62.0	69.5	75.0	85.0
60.0~64.9	30.5	13.0	15.5	17.5	21.0	29.0	37.5	43.0	47.0	55.5	49.2	22.0	27.0	30.0	35.5	48.0	61.0	68.0	74.0	83.5
65.0~69.9	28.9	11.0	13.5	16.0	19.5	27.0	36.0	42.0	46.5	53.5	46.3	21.0	25.0	28.5	34.0	44.0	57.0	64.0	70.0	78.0
70.0~74.9	28.2	11.5	14.0	16.0	19.0	26.0	35.0	41.0	45.0	51.0	44.5	19.0	23.5	27.0	32.0	43.0	56.0	62.0	67.0	75.5

자료 : Frisancho AR, 1990.

부록 9. 생화학적 조사방법 실습보고서

년 월 일 교시

실 습 보 고 서				
학 과	반	학 번	성 명	조

조원	
	1.
	2.
	3.
	4.
	5.

1. 실험제목

2. 실험원리 및 목적

3. 실험내용 및 방법

4. 실험결과 및 정리

5. 토의 및 평가

부록 10. 흰쥐의 생리치

항 목	수 치	항 목	수 치
체중 : ♀成體	200~400g	호흡량	50~101㎖/분
♂成體	300~800g	심박수	260~450/분
번식개시가능일수	평균 60일	혈 압	82~120mmHg
임신기간	21~23일	총혈액량	5.75~6.69㎖/100g체중
산 자 수	6~14마리	적혈구수	7.2~9.6×10^6/㎣
수 명	2~3년	Hematocrit치	39~53%
체 온	37.8~38.7℃	적혈구용적	52~58μ^3
호 흡 수	66~114/분	백혈구수	5~25×10^3/㎣
호중성구	9~34%	임 파 구	65~84%
호 산 구	0~6.0%	단 핵 구	0~5.0%
호염기구	0~1.5%	혈소판수	1,100~1,380×10^3/㎣

부록 11. 흰쥐의 소변량과 소변성분

항 목	흰 쥐
소변량(㎖/kg · BW/1일)	150.0~350.0
비 중	1.040~1.076
pH	7.30~8.50
빌리루빈(㎎/100㎖)	0.33~0.37
크레아틴(〃)	0.33~0.37
글루코스(〃)	63~93
BUN(〃)	–
요 산 (〃)	1.75~2.25
총단백질(〃)	7.11~8.11
나트륨(〃)	138.3~143.7
칼 륨(〃)	5.69~5.91
크 롬(〃)	101.2~102.9

부록 12. 흰쥐 혈청의 생화학적 성상

항목	단백질총량 (g/dℓ)	알부민 (g/dℓ)	글로불린 (g/dℓ)	글루코스 (mg/dℓ)	총지질 (mg/dℓ)	총콜레스테롤 (mg/dℓ)
검사치	6.3	3.4～4.3	1.8～2.5	56～76	150～320	50～100

크레아틴 (mg/dℓ)	요산 (mg/dℓ)	나트륨 (mEq/ℓ)	칼륨 (mEq/ℓ)	칼슘 (mg/dℓ)	인 (mg/dℓ)	염소 (mEq/ℓ)
–	–	129～150	4.6～6.0	9.6～11.0	6.0～8.0	97～110

부록 13. 흰쥐의 혈액 성상

항목	RBC (×10^6/㎣)	WBC (×10^3/㎣)	PVC (%)	Hb (g/dℓ)	혈소판 (×10^5/㎣)	Fibrinogen (g/ℓ)
검사치	7.4～8.8	6.4～12.5	45～50	14～17	7～11	1.4～3.0

MCV* (μ^3)	MCH* (μ/μg)	MCHC* (g/mℓ)	백혈구백분율(%)				
			호중성구	림프구	단핵구	호산구	호염구
55～64	17～21	30～33	13～25	69～84	0～3	0～6	0～0.3

* MCV : 평균혈구용적
MCH : 평균혈구색소량
MCHC : 평균혈색소농도

| 찾아보기 |

| INDEX |

집필진

승정자 : 숙명여자대학교 생활과학대학 식품영양학 전공 교수
홍원주 : 수원여자대학 식품과학부 식품영양과 교수
김순경 : 순천향대학교 자연과학대학 식품영양학과 교수
이현옥 : 안양과학대학 호텔조리영양학부 교수
조혜경 : 수원여자대학 식품과학부 식품영양과 겸임교수
김애정 : 혜전대학 식품영양과 교수
최미경 : 청운대학교 식품영양학과 교수
김미현 : 강원대학교 식품영양학과 교수

영양판정

1998년 8월 30일 초판발행
1999년 9월 1일 개정2판발행
2004년 8월 20일 개정3판발행
2007년 8월 20일 개정4판발행

지은이 : 승정자 · 홍원주 · 김순경 · 이현옥
조혜경 · 김애정 · 최미경 · 김미현
펴낸이 : 이상태
펴낸곳 : 청구문화사
디자인 : 이헌숙
주 소 : 서울특별시 서대문구 연희 1동 436-1번지
전 화 : 02-332-0541(代) FAX : 02-337-9577
등 록 : 1990년 11월 2일 제9-247호

가격 17,000원

ISBN 978-89-5616-214-0 93510